● 自然科技知识小百科

U0695879

军事科技知识小百科

许夏华　主编

希望出版社

图书在版编目（CIP）数据

军事科技知识小百科／许夏华主编. －－太原：希望出版社，
2011. 2

（自然科技知识小百科）

ISBN 978 - 7 - 5379 - 4978 - 1

Ⅰ. ①军… Ⅱ. ①许… Ⅲ. ①军事科技 - 普及读物

Ⅳ. ①E9 - 49

中国版本图书馆 CIP 数据核字（2011）第 014542 号

责任编辑：张保弟
复　　审：谢琛香
终　　审：杨建云

军事科技知识小百科

许夏华　主编

出　　版	希望出版社	
地　　址	太原市建设南路 15 号	
邮　　编	030012	
印　　刷	合肥瑞丰印务有限公司	
开　　本	787×1092　1/16	
版　　次	2011 年 2 月第 1 版	
印　　次	2023 年 1 月第 2 次印刷	
印　　张	14.125	
书　　号	ISBN 978 - 7 - 5379 - 4978 - 1	
定　　价	45.00 元	

目　录

第二章　国家的阴谋——战争风云

第三章 矛与盾的较量——军事武器篇

第四章 面向未来——21 世纪军事新技术

第一章 政治的延续——战争知识篇

第一节 政治火药桶——战争的发展

1.特殊使命——什么是战争

战争是一种特殊的社会历史现象。它是人类社会集团之间为了一定的经济利益和政治目的而进行的武装斗争,是人类用以解决民族和民族、国家和国家、阶级和阶级、政治集团和政治集团之间矛盾的最高的斗争形式。

人类为什么要打仗呢? 对这个问题,历来有着各种解释。

自然主义战争论者认为,战争的根源在于人的生物本性和自然环境,因而它是自然的和永恒的现象。宗教战争论者认为,战争来源于超自然的力量,是神的意志对人的罪孽的"报应"。种族主义战争论者认为,战争之所以发生,是因为各民族之间有着"优等"人种和"劣等"人种的差别。新马尔萨斯主义战争论者认为,人口过剩和饥饿是战争的"真正的"基本原因,战争是调节人口的最重要的手段。心理决定战争论者认为,战争的根源在于人们的心理。地缘政治学战争论者认为,战争是由于要改善地理环境,即为了争夺生存空间而引起的。此外,还有一些其他的说法。

所有这些看法,都是唯心论的观点,只是抓住事物表面随心所欲地解释战争原因。

马克思主义战争论者认为,从历史唯物主义的观点来看,战争并不是从来就有的,也不是永恒的;战争只是社会生产力和生产关系发展到一定阶段的产物。

实际上,任何战争都是与敌对双方的经济利益联系在一起的。从原始社会争夺猎物野果或狩猎场地,到当今时代控制别国的政治中心、军事基地,争夺市场和攫取战略资源等,最终目的无一不是为了获得经济利益。即使是宗教色彩浓厚的战争,如以往的十字军东侵,现今的阿以战争和两伊战争等,虽然也打着民族解放的旗号,但从根本上说还是为了经济利益。在人类社会中,各个社集团都有各自的经济利益,而其经济利益的代表者,同时也是其政治上的首脑人物。所以,任何战争又都是由一定社会集团的首脑人物组织和发动起来的。

总之,争夺或维护某个民族、阶级、政治集团的经济利益,是阶级社会中人们为之打仗的根本原因。

2. 特点迥异——战争的分类

国内外有关专家认为,凡是已经出现和可能出现的战争,都可以依据其时代、特点和性质等进行分类。史学家们为了研究的方便,通常采取以下区分法。

按历史时期分,有古代战争、近代战争和现代战争。按历史意义分,有进步的战争和反动的战争。凡是促进历史进步,推动社会发展的战争,都是进步的,否则就是反动的。按社会形态分,有原始社会末期的战争,奴隶社会、封建社会和资本主义社会的战争等。按使用兵器分,有使用冷兵器的战争和使用热兵器的战争;后者又有使用常规武器的常规战争和使用核武器的核战争。按作战区域分,有陆上战争、海上战争和空中战争。按战争规模分,有局部战争和世界战争等。在局部战争中,又有国内战争和国与国之间的战争;世界战争则必然是联盟战争。

按照战争的性质区分,则有正义战争和非正义战争。把战争分为正义的和非正义的两大类,对分析和认识战争这一复杂社会历史现象非常重要,因为区分战争的政治性质,是人们决定如何对待战争的前提。拥护正义战争,反对非正义战争,应是人们对待战争的根本态度。

在阶级社会里,任何战争都追求一定的阶级政治目的,都会在历史上起一定的作用。从历史上看,一切反抗反动统治阶级的压迫、抵御外来侵略、促进社会发展进步的战争,都是正义战争;一切由反动势力所进行的镇压革命、对外进行扩张侵略、阻碍社会发展进步的战争,都是非正义战争。

在阶级社会里,战争与革命常常有着密切的联系,因而革命战争和反革命战争的界限也非常清楚。人类自有战争以来,凡是被压迫的阶级或民族,为了阶级解放或民族解放而进行的战争,都是革命战争,或称解放战争。一切革命战争都是正义的战争。反革命战争是指反动阶级为维护其统治和实行民族压迫、阶级压迫而进行的战争。如封建主镇压农民起义的战争,帝国主义者侵犯别国和镇压殖民地、半殖民地人民革命运动的战争,资产阶级镇压本国人民革命运动和进行反革命复辟的战争,帝国主义国家之间彼此吞并、掠夺的战争等,都是反革命战争。一切反革命战争都是非正义的战争。

弄清楚战争的正义性和非正义性、革命性和反革命性，人们就能明确决定对待每一具体战争的态度，并采取妥善的对策。

3. 以史为据——中国历史上有文字记载的战争

《中国军事史》所集《历代战争年表》，起自公元前 26 世纪传说中的神农时代，止于公元 1911 年清王朝的灭亡。

据《年表》统计，在大约 4500 年的漫长岁月中，我国有文字记载的战争共 3791 次。其中，传说中的五帝时代（公元前 26 世纪～前 22 世纪）5 次；夏、商、西周时代（公元前 22 世纪～前 770 年）38 次；春秋时代（公元前 769～前 476 年）384 次；战国时代（公元前 475～前 221 年）230 次；秦代（公元前 220～前 207 年）9 次；西汉时代（公元前 206～公元 24 年）124 次；东汉时代（公元 25～220 年）278 次；三国时代（公元 220～265 年）71 次；西晋时代（公元 265～316 年）84 次；东晋时代（公元 317～420 年）272 次；南北朝时期（公元 421～580 年）178 次；隋代（公元 581～617 年）88 次；唐代（公元 618～906 年）192 次；五代十国时代（公元 907～959 年）73 次；北宋、辽、金、西夏时代（公元 960～1127 年）256 次；南宋、金、蒙时代（公元 1127～1279 年）295 次；元代（公元 1280～1368 年）208 次；明代（公元 1368～1643 年）579 次；清代（公元 1644～1911 年）427 次。

上述战争中，绝大部分是奴隶主之间和封建王朝之间的战争，也有不少是奴隶反抗奴隶主，农民及其他阶层的人反抗封建王朝的起义，还有一部分是反对外族入侵的战争。自明、清以来，我国军民反对日本倭寇的进犯及帝国主义列强的侵略，在战争史上占有重要地位。

1840 年英国发动的入侵中国的"鸦片战争"，1857 年英法联军进攻中国的战争，1884 年法军进犯中国的战争，1894 年日本侵略中国的战争，1900 年英、美、德、法、俄、日、意、奥八国联军合攻中国的战争，使中华民族饱受了帝国主义的欺凌和压榨。中国军民在这些战争中失败了，同时也在痛苦中接受了教训，从此不断开拓了反对外国侵略和压迫的民族解放战争，直到把所有的侵略者最终赶出了自己的神圣国度。

4. 不计其数——人类历史上究竟发生过多少次战争

迄今为止,全世界究竟发生过多少次战争? 由于古代文献没有准确的记载,有些战争在文字出现以前就发生过了,所以谁也提不出准确的答案。下面介绍的数字,是几个现代国家根据自己的标准和统计方法计算出来的。

据挪威史学家统计,到 1982 年,在有文字记载的 5560 年中,世界上共发生过 14531 次战争,平均每年 2.6 次。

瑞士计算中心曾经用电子计算机进行过 85 万次运转计算。计算结果认为,从公元前 3200 年到现在,在大约 5000 年的时间里,世界上共发生过 14513 次战争,夺去了 36.4 亿人的生命。在这期间,"无战争年"累计只有 292 年。

据美国人士统计,公元前 1496~公元 1861 年,在这 3357 年中,世界上共发生过 3130 次战争。

法国史学家统计,在 1740~1974 年的 234 年间,世界上共发生过 366 次战争,平均每年 1.6 次。

第二次世界大战以来的情况怎样呢? 据联合国统计,1946~1985 年,世界上共发生过 140 次局部战争和武装冲突,夺去了 2100 万人的生命。其中规模较大的战争,美国统计为 60 次,法国统计为 70 次。我国有的材料统计,1945~1987 年,世界上共发生过 182 次局部战争和武装冲突。

5. 兼并争霸——奴隶社会时期的战争

人类发展到奴隶社会,生产力比原始社会有很大提高,剩余产品日益丰富,社会生活中为夺取财富和权力的战争现象也随之增多。

在古代各国,奴隶社会的经济主要以农业生产力主。当时,私有制已经确立,阶级已经形成,国家已经产生,军队已经出现。整个大地上,大小奴隶主占据着全部的土地,而众多的奴隶则被迫在田野耕作和从事其他劳动。奴隶们不占有生产资料,人身就是奴隶主的私有财产,是从事生产的活的工具。奴隶主对他们可以随意打骂、买卖,甚至杀害。因此,阶级矛盾逐步尖锐和激化。奴隶主之间,为了争夺奴隶、财宝和兼并土地,斗争也十分激烈。于是,在奴隶制国家形成过程中和形成以后,发生了许多战争。

随着社会的发展,这些战争大体可分五种类型。一是旧的氏族部落势力反对新生的奴隶制的战争;二是奴隶制国家为了自身的巩固和扩大而进行的战争;三是新兴的奴隶主推翻腐朽的奴隶主统治的战争;四是奴隶制国家分封的诸侯国之间进行兼并与争霸的战争;五是在奴隶制晚期新兴的封建势力推翻奴隶主统治的战争。这些战争最后导致了奴隶社会的瓦解。此外,在整个奴隶社会期间,还发生过不少奴隶的起义。例如,在中国,有公元前9世纪西周的"国人暴动",公元前470年的"盗"跖起义,公元前301年的庄蹻起义。在古罗马,有公元前73～前71年的斯巴达克起义。这些起义也在很大程度上动摇了奴隶主统治的基础,为新兴地主阶级的夺权创造了条件。

奴隶社会时期,进行战争的军队主要是陆军,少数国家已经有了水军或海军。陆军一般以车兵为主,所以,那时主要的作战形式是车战。交战时,双方选择平坦宽阔的战场,摆兵布阵,进攻者破阵,防御者守阵;击鼓进军,鸣金退兵,使用各色旌旗指示进退方向和队形变换。这就是古战场上"车辚辚、马萧萧"的威武雄壮场面。

当然,除了相互厮杀的野战之外,也有对城池的攻夺与防守,因而刺激了防御工事和筑城技术的不断发展。中国的万里长城就是从那时起开始修建的。为了实现城池的攻守,随之也出现了攻守的器械和战术。

6.冷兵器时代——封建社会时期战争的特点

人类进入封建社会,战争的次数和规模都有新的发展。在此时期,农民是战争中的主要兵员,铁制冷兵器已成为主要武器。封建主定期征集农民服兵役。一旦发生战争,也采取临时征召或招募的办法扩充军队。所有封建国家,一般都有足以自卫的陆军;濒临海洋或有较大河川的国家,大都建有水军或海军。陆军中有步兵和骑兵,其规模和比例,各国有所差别。各国对铁制冷兵器的使用,大都时间很长。10世纪初期,中国开始把火药运用于军事。几个世纪以后,火药的使用才由阿拉伯传入欧洲。

在封建社会时期,作战形式大多是骑战和步战,有些国家也发生过相当规模的海战或江湖水战。随着兵器和战术的发展,战争中普遍使用了快速机动、远程挺进、迂回包围等战法。不过,不同国家在不同历史阶段采取的军队体制和进行作战的特点,是不尽一样的。在中国,由奴隶社会转变为封建社会后,为了对付游牧民族的侵犯,骑兵曾在征战中成为举足轻重的突击力量。而在封建王朝进入稳定发展阶段时,为了守边保国和卫戍城池的需要,步兵的地位又相应地上升了。在欧洲,罗马军团的步兵曾经显示过巨大威力,直到民族之间征战频繁的4世纪后期,重骑兵才取代了罗马军团的步兵,从此骑兵在欧洲战场上称雄了大约1000年。当时,欧洲封建主的军队,主要由骑士组成。步兵在欧洲军队中的地位重新上升,已是开始大量使用火器的近代了。

封建社会时期的战争,无论是步战还是骑战,其胜负主要依赖于军队在战场上的直接拼杀,因而官兵的勇敢与技能,以及组织性和纪律性,成了军队战斗力的重要标志,战场肉搏是作战中的重要特点。

7. 坚船利炮——资本主义上升时期的战争

资本主义上升时期,主要是指17~19世纪这一历史阶段。当时,自由资本主义发展较早的欧洲、北美一些国家,逐渐以集中的资本主义工业生产代替了分散、落后的小农生产,以雇佣剥削制代替了封建剥削制,使社会生产得到了较快的发展。但是,资本主义在这一时期的发展,是与资本主义国家对内对外进行战争分不开的。战争对于当时社会的进步和人类的生活产生了重大影响。

首先,资产阶级进行的革命战争促进了资本主义社会的发展。例如,英国革命时期的国内战争,美国独立战争和解放奴隶的战争,法国革命战争等,都为资本主义发展扫清了道路。

其次,资本主义强国进行的殖民主义战争,使世界许多国家和地区沦为殖民地或半殖民地。如英、法、德、俄、日等国的大量殖民地,就是用大舰巨炮抢夺来的。

第三,资本主义国家通过争夺地区统治权的战争而不断改变着势力范围。例如,17世纪英国与荷兰的战争,1756~1763年英、普与法、奥、俄等国进行的"七年战争"等。都使世界政治、经济格局产生了某些变化。

这一时期,由于蒸汽机的发明,大工业的出现,手工业时代逐渐转向机器时代,资产阶级的军队不仅获得了大量兵员,而且装备了火枪火炮,从而使战争从冷兵器与火器并用,转变为主要使用火器。因此,这个时期的战争,特别是资本主义列强的殖民战争和争夺地区统治权的战争,曾经给殖民地和参战国人民带来了深重的灾难,对社会生产的发展起了一定的破坏和阻碍作用。

当然,战争还产生了另一种影响。它促成了人民的觉醒,为无产阶级进行武装起义和革命战争创造了条件。1848年巴黎工人举行"六月起义",是无产阶级进行武装起义的尝试。

1871 年法国工人举行武装起义,成立巴黎公社,拉开了无产阶级革命战争的序幕。

同时,随着战争的发展,军队建设不断加强,军事组织日益完善,军事学术和战争理论都有很大发展。例如,资产阶级比较普遍地实行了征兵制和预备兵制,采用了正规的军、师、旅、团、营、连的编制,制定了统一的操典、教范和条令,建立了庞大的正规的陆、海军等。军队还建立了各级司令部和总参谋部。

在这一时期的革命战争中,革命军以各兵种组成的独立的师或军为基础,创造了以散兵和步兵纵队相配合为基础的新的作战方法。为了指导战争,德国人克劳塞维茨撰写了《战争论》,总结了资产阶级进行战争的经验,反映了资产阶级上升时期在军事思想上的进步精神,推动了军事思想的发展。马克思和恩格斯则及时总结了当时无产阶级的武装斗争经验,全面地论证了有关战争的各种问题,为被压迫阶级、被压迫民族的革命战争创立了科学理论。这些都对后来的战争和社会的发展产生了重大影响。

8.矛盾激化——帝国主义时代战争的类型

从 19 世纪末 20 世纪初开始,人类进入帝国主义和无产阶级革命的时代。世界各主要资本主义国家,先后从自由资本主义发展到垄断资本主义,进入帝国主义阶段。此时,帝国主义列强对殖民地人民的掠夺和压迫加剧了,垄断资产阶级对本国无产阶级和劳动人民的剥削也加深了;国际垄断资本集团之间展开的激烈竞争,导致了帝国主义国家经济、政治发展的不平衡和重新瓜分世界领土的斗争。列强之间的争夺,又与各国的阶级斗争和民族斗争错综复杂地交织在一起,从而使矛盾激化,世界动荡,引发了一系列战争。

回顾这些战争,大体上可以分为五种类型。

一是帝国主义国家之间争夺殖民地的战争。如 1898 年的美西战争,1899～1902 年的英布战争,1904～1906 年的日俄战争等。

二是帝国主义国家两大集团之间重新瓜分世界的战争。如 1914～1918 年的第一次世界大战。

三是由法西斯国家所挑起的第二次世界大战。这是以中、苏、美、英、法等国为主的人类进步势力,抵抗德、意、日法西斯反动势力的一场反侵略战争,是人类历史上一次规模空前的世界战争。

四是无产阶级革命战争和民族解放战争。1917 年,俄国无产阶级进行十月革命夺取了政权,随后又以革命战争保卫了第一个社会主义国家。在第二次世界大战中,许多国家、地区的人民,坚持反侵略的革命战争,在反法西斯战争胜利之后,建立了一批社会主义国家和民族独立的国家。第二次世界大战结束后,有些国家和地区进行了民族解放战争,如朝鲜人民反对美国侵略的战争,越南人民抗法、抗美战争,阿尔及利亚人民的反法战争,阿拉伯人民反对以色列侵略的战争,阿富汗人民、柬埔寨人民的反侵略战争等。民族解放战争的烽火至今不曾熄灭。

五是一些国家仍然出现的国内战争。在当前的时代,某些国家内部的阶级矛盾和民族矛盾,在新的国内形势和国际条件下又有新的发展。这些矛盾的发展,特别是民族矛盾的加深,有时无法和平协商解决,于是又导致了不同程度和规模的国内战争。在拉美和非洲的某些国家,这种内战都已经出现了,有的目前仍在继续进行。

第二节 擦枪走火——战争的种类

1. 非核战争——常规战争

常规战争是指使用常规武器进行的战争。它是同核战争相对而言的。所谓常规武器,即人类自有战争以来通常使用的那些武器,所以,过去发生的战争都是常规战争。在近代、现代的某些战争中,虽然有的国家使用过化学武器和细菌武器,但都规模不大,对战争进程和结局没有产生重大影响,而且立即遭到普遍谴责,因而这种战争仍属于常规战争范畴。

常规战争是随着常规武器的发展而发展的。冷兵器时代,刀对刀,矛对矛,交战双方距离很近,战争的组织指挥比较简单。近代作战主要使用火枪火炮,可以在几百米、上千米的距离内杀伤对方,战场规模显著扩大,作战指挥日益复杂。随着飞机、坦克、火炮以及各种舰艇的大量使用,战场范围进一步扩大,战争已成为诸军种、兵种相互协同的立体战。尤其当前,在日新月异的科学技术推动下,不仅涌现出了各种常规的精确制导武器和武器火力控制系统,而且电子、激光、红外等技术在军事领域得到了广泛应用。这样就使常规战争具有了更多的新特点。

第二次世界大战以后,地区性的常规战争一直没有间断过。超级大国虽然把准备核战争作为军事建设的重点,但同时也十分重视常规战争。

2. 一损俱损——核战争理论的产生

核战争是指使用核武器进行的战争。

自从 1945 年美国在日本的广岛、长崎投下两颗原子弹以后,其他一些大国也相继研制成功原子弹、氢弹,核武器的种类和数量不断增加,质量不断提高,因而核战争的理论也逐步形成和发展起来了。

当前,有人把核战争分为核大战和有限核战争。所谓核大战,是指核大国及其联盟之间以战略核武器实施核突击,企图依赖它起决定性作用的战争。所谓有限核战争,指的是在一定地区内使用战术核武器的战争,或是使用为数不多的核武器以突击数量有限的军事目标的战争。核战争的爆发,可能从战略核突击开始,也可能由常规战争升级而成。核战争的完成,可能是速决的,也可能是持久的。这取决于作战双方战略核袭击兵器的实力。

核战争以核武器作为主要毁伤手段。核武器所要打击的:一是军事目标,即摧毁对方的军事力量,瘫痪其指挥系统,削弱其抵抗能力;二是政治经济目标,即摧毁对方的政治经济中心,瓦解对方的战斗意志,削弱其战争潜力。

核战争在现今条件下有没有可能发生呢? 由于超级大国拥有强大的核进攻力量,又以核威慑为基础谋求世界霸权,所以,核战争的危险性是存在的。但是,核战争的破坏力极大,任何一方发动核战争,必然会遭到另一方的核反击。核大战的结局,很可能是双方同归于尽。这种互相威胁的态势,是制约核战争爆发的一个重要因素。不过,导致核战争的因素并不完全取决于力量的对比,还要看核大国之间的矛盾性质,以及整个国际形势的发展变化。可以肯定地说,任何核战争都会遭到全世界人民的强烈反对。谁胆敢冒天下之大不韪而发动核战争,必将最终遭受失败。

3. 相辅相成——全面战争与局部战争的区别

全面战争是指进行全面动员,运用军事、政治、经济、文化、外交的整体力量所进行的战争。它是同局部战争相对而言的。

关于全面战争的含义,不同国家有不同的解释。我国军事理论把放手发动群众、进行人民战争,看成是全面战争最主要的特点。抗日战争时期,毛泽东指出,要坚持全民族的全面抗战,反对单纯政府的片面抗战。中国共产党领导下的抗日根据地,把党的组织、人民政府、人民军队和各种抗日民众团体的力量组织起来,使军事、政治、经济、文化等各条战线密切配合,形成协调一致的对敌斗争。这是真正的人民的全面的战争。进行这种战争,自然能够采取一切可能的手段,进行各种类型的作战,实行灵活机动的战略战术,做到全力以赴,赢得战争的最后胜利。

国外对全面战争的解释,可举德国和美国为代表。德国 K·希尔于 1929 年提出的"总体战"概念,就是全面战争的意思。1935 年,E·鲁登道夫专门著书,阐述"总体战"的思想。按他的说法,"总体战"是指全体的、全面的战争,其主要特点,是以闪电式的突然袭击开始战争,并在决定性的地点造成必要的兵力兵器优势,集中主力用于歼灭敌人的武装力量。他认为,这种战争是全体的战争,参加战争的不仅有军队,而且还有全体人民;它又是全面的战争,因为交战国的全部领土都将变成战场。

实际上,全面战争的实质,就是综合国家的一切力量来进行战争。战争中不仅要消灭敌方的军队,而且要摧毁敌国的经济,屠杀敌国的人民。在第二次世界大战中,希特勒正是以这种"总体战"来发动侵略战争的,只不过并没有逃脱失败的命运。

美国军方把"全面战争"解释为大国之间投入全部资源并危及一个主要交战国生存的武装冲突。第二次世界大战结束后,美苏形成对峙局面,按当时的理解,美国所提的全面战争,显然是指美国和苏联之间关系国家生死存亡的战争。一旦爆发这种战争,势必将导致新的世界大战。但在苏联解体以后,美国原先的对手已经不复存在。

至于局部战争,是指在一定地区内使用一定的武装力量所进行的战争。顾名思义,它是具有局限性的,即作战的目的有限、使用的武器和兵力有限、发生作用的范围也有限,它只能在一定程度上对国际形势和周围环境产生影响。因此,有的国家也把这种战争称为"有限战争"。

对大国来说,局部战争是在某些方面加以限制的战争;而对中小国家来说,它也可能是全力以赴的战争。局部战争一旦发生,如果处理不当,也有可能发展为大规模的战争。第二次世界大战后,美国侵略朝鲜、越南的战争,几次中东战争,以及越南侵略柬埔寨、苏联侵略阿富汗的战争等,都属于局部战争。

4. 独木难支——全球战争为何必将是联盟战争

全球战争又称全面核战争,是指席卷整个地球的世界大战,即在全球范围内进行的全面战争。"全球战争"这一术语,最先是由美国军事理论家在20世纪50年代初期开始使用的,随后各资本主义国家便把它与"全面核战争"并用。

全球战争既然是指世界大战,那它必将成为国家联盟之间运用武装暴力手段进行的全球性对抗。它与局部战争、有限战争不同,当然要涉及全世界大部分国家和广阔的领土。单个国家之间打不成全球战争。全球战争一旦爆发,那必然是联盟性的战争。

在全球战争过程中,双方势必最大限度地运用一切斗争形式,如武装斗争、政治斗争、经济斗争、外交斗争、思想斗争等等,以求赢得战争的胜利,达到与世界许多国家利害攸关的重大政治目的和经济目的。

5. 四维一体——立体战争

所谓立体战争,就是在地面(水面)、地下(水下)、空中,以及前方、后方同时或者交互进行的战争。

在人类社会的发展史上,长期进行的是陆战或海战。直到进入20世纪,由于航空技术的发展,飞机开始用于军事目的,航空部队可以进行空中作战,立体战争才真正成为现实。

现今发生的战争,基本上都是立体战争。随着技术兵器的不断发展,例如导弹、核潜艇、宇航兵器等的使用,直升机的广泛运用,军队的机动能力将大大增强,立体战争的范围将会不断扩大。传统的陆战和海战,必将为全新的立体战争所取代。

6. 突然袭击——闪击战

闪击战也叫闪电战。它是集中大量的飞机、坦克和机械化部队,进行闪电般突然袭击的一种战争样式。闪击战追求的目的,是要一举摧垮对方的抵抗力,在短期内赢得战争的胜利。

第二次世界大战中,法西斯德国首先使用了闪击战。1939年9月～1940年6月,希特勒运用闪击战成功地占领了波兰、丹麦、挪威、荷兰、比利时和法兰西等国。

1941年,他再次用闪击战进攻苏联,但在苏联军民的坚决抵抗下,最终失败。苏联在1945年进行对日战争时,也采用了闪击战。

根据历史的考察,闪击战理论主要来源于以下观点:德国军事家施利芬关于采取战略迂回和包围、实施速决歼敌的观点;意大利军事理论家杜黑关于集中空军力量打击对方的重要政治、经济和军事目标而取胜的观点;英国军事理论家富勒关于组织几路强大的快速坦克纵队,在航空兵强有力的掩护下,深入敌军纵深,直捣敌军司令部,使敌人陷于瘫痪的观点。希特勒崇尚闪击战理论,主张先发制人,提出了集中陆军和空军,像漆黑的夜里突然闪电一样打击敌人的原则。

第二次世界大战以后,特别是随着导弹核武器的发展,闪击战仍然被某些国家看成是一种有效的战争样式。

7. 特定环境——特种战争

特种战争是20世纪50～60年代出现的一种战争形式。它是专为对付人民游击战争而产生的,其作战方式是,由侵略性国家派出特种部队进驻被侵略国家,操纵那里的傀儡军队,协同对付进行反抗的人民游击运动。

1952年6月,美国开始组建特种部队,它的主要任务就是进行反游击战的特种作战,为此而进行专门的装备和训练。

1961年,肯尼迪政府把特种作战作为推行"灵活反应战略"的一个重要措施,对越南南方发动了一场特种战争。美国军事顾问团(后改为军事援助司令部)直接领导了这场战争。它以美国派驻越南南方的特种部队为骨干,组织并指挥南越傀儡军和各反动组织,反对越南南方人民的革命游击战争。

特种作战依靠部队武器装备的精良和反动政府暂时掌权的有利条件,虽然能够造成很大的破坏,甚至取得某些局部性胜利,但它终究消灭不了革命的正义之师,无力扑灭人民游击战争的燎原烈火。美国在越南南方发动的特种战争,最后还是在越南人民革命力量的打击下失败了。

8.尖矛利盾——"高技术战争"

所谓高技术战争,是设想用现代最先进的和即将形成作战武器的最新军事技术来进行的一种战争。

有些军事专家认为,军事技术是一种有效的战斗力。由于科学技术的突飞猛进,未来战争将更加依赖于新的军事技术。在高技术战争中,谁能使用更加先进的军事技术,谁就能够占有优势,取得胜利。

从目前情况看,在军事领域应用高技术,已经或将会取得多方面的惊人成果。这些高技术包括:能够更有效地进行指挥与情报搜集职能的各种信息处理和传递系统;远程精确制导武器,以及与这些武器相配套的新式目标捕捉系统;隐形武器系统,如隐形飞机和其他隐形装备等;可以改进弹道导弹与航空系统的新技术等;激光技术和激光武器系统;太空作战系统和军事卫星系统;等等。这些高技术一旦加入到兵器的行列,无疑会对战争产生种种新的影响。

目前,在有些局部战争中,已经将一些最新军事技术应用于作战实践。例如,美国在 1986 年空袭利比亚时,使用了最先进的电子战设备和激光制导炸弹;在 1989 年 12 月入侵巴拿马的作战中,首次使用了 F－117 隐形飞机;在 1991 年的海湾战争中,更充分发挥了军用软系统即 C3I 系统和电子系统的作用。

当然,高技术并不是哪一家可以垄断的。如果双方都有高技术和最先进的武器装备,所谓高技术战争也就不足为惧了。

9.大小之间——"低强度战争"

"低强度战争"这个概念是美国提出来的。按照他们的说法,凡是界于和平与大部队交战之间的暴乱活动、有组织的恐怖活动、准军事犯罪活动、规模较大的破坏活动,以及其他形式的暴力活动等,都可称为"低强度冲突"。为制止和消除这些冲突而进行的斗争,即可称之为"低强度战争"。

美国人认为,在第三世界里,这种冲突是经常的、大量的,"敌人"无处不在,而且斗志顽强,因此,应将对付低强度冲突视为持久战,列入长远的国防计划。

如何进行低强度战争?美国有关专家提出:低强度冲突不能只靠国防部去对付,在许多情况下,需要外交人员、情报专家、农业专家、银行家、经济学家、水利专家、犯罪学家、气象学家和其他专业人员作出共同的努力。为此,他们建议采取以下措施:一、在一般情况下不动用作战部队,而是把美军在第三世界的主要作用规定为帮助执行美国的安全援助计划;二、对一些国家反对共产党政权的暴乱予以支援;三、美国应该与其第三世界盟国建立"联合部队",特别是要在某些地区建立若干快速机动部队,以便在当地或去其他地区执行任务;四、要使美国在第三世界各国最大限度地发挥技术优势,特别是要以先进的技术装备去培训当地部队,使他们能以更有效的手段去对付恐怖和暴乱活动。

以上说明,美国人所说的低强度战争,实质上只是一种反共反人民的斗争手段,其目的是为了维护美国在第三世界的利益,是要支持其盟国镇压反对势力。

10.化学武器——化学战

战争中用来毒害人、畜或毁坏植物的化学物质叫军用毒剂。装有毒剂的各种炮弹、炸弹、火箭弹、导弹、毒烟罐、手榴弹、地雷和布(喷)洒器等,统称为化学武器。所谓化学战,就是使用化学武器杀伤人和畜,毁坏作物或森林的一种作战。它通过毒剂的各种中毒途径及其在一定的染毒空间和毒害时间内所产生的战斗效应,来杀伤、疲惫和迟滞对方的军队,以求达到预定的军事目的。对于缺少防护装备、防护组织不健全、措施不严密和训练少、素质差的军队来说,化学战的杀伤作用确实是重大的。

毒物用于战争,古代早有先例。在公元前5世纪的伯罗奔尼撒战争中,斯巴达人曾燃烧硫黄产生有毒的烟,使对方人员窒息。但是,化学战的真正出现,却是帝国主义战争的产物。第一次世界大战初期,德军首先在伊珀尔战役中大量使用装有氯气的吹放钢瓶。在第一次世界大战期间,交战国共生产毒剂约15万吨,其中大部分用于战场,因中毒而伤亡的总人数达100余万。鉴于化学战的巨大危害作用,世界主要国家于1925年在日内瓦签署了《禁止在战争中使用窒息性、毒性或其他气体和细菌作战方法的议定书》。

第二次世界大战期间,法西斯国家准备了大量毒剂,其中包括新型的神经性毒剂。由于苏、美、英等国在化学攻击和化学防护方面都有准备,德国未敢在欧洲战场贸然实施化学战。但是,侵华战争中的日本军队,则在1937～1945年间多次使用毒剂。据不完全统计,从1937年7月到1942年5月,日军共施放毒气1000余次,用毒地区遍及中国13个省,有近4万人受害。第二次世界大战以后,美军在侵略朝鲜、越南的战争中,也使用过化学武器。尤其在侵越战争中,美军大量使用了毒剂和植物杀伤剂,使越南南方广大地区的人畜中毒,森林资源和农作物受到严重毁坏。

当前,研制新毒剂与贮存化学武器,仍是帝国主义、霸权主义国家实行军备竞赛的重要内容之一。

20 世纪 70 年代以来,国际上对侵略战争中的毒剂使用者进行过多次谴责,一致强调要维护 1925 年日内瓦议定书的尊严。但严峻的事实告诫人们,新的化学战的危险仍然存在。

11. 传染流行——生物战

战争中用来伤害人畜、毁坏农作物的致病微生物(包括细菌、立克次体、衣原体、病毒等)和细菌所产生的毒素,叫生物战剂。装有生物战剂的炸弹、炮弹、导弹弹头和气溶胶发生器、布洒器等,统称为生物武器。生物战就是使用生物武器伤害人畜、毁坏农作物的一种作战手段。它能造成对方广大地区传染病流行,大面积农作物坏死,从而达到削弱对方战斗力、破坏其战争潜力的目的。

第一次世界大战期间,德军曾利用马鼻疽、炭疽病菌,袭击协约国军队的人员和马匹,开创了使用生物武器的先例。侵华日军从 1935 年起,在中国的哈尔滨等地大规模研制细菌武器,在 1940～1942 年期间,向中国浙江、湖南等 11 个省市布撒了鼠疫杆菌,引起一些地区鼠疫流行。美军在侵朝战争中,对朝鲜北部及中国东北某些地区,使用细菌武器数百次。

1952 年,"国际民主法律工作者协会调查团"和"调查在朝鲜和中国的细菌战事实国际科学委员会"调查了美军使用细菌武器的罪行,并向全世界公布。

生物武器一般没有立即杀伤作用,但有较强的致病性和传染性。生物战危害程度的大小,主要取决于受袭击方的防护准备、防护措施和卫生条件。只要能够掌握敌人使用生物武器的动向,积极采取各种防护手段,生物武器所造成的危害是可以消除的。美军在侵朝战争中使用细菌武器的规模相当大,由于中朝军队防护严密,广泛开展了群众性的卫生运动,因而把危害作用减少到了最低限度。

联合国大会曾于 1971 年 12 月通过了《禁止细菌(生物)及毒素武器的发展、生产及贮存以及销毁这类武器的公约》,并于 1972 年在苏、美、英三国首都签署执行。但是,仍有一些国家不顾公约的禁令,继续研制生物武器并秘密装备部队。因此,许多国家的军队至今对生物战仍保持着应有的警惕。

12. 精神崩溃——心理战

"心理战"本是一个外军用语,它并非使用刀枪进行拼杀,而是通过宣传和其他活动,从精神上瓦解敌方国家及其军队的一种手段。

从历史上看,一些军事家早就在研究精神因素和心理现象对军事活动的影响,注意在作战中利用心理因素克敌制胜。但是,心理战作为一种专门的斗争手段而被普遍重视,却是在 20 世纪初的第一次世界大战之后。两次世界大战期间,西方一些国家和军队组建专门机构,研究心理战的理论,搜集心理战的情报,制订心理破坏的策略和方法,考察心理影响的效能,研制并改进实行心理战的技术器材等等。到 20 世纪 50 年代初期,一些国家还相继成立了心理战学校、心理战中心、心理战局和心理战委员会等。

心理战的手段很多,例如进行无线、有线广播,散发宣传品,邮寄心战书信,开展策反活动,实行战场喊话等等,以此宣传自己国家和军队的政策、主张,促使对方改变看法和选择。有时,出于政治上或军事上的需要,还可能通过制造谣言、挑拨离间、策划动乱、进行破坏和暗杀等手段,来动摇和瓦解对方的民心士气。

一些外国心理战专家认为,心理战的应用范围相当广泛,既可以在前线进行,也可在后方展开,无固定战场,不受时间和对象限制。许多国家把心理战作为总体作战的一个组成部分,与军事、政治、经济、外交、情报、文化等方面的斗争紧密配合,交互运用。

13. 电子对抗——电子战

"电子战"或称"电子斗争",是外国的军事用语。我们国家称它为"电子对抗"。它是现代战争中一种极重要的作战手段,是为了削弱、破坏敌方电子设备的使用效能和保障己方电子设备正常发挥效能而采取的综合措施,目的在于削弱敌方、保护己方的作战能力,为掌握战场主动权,夺取战役战斗的胜利创造有利条件。

电子对抗的基本内容包括电子对抗侦察、电子干扰和电子防御。

电子对抗侦察是进行电子战的基础。它主要利用电子侦察设备辐射的信号,经过分析、识别,获得敌方电子设备的工作频率、工作方式、信号特征等技术参数,以及弄清其配置地点和用途,以便采取对抗措施。

电子干扰是电子对抗的进攻手段。它是根据侦察获得的情报,利用专门的设备和器材,或发射干扰电磁波,或反射、吸收敌方的电磁波,对敌方电子设备进行压制或欺骗。

电子防御,则是为防止己方电子设备辐射的电磁信号以及战术技术参数被敌方侦悉,消除或削弱敌方电子干扰对己方电子设备的有害影响,以及避免遭受反辐射导弹的破坏而采取的综合措施。

此外,还有一种特殊的电子对抗手段,即运用反辐射导弹摧毁敌方的辐射源。电子对抗是从 20 世纪初无线电通信应用于军事斗争之后才开始的。第一次世界大战中,交战双方曾用无线电通信设备侦收对方的信息和干扰对方的通信联络。第二次世界大战期间,电子对抗的领域、手段和规模都有很大发展,不仅通信对抗更为激烈,还兴起了导航对抗和雷达对抗。同时,一些国家相继建立了电子对抗专业部队,发展有源干扰技术和无源干扰技术,涌现出数十种电子对抗设备和器材,并且立即用于作战。

20 世纪 50 年代中期以来,电子技术、航天技术、导弹技术迅速发展,各种战术导弹、制导炸弹和用雷达控制的火炮纷纷涌向战场,促进了电子对抗的全面发展。仅在侦察方面,就增加了电子侦察卫星、无人驾驶侦察飞机、投掷式电子侦察设备等多种更为先进的手段。

近年局部战争的实践表明,电子对抗是"战斗力的倍增器",它已经成为引人注目的与地面、海洋、空中相并列的"第四维战场"。

14. 国际禁用——"环境战"和"气象战"

所谓"环境战",也称"地球物理战",是人为地改变自然环境状态来为自身服务的一种作战手段。它包括制造暴雨、洪水、地震、山崩、地滑、泥石流、海啸、磁暴等现象,目的是要创造有利于自己而不利于敌人的作战条件,以便改善作战态势,转换力量对比,加速作战进程。

实施环境战需要有改变环境的技术和物质力量。古代,常常利用水和火来造成克敌制胜的条件,就是环境战的雏形。从第二次世界大战起,出现了通过改变环境状态来影响作战进程的战例。例如,1945 年 4 月,苏军在强渡奥得河时,德军在河的上游炸毁了水库大坝,淹没了苏军的渡河出发地,使渡河严重受阻。第二次世界大战结束后,一些西方国家相继建立了环境研究机构,探讨改变环境的各种技术。例如,试用核爆炸的能量,激发地震和海啸;试验人造磁暴给无线电通信、导航和雷达带来的影响;进行控制台风的试验;利用暴风雨袭击对方;等等。

环境改变技术目前仍然处在研究阶段,但从其发展趋势看,利用某种技术改变环境以达成一定的战术和战略目的,在未来战争中有可能成为现实。因此,这个问题已引起国际舆论的关注。

1974年,联合国裁军委员会第一次讨论了"环境战"问题,许多国际组织都对环境战进行了抨击。他们强调,环境战将对人类生存产生广泛、深远和严重的影响,必须采取有效措施制止为军事目的改变环境状态的行动。

1976年12月10日,联合国大会通过了《禁止为军事或任何其他敌对目的使用改变环境的技术的公约》。但是,有些国家至今仍在继续进行这方面的研究、试验,把它作为军备竞赛的内容之一。

"气象战"是环境战的一个组成部分,也可称为"天气战"或"气候战"。它是用人工方法来影响局部的天气和气候,以此作为武器来推进作战的一种手段。

对天气和气候施加影响,离不开一定的气象条件、自然地理条件和技术条件。第二次世界大战期间,美国研制成一种造雾剂。

1943年9月,美军第5集团军在意大利的沃尔图诺河上利用造雾剂制造了一条长约5千米、宽约1.6千米的雾层,成功地掩护了部队的渡河行动。

第二次世界大战后,由于人工影响天气的科学技术取得了重要突破,一些国家提出了进行气象战的各种设想方案。例如,以人工降雨造成洪水泛滥和交通阻塞,以人造干旱削弱敌国经济,人工引导台风袭击敌方港口和海岸设施,人工诱发闪电制造森林火灾,人为地使某一地区的气候发生灾变等等。美军在侵越战争中,曾用飞机向云中投掷碘化银弹,企图通过人工降雨造成局部地区洪水泛滥,阻碍越军的机动和物资运输。

15. 太空大战——"天战"

由于航天兵器的不断发展和付诸实用,一些军事家和科学家认为,未来很可能产生一个新的军种——"天军",它将单独或者协同陆、海、空军进行"天战"。

所谓"天战",就是敌对国家在地球的外层空间采取军事对抗行动,它包括外层空间、外层空间同地面或空中之间的攻防作战。

自20世纪50年代苏联发射第一颗人造地球卫星以来,美、苏等国相继展开了航天技术军事应用的研究试验工作,先后发射了成百上千个军用航天器。超级大国为了侦察、预警、通信、导航以及气象目的而发射的军事卫星,已成为他们军事装备的重要组成部分。反卫星卫星的出现和航天飞机的投入使用,标志着军事航天技术的发展进入了一个新阶段。人们不能不担心,随着外层空间军备竞赛的不断加剧,有可能导致"天战"。

美国和苏联都曾积极从事"天战"的准备工作,如研制反卫星武器,建立并不断完善地面指挥与监视系统,考察人在外层空间的军事活动能力,提高航天器的生存能力,等等。设想中的或正在研制中的天战兵器,大体上有以下四类:

一是轨道轰炸系统。设想把装有核弹的卫星部署在轨道上,一旦需要使用,指令它返回地球大气层,用以摧毁地面目标。

二是部分轨道轰炸系统。这是把装有核弹的卫星式武器平时贮存在地面,当敌对行动开始时发射到空间,然后按一定的指令袭击目标。

三是反卫星武器系统。其中包括:反卫星导弹,可从地面或空中发射;反卫星卫星,运行在轨道上,由地面或自身携带的指令系统指示拦截目标;反卫星激光武器和粒子束武器,前者处于技术发展阶段,后者则在设想之中。

四是航天飞机——航天站——轨道间飞船三位一体的载人航天系统。航天飞机实际上是一种载人的可重复使用的多用途航天器。航天站是天上的军事基地。轨道间飞船可视为空间歼击飞船,它是"天战"中机动灵活的突击力量。载人航天系统在其他卫星系统的配合下,将成为各种新的载人航天战略兵器系统的基础。

"天军"、"天战",虽然会对未来战争产生一定的影响,但毕竟起不了决定性作用,因为决定战争胜负的主要因素是战争的性质和人心的背向,而不是几件新式武器。

鉴于超级大国在外层空间加紧进行军备竞赛,联合国外层空间委员会于1982年召开了第二次会议,多数国家的代表在会上呼吁,要停止外层空间的军备竞赛,强烈反对外层空间军事化。

16. 资源宝库——海洋在未来将会成为重要的角逐场

随着科学技术的迅猛发展和人类征服自然能力的不断提高,海洋对于人类生活、社会经济和国家安全的价值,已经是越来越明显,因而它们的军事意义也越来越重大。控制海洋的斗争,将在未来的国际关系和军事活动中占有重要地位。

海洋之所以会成为未来的重要角逐场所,主要取决于它们本身的具体条件,以及它们对于人类生活的直接和间接意义。

首先,海洋是一个特大的物质资源宝库。在整个地球上,陆地总面积只占地球表面总面积的29%,而海洋则占71%。海洋有着巨大的生物生产力。据测算,地球上的生物生产力,每年约为8800亿吨有机碳,其中海洋的生物生产力即达4300亿吨,几乎占了一半。海洋中的动物,约有16~20亿万种之多,植物中仅藻类一项,就有10万种左右。海洋里的矿物资源,如石油、天然气、煤、铁、金、银、磷、锰结核等等,储量十分丰富。铀储量达42亿吨,为陆地储量的4200倍;锰4000亿吨,铜88亿吨,镍164亿吨,钴98亿吨,分别为陆地储量的4000~6000倍。海洋还是一个巨大的能源库。当代海洋学认为:海洋可从太阳辐射,月亮和地球本身的重力场,以及地球的旋转及其内部的热量中取得能量,而这种能量实际上是取之不尽的。

其次,海洋可为人类提供庞大的交通网络。海洋空间既有大范围的公有性,又有几乎处处可通的连接性,从而使它成为世界各地人们借以通向四面八方的航道。凡是有远航能力的国家,都可共同使用这些航道。海上交通线不仅航线多、运费低、运量大,关系着濒海国家的经济发展,而且海运快捷、稳定,也是保障战时军队行动和后勤补给的必要条件。

第三,海洋将是人类社会生产空间的重要组成部分。有史以来,地球上大多数地区的居民主要是在陆地上从事生产活动,虽有少数利用海域的例外,但规模都很小,而且也局限于渔、盐、运输少数部门。陆地上的资源已在逐渐减少,以致濒临枯竭,而海洋作为人类生产空间的意义,也就越来越重大。当前,除海洋水产、海水制盐和海上运输这些传统的海洋产业外,海水淡化和海水化学工业、海洋动力工业、海底矿藏开采工业和海水养殖业等,正在不断兴起和发展。未来的海洋生产事业,以及为此而产生的海洋服务业,将有巨大发展。

第四,海洋是保卫领海主权和海洋权益的重要依托。对于濒海国家来说,要想保卫自己的领海主权和海洋权益,必须有一支力量相应的海军,而这支海军的活动,有赖于一定的海洋空间作为依托。这是因为,击败和歼灭来犯的敌人军事力量,在现代条件下只局限于领海范围是达不到目的的。

第五,海洋空间将是未来军事行动的重要场所。随着科学技术的发展,新的武器装备不断涌现,海洋空间的战略价值日趋重要。任何濒海强国要想追求全球性的战略目标,决不能忽视对于某些海域的控制甚至占领。有没有海洋空间的控制权,将直接关系到整个国家军事活动的成败。所以,西方有些战略家认为,核潜艇出现以后,海洋空间已不单纯是交通网络和海上战场,而且是保证核发射的庇护所,它可以成为操纵危机和控制暴力的战略的一个选择场所。

上述几点说明,海洋必将成为人类生存竞争的重要角逐场所。一旦发生濒海强国之间的战争,海洋必将成为主战场。

17. 力量竞争——现代化战争离不开先进的科学技术

在当今条件下,倘若没有先进的科学技术,或者是科学技术水平过于低下,不仅打不赢战争,而且根本无法进行战争。这是因为,战争是力量的竞赛,而现代条件下的战争,很大程度上是科学技术的竞赛。

自从工业革命开始以后,特别是 20 世纪以来,由于科学技术的迅猛发展并应用于战争,已使战争的特点产生了许多变化,如兵器毁伤力的加强,军队运动力的提高,战争规模的扩大,等等。于是,战争不断地向科学技术提出需求,而科学技术也往往在战争中首先得到应用。例如,雷达、核技术、电子计算机等,最初都是为适应战争的需要而出现的,并且首先应用于军事,服务于战争。

战争的历史证明,科学技术的重大发明一旦应用于军事,必然引起战争方式的改革。例如:火药的发明和应用于军事,促使火枪火炮逐渐取代了冷兵器,军队的战斗队形也随之由集团的密集队形转变为散兵的疏开队形;内燃机、飞机的发明和应用于军事,使军种、兵种的结构编组发生了很大变化,使地面战争发展成为立体战争;核技术的发明和应用于军事,使战争涉及的范围和破坏杀伤力空前增大,出现了许多不同于常规战争的新特点。

军队的科学技术水平,既表现在武器装备的现代化上,也体现在官兵的素质上,还反映在人与物的有效结合上。科学技术越发展,武器装备越现代化,就越需要具有科学技术知识的人去管理和操纵,就越需要具有科学的组织指挥能力的人去驾驭。因此,没有先进的科学技术,是根本无法进行和打赢现代化战争的。

当然,决定战争的胜负还有其他诸多因素,如政治、经济、军事、地理环境和外部援助等等,单靠先进的科学技术,也不能绝对保证战争的胜利。

18. 科技腾飞——未来战争为什么将是更加艰难的拼搏

战争是随着人类社会的发展而发展的。按照马克思主义的观点，在私有制和阶级还没有消灭之前，产生战争的可能性就始终存在。只要帝国主义还存在，就会有战争。这是从帝国主义的经济基础和它的政治本质必然得出的结论。

从第二次世界大战结束到现在，局部战争从未间断，新的世界战争的危险并没有完全消除。不过，由于全世界人民的强烈反对和努力预防，新的世界大战已不是注定不可避免，至少是可以推迟的。

当前，人类正处在新的技术革命的时代。科学技术的飞跃发展，不仅使常规武器系统得以不断发展和改进，而且正在相继出现并发展新的核武器系统，太空武器系统，气象、生物、化学武器系统，以及军队的自动化指挥系统等等。这些都将给战争带来许多新变化、新特点。

据军事专家们推断，未来战争既可能是使用核武器，同时又使用常规武器的战争，也可能是只使用常规武器的战争；既可能在陆地、海洋、空中进行，也可能同时或单独在外层空间进行。由于大量的新式武器和装备投入战争，因而时间、空间对于战争的限制将会相对地缩小，而战争的突然性则会增大，战线将更广阔，战争进程将大大加快。由于武器的破坏力、杀伤力空前增大，战争将会异常残酷，物资消耗空前增多，后勤保障更加艰巨。由于在战争中将广泛开展电子战，"第四维战场"的范围将急剧扩大，无形的角逐更为激烈。由于战争进程变化急剧，新的军种、兵种还会产生，以致战争的组织指挥将会更加复杂困难。

总之，未来战争将是更加艰难的拼搏，不仅需要勇气，更加需要智力；不仅要有雄厚的经济基础和实力，而且要有先进的、适应于时代发展水平的科学技术。可见，未来战争不会降低人的作用，只会对人提出更高的要求。因此，培养适应未来战争的高质量的人才，是准备应付未来战争的头等重要的任务。

19. 一日千里——电子计算机对现代军事的影响

电子计算机作为 20 世纪重大的科技发明，已经涉入现代军事的绝大多数部门，如军事科研、军工生产、指挥自动化、武器控制、军队训练、后勤供给、战斗保障等，成为军队现代化水平的重要标志。它对现代军事产生着广泛和深远的影响。

一、现代军事行动的一些特点。

1. 大信息量。现代战争中,师一级司令部的情报信息量远远超过了第二次世界大战中的兵团级司令部,要及时处理大量信息只有借助电子计算机才能实现。如美军指挥自动化系统每天传输的情报量超过 20 亿字符,但差错率低于千万分之一。

2. 快节奏。电子计算机辅助指挥,大大加快了军事行动的节奏。如美全球指挥控制系统能在 5～7 分钟内把最高统帅部的命令下达到遍及全球的各战区总部。

3. 高效率。建立指挥自动化系统,组成人——机相结合的工作方式,能够大幅度提高现代战争的指挥效能。

二、引起作战武器的根本性变革,出现了精确制导武器。电子计算机(包括微处理机)用于武器系统后,大大缩短了武器的反应时间,简化了使用程序,提高了命中精度和生存能力。例如,地面炮兵过去使用话音传递射击口令,需要几分钟,而采用数据传输设备只需要几秒钟。精确制导武器的命中精度,比常规武器提高了 10～100 倍。

三、推出了新的观念、新的组合方式、新的工作方法。越来越多的军事人员认识到作战指挥和武器控制从经验型向科学型转变的必要,逐步适应大信息量、复杂多变的工作环境。各部门、各部队开始摸索和实现人员新的组合形式,尽量减少多余人员,提高工作效能。

四、提供了先进的训练方式。现在先进的飞行驾驶、舰船操纵、坦克、汽车、火炮、射击等模拟训练设施完全由电子计算机控制,可以制造各种情况,效果逼真。在电子计算机中输入演习程序,红蓝双方借助终端设备随时可以进行对抗演练,可节省大量人力、物力和时间。

五、出现了军用机器人。用机器人代替普通士兵,可以完成超越人力、危险性大的工作。在军事装备上,装上人工智能计算机或智能机器人,能自动完成侦察、分析、综合情报等军事任务。

20. 第四次工业革命——新技术革命

新技术革命亦称"第四次工业革命"。西方学术界有人把工业革命分为四次。第一次始于 18 世纪晚期,其基础是英国的煤炭冶铁技术和棉织业机械化;第二次始于 19 世纪 40 年代中期,这是轮船、铁路和酸性转炉钢的时代;第三次始于 19～20 世纪之交,标志是电力、化学和汽车工业的发展;第四次则是指 20 世纪以来新兴的技术群,它们相互渗透,相互加强,形成了改造客观世界的强大生产力。其中对经济、社会和国防建设影响最大的是微电子技术、遗传工程、新结构材料和能源等几个领域的突破性发展。由于电子技术开创了信息时代,因此,新技术革命的核心是"信息革命"。目前,世界工业国家在新技术革命的推动下,正竞相运用这些技术促进经济发展。这样,必将带来社会生产力的飞跃,并相应地带来社会生活的新变化。

军事始终是社会生活中对科学技术最新成就利用得最多最快的一个领域。所以,新技术革命毫无疑问将对军事产生巨大而深远的影响。现在可以预计的影响大概有以下几个方面:

第一,将出现新的、威力更大的武器系统。一是定向能武器系统。该系统一般分为三大类,即激光武器、粒子束武器和微波武器。它们都是通过能量发生器向一定方向发射射束,以光电效应和辐射效应毁伤目标。定向能武器既可用来截击空间卫星、中远程导弹,也可用于反坦克、反巡航导弹、反飞机、反潜艇以至反步兵。二是航天战略武器系统。包括直接或间接地为军事服务的空间飞行器和空间作战武器。其中空间作战武器已成为大国空间军事技术的发展重点。三是深海战略武器系统。目前海洋武器的发展主要有以航空母舰为核心的水上武器系统和由各种潜艇组成的水下武器系统。

第二,现有的武器系统将得到巨大改进。新的科学技术将使现有的导弹、飞机、火炮、坦克、军舰乃至步枪等武器装备获得巨大改进,不仅具有火力更强、准确性更高、机动性更大、隐蔽性更好的特点,而且可能出现新的种类。其中发展最快的武器有精确制导武器、人工智能武器和隐形武器。精确制导武器能够进行末端制导,具有命中精度高、射程远等特征,且价格便宜。现在最普及的是反坦克导弹。其他常规武器也可能向导弹化的方向发展。人工智能武器比精确制导武器更为先进,能"有意识地"寻找、辨别和摧毁要打击的目标。国外目前正在研究的有人工智能导弹、人工智能坦克等。隐形武器是指应用现代综合隐形技术对武器进行隐蔽,使之不为对方的侦察手段所发现。近几年来,美国等国在隐形轰炸机、隐形战斗机、隐形巡航导弹的研究上已取得了一些进展。

第三,情报、控制和指挥系统将具有超常能力。随着卫星技术、电子技术、计算机技术和激光技术的迅速发展,未来的情报、控制和指挥系统将具有全方位的情报侦察能力、全新的通信手段、全自动的指挥控制系统。部署在地面、海洋、空中、外层空间等各个地方的多种侦察监视设备,能够发现所有未采取隐蔽和反侦察措施的军事目标,还能自动地对搜集到的各种情报进行分析和处理,发出必要的警报。新的电子、光导等多种通信手段,能进行迅速、准确、不间断、大容量的通信,并具有高度保密和抗干扰的能力。高性能的电子计算机将承担相当多的一部分指挥工作,并根据最高指挥机构作出的决定,实施高度集中统一的指挥。

第四,军队的结构和素质将发生重要变化。军队的总人数将减少,直接参战的战斗人员的比例将下降,而后勤人员和技术人员以及司令部人员的比例将上升;编制和体制将不断调整和改变;在未来的军队编制中,也可能出现以外层空间为基地进行作战的新军种——"天军",以及"机器人装甲部队"之类的特种部队,军队的知识化、专业化程度将大大提高。

第五,未来战争将出现许多新的特点。由于新的威力更大的武器系统的出现,战争的破坏性、突然性、残酷性将空前增大。战争初期交战的结果对整个战争的进程将起更加重要的作用;电子战将成为未来战争的重要形式,电子对抗将更加尖锐;战略防御与战略进攻将更加密切配合。未来的战略防御系统具有同以往防御性武器不同的特点,它可剥夺对方进行战略攻击和报复的能力,略加改进还可作为战略进攻武器使用,因此,对战争的胜败起着极为重要的作用。

第六,军事战略和作战方法将出现新的变化。在军事战略方面,随着威力更大的武器系统的出现,各国军事战略将出现新的形式和内容。在军事理论方面,随着空间军备竞赛的加剧,有人提出了所谓"制天权"问题。在指挥方式和情报的搜集、处理方面,各种作战预案的制订将显得更加重要,情报的搜集和处理将朝着集中统一的方向发展。在战役战术的原则和概念方面,也将随着部队火力、机动能力和远程投射能力的进一步增强出现重大的变化。

第三节 智慧结晶——军事经典

1.中国智慧——中国古代兵书

据《中国兵书知见录》记载,我国古代兵书有 3380 部,尚存 2308 部。它们不但是我国军事学术发展史上的重要篇章,在世界军事史中也享有盛名。

据记载,我国古代军事著作萌芽于殷商。甲骨文和金文中,已有军事与战争问题的记录。西周时期产生了专门兵书《军志》和《军政》。春秋战国时代,由于战争规模的扩大和战争方式的改变,出现了专门指挥作战的将领和军事家,军事著作也随着战争的需要而大量问世。比较著名的有《孙子兵法》、《吴子》、《司马法》、《孙膑兵法》、《尉缭子》、《六韬》。

另外,卫鞅的兵法、庞涓的兵法、李良的兵法、信陵君集宾客所著的兵法也很有名。这一时期是我国古代军事理论著作创作的一个高峰。战国以后,还产生了专门论述战术问题以及"兵阴阳"(讲天候地理卜筮)和"兵技巧"(讲军事技术)的军事著作。

秦始皇焚书禁书,并未禁绝兵书。约在秦汉之间,又有名著《黄石公三略》问世。西汉王朝深知兵书的重要,立国之初就命张良、韩信编制兵法。这是我国历史上第一次由政府组织整理兵书。当时,共搜集到 182 家兵书,其中战国兵书占大多数,经过筛取,选定了 35 家。后来,步兵校尉任宏重新编制分类,著《兵书略》,把兵家及其著作分为兵权谋家、兵形势家、兵阴阳家和兵技巧家四大类。这是我国古代军事思想发展的一个重要标志。

汉魏以来,尤其是三国时期,由于群雄并起,战争频繁,产生了一批著名的军事家,军事理论著述也应运而生,如曹操发布的各种军令和诸葛亮撰写的《将苑》等。

晋和南北朝时期,兵书无名篇传世,仅在《士志》、《士录》中有兵书的著录。

唐代是中国封建社会的鼎盛时期,由于社会的安定和经济的繁荣,战争和战备被渐渐淡化了。这一时期有代表性的兵书,是《唐太宗李卫公问对》和李荃所著的《太白阴经》。

我国古代兵书著述到宋代得到了长足的发展。当时,随着火器的出现和倭寇对边防的侵扰,军事研究越来越广。宋代开国后出现的第一部对后世有影响的兵书,是许洞所著的《虎铃经》。该书论述了许多用兵的实际问题,并汇集了许多与军事有关的天文、历法、计时及识别方位等知识。宋仁宗鉴于武备废弛,边防屡吃败仗,下诏令召集官府有关人员编辑兵书。后费时五年,编成了《武经总要》。该书序言由皇帝亲自撰写。这是我国第一部官修的百科性兵书,它较为详细地反映了北宋前期的军事制度。北宋神宗为了开办"武学",培养军事人才,又诰命朱眼、何去非等校定《孙子》、《吴子》、《六韬》、《司马法》、《三略》、《尉缭子》和《李卫公问对》等七部兵书,颁布为武学必读之书,统称《武经七书》。这是中国第一部军事教科书,它对宋以后军事学和战争实践影响很大。此外,宋代还出现了一些很有特点的军事名著。如何去非撰编的《何博士备论》,陈规、汤璹编撰的《守城录》,陈傅良编撰的《历代兵制》,以及无作者可考的《百战奇法》等。

由于国家防务的迫切需要,明代的军事著述也很丰富。赵本学及俞大猷著的《续武经总要》,把明代以前有一定影响的 22 种步兵阵法,"绘为图,纂为法",又把汉唐以来文人俗儒编造的 17 种阵法辨假以非之,对后世颇有影响。戚继光的两部兵书《纪效新书》和《练兵实纪》,对于整顿边防、训练部队具有重要的指导作用。明代的另一部兵书《投笔肤谈》,仿照《孙子兵法》的体系,明显地反映出明朝后期的御侮思想。明代的军事名著中,还有评论历代战略防御的《洴澼百金方》,筹划沿海防务的《筹海图编》,论述选练、作战的《阵纪》,辑录名将传略的《广百将传》,论述火药、火器技术的《火龙神器阵法》、《火攻挈要》,以及类书性著作《登坛必究》、《武备志》等等。

清朝为了宣扬文治武功,把兵书列为仅次于儒学的第二位。但统治者实行"愚民政策",却把一部分兵书列为"禁书"。乾隆年间编纂的《四库全书》,收录兵书仅 20 种。这一时期的军事著作,更加重视从历史、地理角度论述用兵之道,如《读史方舆纪要》、《灰画集》等。

2. 兵家"圣经"——《孙子兵法》

《孙子兵法》又称《孙子》,为春秋末期大军事家孙武所著,是我国现存最早的古代军事名著。全书共分 13 篇,即"始计篇"、"作战篇"、"谋攻篇"、"军形篇"、"兵势篇"、"虚实篇"、"军争篇"、"九变篇"、"行军篇"、"地形篇"、"九地篇"、"火攻篇"、"用间篇",约 6000 字。

1972 年山东临沂银雀山汉墓出土的竹书《孙子兵法》是迄今最早的传世本,但由于年久损残,内容不完整。现在我们看到的足本,都是南宋以后所刻印或文印的。

《孙子》揭示了一般的战争规律,提出了战略上许多卓越的命题,总结了不少行之有效的作战指导原则,历来为兵家所推崇,至今仍有重要的科学价值。兵法内容极其丰富,现简介其中几个方面。

一、注重进步战争,提出了以"道"为首的战争制胜条件,《孙子》开篇就说:"兵者,国之大事,死生之地,存亡之道,不可不察也。"认为战争是关系到军民生死、国家存亡的大事,必须认真进行研究。他主张对战争有备无患,提出决定战争胜败的基本因素是"五事"和"七计"。"五事"、"七计"包括了"民"对战争的态度、天时地利、将领的指挥能力、军队的组织编制制度、训练程度、战斗力强弱,以及赏罚纪律等问题。孙武把"令民与上同意"的"道"("道",指政治)放在"五事"、"七计"的首位,表明他朴素地认识到了民心的向背、军心的稳乱这一政治因素与战争的关系。这种思想在当时是独一无二的。

二、重视军队建设,提出了文武兼施、刑赏并重的治军原则和选将标准。孙武认为,要使军队"上下同欲",团结一致,形成强大的战斗力,必须"令之以文,齐之以武"。其"文"就是怀柔和重赏,使士卒亲附;其"武"就是强迫和严刑,使士卒畏服。他非常重视将帅的地位和作用,提出把"智、信、仁、勇、严"作为选拔将帅的标准,要求将帅具有赏罚有信、爱抚士卒、勇敢果断、严明军纪的良好素养,有"知天知地"的广博知识和高人一等的指挥才能,并且要有"知诸侯之谋"的政治头脑。

三、揭示了"知彼知己,百战不殆"的战争指导规律和其他一些有价值的作战指导原则。孙武认为,敌情是"三军之所恃而动"的依据,战前必须认真地了解和掌握。在作战中,从进军、接敌到对峙、交战,都要十分重视"相敌",注意观察各种征候,准确判断敌情。在知己方面,孙武提出了"识众寡之用"、"以虞待不虞"、"知可以战与不可以战"的制胜之道。为了做到"知彼知己,百战不殆",孙武提出了一系列作战指导原则。如充分作好战争准备,了解敌我军力对比,兵力部署要从实际出发,进攻行动要突然迅速,将帅指挥要机动灵活,等等。

四、反映了朴素的唯物论和辩证法思想。《孙子》反映出来的军事哲学思想,达到了他那个时代的顶峰。例如,他在论述制胜条件时,把"五事"和"七计"看做是决定战争胜负的物质基础,认为预测战争胜负"不可取于鬼神"而"必取于人",表现了鲜明的无神论和反天命的态度。他注意到了时间和空间在战争中的作用,强调"兵贵胜,不贵久"、"兵之情主速",认为时间因素在战争中十分重要。在论述战争指导规律时,提倡从战场实际情况出发,并重视军心士气的影响,贯穿了唯物主义反映论的观点,强调了主观能动性在战争中的表现和作用。

《孙子》是我国一份极珍贵的军事遗产,具有很高的科学价值,但由于阶级和时代的局限性,也不可避免地存在一些糟粕,如过分夸大将帅的作用,不可能揭示战争的阶级本质等。《孙子》问世后,已广为流传两千多年,并早在唐代就被介绍到了日本,后来先后传到了法、英、德、俄等国。所到之处,誉者无数,被誉为"世界第一兵家名书"。因此,它不仅对我国,而且对世界各国的军事学术思想,都产生了积极的影响。

3. 政治武备——《吴子》

《吴子》是中国古代著名兵书《武经七书》之一，相传为战国前期卫国人吴起所著。《吴子》以"内修文德、外治武备"为核心，对于战争目的、作战指导和治军问题作了较为深刻的论述。

一、明确提出了整军经武的目的是"图国家"。吴起认为，国与国"争名"、"争利"、"积恶"、"内乱"和"因讥"，是引起战争的原因。要避免战争，使国家强大，必须"外治武备"，"内修文德"。他把人事、军事、国事视为一体，在一定意义上触及了战争的政治性质问题。

二、提出了"因形用权"，即根据不同敌情采取不同打法的作战指导思想。吴起十分重视对敌情、民性、经济状况和地理位置的分析，强调在总体上把握一个国家的强弱，并根据不同特性而分别采取分之、恐之、激之、劳之等方式去战胜他们。他列举了不失时机"急击勿疑"的数十种战法，指出了力不如敌时应"避之勿疑"的几种情况。

三、提出了整军备武、明耻教战的治军思想。

首先，他强调安国之道，先戒为宝。认为要把"戒"作为国家长治久安的首要条件，指出军队只要常有敌情观念并保持警惕、做好战备，就可做到有备无患，确保国家安全。

其次，他主张严刑明赏，以治为胜。认为兵不在众，"以治为胜"。所谓"治"，一方面是明法令，即规定明确的号令作为军队行动的准则，并用严格的纪律约束将士，使军队"居则有礼，动则有威，进不可挡，退不可追"；另一方面是信奖赏，即对有功的将士一定给予奖赏，对于死亡将士的家属给予妥善照顾，"著不亡于心"。

同时，吴起也认为，单靠赏罚不能服心，所以他又强调：一要任贤选能，"使贤者居上，不肖者处下"；二要爱兵如命，要求将帅对部下要"爱其命，借其死"，以此激发士兵自觉的战斗精神。

第三，他推崇用兵之法，教戒为先。把严格训练放在治军的首位，并看做是提高部队战斗力的重要因素。《治兵》篇说道："夫人常死其所不能，败其所不便。故用兵之法教戒为先。"由于懂得打败仗常常是因为本事不高、技艺不熟，所以特别强调教育训练的作用。

《吴子》在历史上曾与《孙子》齐名，并称为"孙吴兵法"。但由于阶级和历史的局限,《吴子》也有一些片面的观点,如把将帅看做"得之国强、去之国亡"的异常之才等。

4. 以战止战——《司马法》

《司马法》是我国古代著名兵书《武经七书》之一。按照《史记》的说法,《司马法》是战国中期齐威王召集大夫们追述的商周的古兵法,同时也把春秋末期齐国将军司马穰苴的兵法附于其中。所以《隋书·经籍志》记载此书为司马穰苴所撰。总的来看,该书提出了以下观点:

一、"以战止战"的义战观点。《司马法》主张:"杀人安人,杀之可也;攻其国,爱其民,攻之可也;以战止战,虽战可也。"就是说,对于那些能够使人得到安全、拯救百姓和制止侵略的正义战争,要给予肯定和支持。但是,一旦进入敌国作战,就要严格军纪,不准烧杀掳掠,并要求将士敬老扶幼,不杀缴械敌人,并对受伤战俘给予医治和遣返回家,认为这是夺取战争胜利的有力保证。

二、"以仁为本、以义治之"的治军原则。《司马法》强调,要使全军"力同而意和",必须"以仁为本、以义治之"。所谓"仁"、"义",就是对人仁爱、行事顺理。将帅要做到"见危难勿忘其众","胜利与众分善"。《司马法》认为,"以仁为本"和"以义治之",是治军的两个方面,互为表里,刚柔相宜,不可偏废。

三、先行"五虑"和"无复先术"的作战指导思想。《司马法》论述了作战要先有准备的所谓"五虑",即"顺天、阜财、怿众、利地、右兵"。认为顺从大意、多备财物、悦服众心、利用地利和精良武器是应当及早谋划的五件大事。至于作战中的"无复先术",就是要求根据不同的地形和敌人的强弱来部署自己的阵势和兵力。

四、"战相为轻重"的军事辩证方法。《司马法》把战争中的诸因素抽象为"轻"、"重"两个对立方面,认为将帅的具体战术指挥为轻,全局战略谋划为重。因此提出要求:在军事指挥上应当轻重相节,不可固执一端,既要做到战略战术兼顾,又必须分清主次,"以重行轻",用战略统帅战术。

5. 爱国爱民——《六韬》

《六韬》是中国古代著名兵书《武经七书》之一。相传为西周初年太公吕望(姜子牙)所著,自宋以后一直被疑为伪托。全书就战争准备、对敌斗争策略、作

战指挥和战法运用等问题进行了阐述,重要内容有以下几点:

一、强调战胜攻取必先"富国"、"爱民",以此增强军事实力。认为要做好战争准备必须首先治理好国家,只有国富民强才能立于不败之地。提出"人君必从事于富",使人民安居乐业而心无他虑,而要增强国家的实力,还必须懂得"爱民"这个"为国之务"。

二、提出了"用兵之具、尽于人事"的全民防御战略。认为在天下安定、国无战争之时不可忘战,因而战争的武器和用具要常修,防御敌人的守备要常设。强调在平时筹划人民生产生活时就为战争作好充分准备。

三、主张"全胜无斗、大兵无创"的不战而屈人之兵的策略。《六韬》把战而全胜、无杀伤而完师作为最理想的战争策略,并为此提出了一系列作战指导方针。例如,战前对敌国实施"文伐",即对敌方国君施以投其所好、贿赂左右、离间近臣、窃取情报和轻其戒备等手段。实施进攻时,强调采用"示形"方法,也就是采取战略佯动,击其不意以达到突然袭击的目的。在作战中,要求做到"可攻而攻,不可攻而止"。

四、提出了一系列以少击众、以弱敌强的战术原则。该书大量论述了同敌人作战应当注意的问题。例如,对诱敌伏击、后发制人、突然袭击、速战速决、密切协同和并力作战等战法,都有详尽阐述。

五、在治军方面,特别重视"立将之道"。提出了选将的五个要求,即"勇,智、仁、信、忠"。所谓"勇",就是临战不惧;"智"就是不受惑乱;"仁"就是能得众心;"信"就是上下互信;"忠"就是事君不二心。认为将领的表率行为是激励士卒精神、焕发军队战斗力的重要因素。而赏罚有信、不分贵贱是提高将领威严、鼓舞士气的重要手段。为了求得良将,要求任人唯贤,量才选将,并须"按名督实,选才考能"。

6. 统军驭将——《三略》

《三略》又称《黄石公三略》,是中国古代著名兵书《武经七书》之一。相传黄石公所著。该书主要是讲安邦治国、统军驭将的政治谋略。主要内容有以下几个方面:

一、主张统军治国要选贤任能。《三略》围绕招贤纳士、驭将用人这一中心阐述了封建的治国之道。认为贤人所归向的国家,将是天下无敌的。因此,必须竭尽全力去"千里迎贤",广罗人才,根据他们的不同特点加以任用,并且要

"崇礼"(崇尚礼节)、"重禄"(加重俸禄),造成尊重贤士之风。

二、强调将帅要有很高的修养和广博的知识。《三略》认为,一个良将必须"能清、能静、能平、能整、能受谏、能听论、能纳入、能采言、能知国俗、能图山川、能表险难、能制军权"。用今天的话说,就是要廉洁、镇静、公平、严整,能接受批评、明断是非、任用人才、采纳意见,并且要知道敌国风土人情,研究山川地理,明了地形险阻,懂得掌握军队的权柄。

三、重视民众在战争中的作用。《三略》提出了人民群众是战争胜利之本的观点。它指出:"庶民者,国之本";"军国之要,察众心";"制胜破敌者,众也";"以弱胜强者,民也"。因此认为,治理国家和统帅军队要"务先养民",即要爱护民众,减轻赋徭。不占农时,不使民贫。

四、提出了在作战中"不为事先、动而辄随"的观点。意思是不要事先主观规定,而要针对敌人的行动随机应变。强调"用兵之要,必先察敌情"。而在论述将与众、德与威、善与恶、柔与刚、弱与强等关系时,还注意到了事物的对立方面以及事物对立双方相互转化的关系。它指出,战争"变动无常",所以行动要"因故转化";柔刚弱强四者,要根据实际情况适当运用,在一定条件下,"柔能制刚、弱能制强"。

《三略》也有一些剥削阶级的思想糟粕。比如,宣扬唯利是图,主张对士卒实行严刑峻法和愚兵政策等。

7. 武表文里——《尉缭子》

《尉缭子》是我国古代著名兵书《武经七书》之一。它成书年代约在战国中后期,有疑为秦王政时尉缭所著。该书主要论述了战争与政治、军队与纪律、料敌与举兵、天时与人事等方面的问题。

一、"武为表,文为里"的战争观。

《尉缭子》已经认识到战争是和政治紧密相连的,从而提出了"兵者,以武为植,以文为种。武为表,文为里"的说法。"文"主要是指政治,"武"主要是指战争,二者是"种"(根)与"植"(干)、里与表的关系。这种论述,相当明确地分清了政治与军事的主从关系。

二、"制必先定"的以法治军思想。

为了保证战争的胜利,《尉缭子》主张治军必先建立法制,对军队实行严格的纪律和管理。在作战时,要求"明赏于前,决罚于后"。对于违抗军令者,即使是有地位的将吏,也当杀必杀;对于作战有功者,哪怕是出身低微的牛童马目,也该赏则赏。而且,要求将帅以身作则,激励部下,并强调要把军队训练作为必胜之道。

三、"权敌审将而后举兵"的作战指导原则。

《尉缭子》认为,凡是兴兵打仗,必须先研究敌对双方的形势,了解统兵的将帅,而后才能正确计划军队的行动,否则,就会进退不定,生疑致败。为此,国君应在战前"谋于庙",衡量内外情况,精心进行运筹。如果没有必胜的把握,切不可轻举妄动。

四、不靠"天时"靠"人事"的朴素唯物主义观点。

《尉缭子》反复论述了在战争中求鬼神不如重"人事"的道理,并明确指出,重"人事"又贵在"求己"。这就是说,要谋求战争的胜利,必须依靠自身的力量,壮大自己的军队,发展本国的实力。

《尉缭子》一书也有过分夸大将帅作用的论述,还宣扬了用重刑、杀戮的手段强迫士兵作战的思想。

8. 正奇亦胜——《唐太宗李卫公问对》

《唐太宗李卫公问对》(以下简称《问对》)是中国古代著名兵书《武经七书》之一。它是后人根据唐太宗李世民同卫国公李靖对军事问题的讨论而辑成的。全书没有完整体系,分别涉及军制、阵法、选将、训练、边防等问题,着重讨论了作战指挥的原则。

一、"正亦胜,奇亦胜"的用兵原则。在唐代以前,孙子关于"凡战言,以正合,以奇胜"的话,一直被兵家奉为不可变更的信条,但《问对》却说:"善用兵者,无不正,无不奇,使敌莫测。故正亦胜,奇亦胜。"认为只要使用得当,融会贯通,正兵既可挡敌,也可取胜;奇兵既可取胜,也可挡敌,"奇正皆得"。这是对《孙子兵法》思想的丰富和发展。

二、"有分有聚"、"攻守两齐"的指挥艺术。在用兵问题上,李靖指出了适当分散或集中的重要性。认为军队该分而不分或该合而不合都是用兵的败错。在攻守问题上,认为关键在于掌握战机,决定攻守的不是以敌之强弱为由,而是看"可胜不可胜","攻是守之机,守是攻之策,同归乎胜而已矣"。指出攻与守都是为了战胜敌人这一根本目的,只有坚持"攻守两齐之说",才算懂得用兵之道。

三、"爱设于先,威设于后"的治军制胜思想。《问对》对"严刑峻法"提出了不同看法。认为治军必须有刑法,而又必须以"爱"为前提,为将的只有真正爱护所属官兵,然后对违法乱纪的士卒施以严刑,士卒才会诚服。所以,治军要以爱为主,以刑为次。

四、"各任其势"、"因地制流"的教育训练方法。《问对》非常重视军队的训练,认为"有制之兵"(即训练有素的部队)是很少打败仗的。对于军队的教育训练要根据不同情况因地制宜,因材施教,并灵活掌握"兵形像水"、"用之在人",教育训练军队随各自的情况而定。

9. 富国强兵——《孙膑兵法》

《孙膑兵法》又称《齐孙子》(以与"吴孙子"孙武相区别),是我国古代著名的兵书,战国中期军事家孙膑及其弟子所著。该书继承和发展了孙子等早期兵家的军事思想,在理论上有些新的贡献。

一、宣扬了用战争保卫国家和慎战的观点。孙膑认为:"战胜,则所以在庄国而继绝世也。战不胜,则所以削地而危社稷也。"强调战争的胜负直接关系着国家的存亡。因此,他明确主张"战胜而强立"、"举兵绳之",提出用战争的手段来解决国家安危问题。但他同时认为,战争胜败关系重大,切不可"乐兵"、"利胜",不能轻率好战,而要"事备而后动",慎重对待战争。

二、提出了"富国"、"强兵"的治军观点。为了治军,孙膑首先强调"富国",认为只有"富国"才能"强兵"。关于强兵,他提出要精选将士,特别是选拔具备义、仁、德、信、智五个条件的"王者之将"。同时,要求明于赏罚,使将士严守纪律,令行禁止。

三、揭示了一些作战指导原则。他提出了"必攻不守,兵之急者"的观点,认为在积极的进攻中要打击敌人没有防备的地方,出其不意,攻其无备,强调用兵前必先"料敌计险"、"便势利地",以创造有利的作战态势。还专门论述了十种阵法,强调要根据不同情况灵活运用。

四、论述了决定胜负的关键在于"道"的原理。孙膑具有朴素的唯物辩证法思想,他明确指出,事物正反两面是"相当"的,即相互对立的,因而看到万物"有胜有不胜"、"有能有不能",以此推及战争,便明确提出了战争中敌我、主客、众寡、强弱、奇正、险易等一系列矛盾对立的概念,并论述了它们的相互关系。因之得出结论:在战争中少可以胜多,弱能够胜强。于是进而断言:"以决胜败安危者,道也。"意思是说,决定胜负的关键是能否正确掌握战争中的矛盾和规律。

10. 战术教材——《制胜的科学》

《制胜的科学》是俄国统帅亚·瓦·苏沃洛夫的一篇军事名著。它撰写于1795～1796年间,最初发表于1806年,随后的六年中再版八次。后由俄军将领将其基本原则引入战术教材。此书中译本由解放军出版社于1986年出版。

《制胜的科学》可称为军队的队列教令和战术训练教令。它由两个部分组成:第一部分名为"分队对抗演习或演习前的训练",是示范计划和部队的典型战术队列演习;第二部分名为"向士兵口授必须的知识"或称为"用士兵的语言对士兵讲话",它阐明了有关的战术指示,还提出了关于士兵的基本准则。该书揭示了苏沃洛夫的战术和其军事训练教育体系的实质,体现了18世纪俄国先进的军事思想。

苏沃洛夫最重要的战术原则,综述为三项,即观察、快速和猛攻。观察的概念包括计算,冷静考虑所处环境的一切条件,善于利用地形采取行动。

快速的原则是指对运动(机动)的要求。快速性应与行动的突然性相结合。猛攻是指部队应在交战的决定时刻最大限度地发挥力量。

苏沃洛夫进行训练和教育的总原则与方法,是和他的战术观点完全相适应的,并构成了一个统一的整体。他强调,各训练部分要和谐地配合在一起,"战时需要什么就教什么"。

《制胜的科学》对于俄国的军事学术曾经起过奠基作用,对于苏军的作战训练和军事学术也产生了重要影响。直到今天,仍然有着参考价值。

11. 军事理论——《战争论》

《战争论》是资产阶级军事理论的一部经典性名著。作者卡尔·冯·克劳塞维茨将军是普鲁士著名的军事理论家和军事历史学家。该书写于1818～1830年,中译本由军事科学院翻译,商务印书馆于1978年出版。

《战争论》共3卷8篇124章,加上附录,69万余字。第一篇论战争的性质,是全书的总纲总则,大致上描绘了战争的总概念的轮廓。该篇主要论述战争是迫使敌人服从自己意志的一种暴力行为,指出它具有三个特性:暴烈性、必然性和偶然性;作为政治工具的从属性;并提出一个著名论断:"战争无非是政治通过另一种手段的继续。"第二篇论战争理论,主要论述战争理论应该包括对精神因素的研究,理论应该是考察而不是死板规定,理论应该不与实践矛盾,应该运用战争经验和战争实例建立理论。第三篇战略概论,主要论述五种战略要素,即精神要素、物质要素、数学要素、地理要素和统计要素,特别着重论述了精神要素、集中使用兵力、数量优势等几个问题。第四篇战斗,主要论述战斗的性质、目的和主力会战的原则,强调战斗是一切军事活动的中心,主力会战是真正的重心。第五篇军队,主要论述军队的编组、战斗队形、宿营、行军、补给等问题。第六篇防御,主要论述"防御是更强有力的战斗行动类型"这一原理,指出防御不应是单纯据守,要有进攻和反攻,要善于运用民众战争。第七篇进攻,主要论述进攻不是单一的整体,进攻不能超过顶点,要集中兵力,包围迂回,速战速决。第八篇战争计划,主要论述整个战争的组织以及战争与政治、战争与消灭敌人的关系,可以看做是对全书的归纳总结。

《战争论》的内容非常丰富,论述的问题范围很广,如战争的本质和战争计划的实施;军队的作战、编组、训练、补给,战略、战役、战术;进攻、防御;一般战斗、特种战斗;正规军和正规战、民众武装和游击战;战争中的物质要素和精神要素;战争理论的内容以及建立战争理论的原则和方法;等等。书中最精彩的篇章,主要是关于战争本质、建立战争理论原则、精神要素在战争中的作用、进攻与防御、运用民众战争和作战中的制胜因素等的论述。

《战争论》反映了资产阶级初期的进步倾向和革新精神,对战争本质等问题提出了一些重要的观点。首先,第一次明确地阐明了战争的实质和战争与政治的关系。其次,尖锐地批评了以前的军事理论家卡尔大公和皮洛等人的数学的战争理论,也批评了他们把军队的给养或集中优势兵力于一点看做是战争的唯一规律的理论,深刻地指出了精神力量在战争中的作用。第三,辩证地揭示了进攻和防御这两种作战形式的关系。

《战争论》的作者毕竟是一个资产阶级军事学家,他的著作不能不带有时代和阶级的局限性。因此,他不可能真正揭露战争和政治的阶级本质,免不了要对战争的必然性和偶然性加以夸大。他宣扬战争的概念是随着防御产生的,说是"因为入侵引起了防御,而有了防御才引起了战争"。这个观点在实践上是有害的,常常成为侵略者开脱罪责的借口。

《战争论》出版一百五十多年来,在世界各国影响很大,被公认为是军人的必读之书,美、英、日、德和苏联等国的一些军界人士和研究者,都把该书视为军事经典。革命导师马克思、恩格斯、列宁和毛泽东,也对《战争论》中某些观点给予了很高评价。

12. 战争艺术——《战争艺术概论》

《战争艺术概论》是论述战争艺术理论的专著。作者是资产阶级军事理论家、瑞士的 A·H·亨利·若米尼。该书写于 1837～1840 年。中译本由解放军出版社 1986 年出版。

全书共 7 章 47 节,近 39 万字。作者以大量战例为依据,从多方面对战争理论进行了阐述。他首先给战争艺术下了定义,认为战争的艺术包括六个不同的部分:战争政策;战略,或为入侵别国或保卫本国而在战场上巧妙指挥大军的艺术;用于战役和战斗的大战术;战争勤务,即军队调动艺术的实际运用;工程艺术,即对筑垒要点的攻守技术;基础战术。

关于战争政策。作者主要论述了一个政治家要决定某个战争是否正当和适合时机而应当考虑的因素,或达到战争目的所应采取的步骤。作者指出,战争的执行应该尽量地遵照战争艺术中的各大原则,但是在实际行动中,却又应该根据环境的需要,而极大限度地自由运用。

关于军事政策或战争哲学。作者认为,军事政策包括所有与军事行动有关的一切精神因素的总和,以及那些足以影响到战争的进行,但是却又不属于外交、战略和战术的范围之内的因素。作者主要论述了当一个政府拟定它的作战计划时,必须考虑周详的政策性因素。作者强调,精神因素在战争中有重大作用,因此要培养尚武精神,采取多种措施激励军队的士气,提高军队的战斗力。作者非常重视将帅的选拔问题,提出了将帅应具备的条件:精通战争理论,具有军事指挥才能;善于审慎地研究战场情况,制订良好的作战计划;具有坚定、勇敢和公正的个性,不能嫉妒别人的长处和功绩。

关于战略、战术和交战。作者认为,战略是进行战争的科学,战术是进行战斗的科学。战争的基本原理就是在决定性方向上集中兵力和及时地使用主力投入交战。他以历史上 20 次著名的战争作为依据,论述如何把战争的一般原理应用到各种不同的战略和战术情况上面。同时,具体探讨了在大战术指导下进行防御战、阵地战、攻击战和遭遇战等问题。作者认为,进攻优于防御,防御应该是积极的防御。

《战争艺术概论》在一定程度上揭示了战争的某些客观规律,受到了军事学术界的广泛重视。该书出版后,很快被翻译成很多种文字,几乎在全世界流传。但由于受时代和阶级地位的影响,书中也反映出不少形而上学和机械论的色彩,如断言战略的原理永恒不变、战略战术的原则在各个时代都完全相同等。

13. 空中主权——《制空权》

《制空权》是意大利军事理论家朱里奥·杜黑的一部代表作,现集包括四本书,即 1921 年初版的《制空权》,1928 年初版的《未来战争的可能面貌》,1929 年初版的《扼要的重述》,1930 年初版的《19XX 年的战争》。中译本由解放军出版社于 1986 年出版。

《制空权》从战略高度论述了有关空军建设和作战使用方面的许多问题。该书特别强调:空中武器——飞机用于战争,彻底改变了战争的面貌,是战争发展史上的转折点。从此,战争将成为全民的、总体的,不分前方后方,也不分战斗人员和非战斗人员。认为夺取制空权在未来战争中是绝对重要的,"掌握制空权就是胜利,丧失制空权就是战败";夺取制空权只能靠空军,而掌握制空权,就是要能阻止敌人飞行而同时自己却能保持飞行。作者还明确指出:不能把制空权和空中优势混为一谈,也不存在局部的相对制空权;强调制空权就是要完全制止敌人的空中活动。

《未来战争的可能面貌》简要地回顾了第一次世界大战的陆上战争和海上战争。认为在战争指导上发生了许多错误,指出航空兵的出现将改变未来战争的整个面貌,也将影响陆海军的作战行动,不正确估计到这一点将是极端危险的。《扼要的重述》是杜黑对各种批评意见的答复,并顺便提出了未来战争中在地面取守势、在空中取攻势,并由空中战争决定胜负的主张。《19XX 年的战争》则以叙事的形式形象地阐述了对于一场未来战争的设想。设想是以德国为一方,法国和比利时为另一方,预计战争在 1932 年或 1933 年爆发。作者认为,法、比是第一次世界大战中的战胜国,因而仍然坚持上次大战的经验;德国是上次大战的战败国,陆海军的发展受到限制,而航空工业和化学工业却有较大发展,故其作战思想有所不同,将把空中战场作为决定性战场,试图用空中进攻来夺取战争的胜利。

制空权理论提出以后,很快得到了发展和传播,在空中学术史上占有重要地位。但是,由于缺乏实践,杜黑的理论带有很大的预测性和主观性。他正确地预见到空中战场的出现,但把空中战场肯定为决定性战场是武断的。他论述了建设独立的空军的必要性,但对陆海军的航空兵持否定态度,对防空的作用持怀疑态度,则是不正确的。他把夺得制空权定为"赢得胜利的必要的和充分的条件",显然有些夸大。

14. 军事战略——《战略论》

《战略论》是一本论述军事战略的著作。作者是英国军事作家、军事理论家利德尔·哈特。该书初版于 1929 年,1954 年再次进行修订,并在纽约出版。中译本由战士出版社于 1981 年出版。

《战略论》分为 4 编 22 章,加上附录,共 38.6 万字。作者以历代战争的研究为基础,反复论证了一种"间接路线战略"。该书第一编叙述了从公元前 5 世纪到 20 世纪这段历史中的战略,通过对 30 次战争中一些将领如何运用战略的评述,提出了"间接路线"理论,并进行了说明和论证。认为在战略上最漫长的迂回道路,常常又是达到目的的最短途径。作者强调用各种手段出敌不意地奇袭和震撼敌人,"使敌人在心理上和物理上丧失平衡",以至于不用正面强攻和决战,就能达到迫敌投降的目的。因此认为,"间接路线和直接路线比较起来,前者实在是最合理和最有效的战略形式"。作者指出,间接路线的艺术至少有两条原理:其一,"对于已经据有坚强阵地的敌人,决不可以进行直接的正面攻击";其二,"必须首先压倒敌人的抵抗意志,尔后才能对他实施进攻"。

第二编和第三编分别叙述第一次和第二次世界大战的战略。通过对两次世界大战中主要参战国家和著名军事将领如何运用战略的评述,作者进一步论证了"间接路线战略"理论,从而肯定"一个战略家的思想,应该着眼于'瘫痪'敌人,而不是如何从肉体上去消灭他们"。

第四编专门论述了军事战略和大战略的基础。作者认为,"战略是一种分配和运用军事工具以达到政治目的的艺术",而把所有超出军事战略范畴的一切东西都归之于军事政策,或称之为"大战略"。并且指出,大战略的任务就在于调节和指导一个国家或几个国家的所有一切资源,以达到战争的政治目的。

《战略论》反映了资产阶级军事科学的发展趋势,其间接法思想对西方军界有过颇大影响。该书曾被世界各国广为翻译出版,西方的一些著名将领把它奉为经典,某些国家的军事院校用它充当基准教材。但其理论原则和学术观点,也有一定的片面性和局限性,对于战略同经济基础的联系,战略同社会背景的关系等问题,缺乏科学的探讨。

15. 体系探讨——《战争指导》

　　《战争指导》是英国军事理论家 J·F·C·富勒少将撰写的一部理论名著，被称为现代资产阶级战争理论的代表作之一。该书初版于 1961 年，由美国新泽西州拉特格斯大学出版社出版。中译本由解放军出版社于 1985 年出版。

　　这本着重于理论体系探讨的书，认真剖析了 17 世纪以来的三十年战争、拿破仑战争、美国内战、苏俄革命战争，直到第二次世界大战，分别论述了这些战争的指导得失，总结了指导战争的原理原则。作者通过战争实例的分析，还阐述了战争观念的演进和战争性质的变化，介绍了一些名将的思想对于战争的影响，并专门论述了拿破仑、克劳塞维茨、毛奇、福煦等名将的战争观念和他们指导战争的原则。同时，也从发展的角度探讨了政治、经济和社会对于战争的影响。

　　全书共分 24 章，加上前言，总计 25.6 万字。下面扼要介绍书中主要内容。

　　关于专制国的有限战争，主要叙述三十年战争及其以后战争的情况。关于拿破仑战争，介绍了拿破仑其人，以及拿破仑战争的要素、原则和缺点。关于克劳塞维茨的理论，比较详细地论述了他的战争观念和理论，认为他"误解了拿破仑的进攻原则"，是他"把自己的绝对战争概念强加给了拿破仑"，以致他"对于 20 世纪无限战争的广泛扩展，也负有大部分的间接责任"，但承认"他对战争与政治的关系的透彻分析，却是无人可以与之相比的"。关于美国内战，分析了工业革命对于美国的影响，美国内战的性质和战略问题，同时还介绍了战术的发展变化，指出若米尼的《战争艺术概论》一书，曾在战争中"广为流传"。作者推崇毛奇、福煦和布洛克，除了推崇两位名将的战争指导原则之外，特地介绍了波兰籍犹太人布洛克先生，因为他曾指出"战争已不再是一种有利可图的政治工具"，而且他对未来战争的预见，"有着不可思议的准确性"。关于苏联的革命战争，扼要论述了列宁和苏联的军事思想与战争观念，特别指出了列宁对于克劳塞维茨军事理论的赞赏，以及对他的"战争是政治的一种工具"这一思想的援引、应用。关于和平问题，指出了：大战略的目标是要求有利的和平，并不是要把对方完全歼灭；虽然核能给战争带来了重大影响，但是第三次世界大战是否爆发，主要取决于政治、经济和技术等诸多的因素。

　　《战争指导》比较集中地体现了作者关于战争的理论和指导战争的观点。他把战争这个历史现象放在社会生活领域中进行研究，注意到了政治、经济和技术条件对于战争所起的作用，提醒人们不要为绝对的观念所束缚，而要从综合的、变化的角度来研究战争的指导原则与方法。作者关于有限政治目的的战争往往能使胜利者获得较大利益的观点,关于战争中敌友关系可能发生变化,以及要懂得战争中野蛮行为的不合理性、要做到在战争中不使你的敌人陷入绝境、要在敌人被打倒后明智地让他再站起来等观点,为读者提供了值得思索的见解。当然,由于阶级和时代的局限,富勒的著作不可能没有偏见和错误。

16. 战略学说——《军事战略》

《军事战略》是一本全面论述苏联战略学的著作。此书由苏军前总参谋长瓦·达·索科洛夫斯基主编,1962年由苏联国防部军事出版社出版,1963年修订重版,1968年再次增订出版,中译本有世界知识出版社1965年的版本,战士出版社于1980年出了补译版本。

此书比较广泛地论述了苏联各个历史时期的战略和现代战争中的各种问题,由于该书的作者多系苏联的高级军官和军事专家,实际上反映了当时官方的观点。全书分为8章,共50多万字。下面扼要介绍主要内容。

在结论中,作者主要论述了战略和战略学的概念、定义、范围、性质及其形成、发展过程,战略与政治、经济、技术、精神因素以及和军事学说的关系,战略学在军事学术中的地位,它与战役学、战术学的关系。

关于帝国主义国家的战略及其对新战争的准备,主要论述了现代资本主义国家准备新战争的战略的实质和内容。

关于现代战争的性质,主要分析和论述了现代战争特别是核战争的性质、特点和规律;新的世界大战的根源、样式、爆发的原因和可能性。同时,还就未来战争可能具有的性质作出了结论。

关于军队的建设问题,主要论述了军队建设的决定因素和基本方向。作者指出,军队建设"首先取决于一个国家的社会制度的性质、经济能力和它所推行的政治、居民的数量、精神素质和民族特点。此外,一个国家的地理位置、幅员的大小和国土的特点对于军队建设也发生一定的影响"。

关于作战方法,主要是从战略学角度探讨了以往战争和现代战争的作战方法。作者认为,"和平时期,由于缺乏实践经验,军事科学和理论上的预见对于作战方法的发展具有决定性作用"。作者着重论述了核战争的战略思想、原则,各军种的任务、组织形式、使用原则,战争阶段的划分,战略行动的分类及作战方法等。

关于国家对反侵略的准备,主要论述了国家的战争准备的三个主要方面:军队的准备、国家经济的准备和居民的准备。作者在论述中强调了研究预想敌人对战争的看法的重要性。作者还探讨了民防的战略意义。

《军事战略》出版后,在苏联国内外产生了广泛的影响,虽然对它褒贬不一,但作为了解苏联和西欧各国军队发展情况及其战略趋势的一部理论专著,仍有一定的参考价值。

17. 战略成果——《大战略》

《大战略》是一部比较系统地论述美国战略问题的著作。作者约翰·柯林斯是美国国会研究防务问题的高级专家、美国国防大学战略研究所所长。该书1973年在美国出版。译本由战士出版社于1978年出版。全书分为6个部分,共27.4万字。

《大战略》除重点叙述当代美国的各派军事思想和军事战略外,还叙述了美国的对外政策以及与军事战略有关的地理、经济和科学技术等问题。

作者在代序中叙述了战略思想的演变,认为我们今天所说的大战略,是指运用国家的力量,以便在一切可能想象的情况下满足国家安全目标的需要,这在古代是稀有的东西。虽然如此,现代战略的基本观点却在古代全部都有了。作者依次简要论述了世界上29个公认的战略创新人物。认为中国的"孙子是古代第一个形成战略思想的伟大人物",今天没有一个人对战略的相互关系、应考虑的问题和所受的限制比他有更深刻的认识。

作者在承认存在威胁的前提下,探讨了大战略整个领域与国家安全利益、目标、政策以及国家力量各组成部分之间的相互关系。同时,还评述了各种基本战略思想和战略原则。关于当代美国各派军事思想,作者主要论述了美国过去和现在的各种战略概念,如遏制战略、大规模报复战略、灵活反应战略和现实威慑战略等。作者宣称,在美国的国家安全利益中,有一项"是保持美国作为全球性大国的行动自由"。在此基础上,作者进一步论述了美国对世界主要地区和国家的战略思想。

在"通往战略优势的通路"一章中,作者主要论述了成功的战略革新者的各种特点,介绍发现、动员、鼓励和指导军内外有才干的人的方法。作者认为,克劳塞维茨、康恩、列宁、毛泽东和杜黑是五位具有革新思想的战略家。他还指出,战略家必须具备才智、智力的主动性、敏锐的分析能力、坚韧性、能言善辩、眼界开阔、有预见性等品德。

《大战略》一书是作者多年研究美国军事战略的成果,其中一些观点有新颖和独到之处,在国内外产生了较大的影响。但是,由于站在超级大国侵略扩张的立场上论述问题,作者得出的一些结论是错误的。

第二章 国家的阴谋——战争风云

第一节 烽火狼烟——中国历史上的主要战争

1. 举火为燧——古代的著名战争和战役

1840 年鸦片战争以前的中国历史,是我国的古代史。它经历了原始社会、奴隶社会和封建社会三种社会形态。在这漫长的时期里,充满了大大小小的武装冲突和战争,其中比较著名的,可分期列举如下。

春秋以前,主要有:黄帝部落与蚩尤部落的涿鹿之战;商军击败夏军的鸣条之战;周军大破商军的牧野之战。

春秋战国时期,主要有:齐鲁长勺之战;宋楚泓水之战;晋楚城濮之战;吴楚柏举之战;齐魏桂陵之战和马陵之战;齐燕即墨之战。

秦汉时期,主要有:秦始皇统一六国的灭赵之战和灭楚之战;楚汉成皋之战;汉武帝时卫青、霍去病进剿匈奴的河南、漠南之战,河西之战,漠北之战;新莽时期绿林起义军与王莽军的昆阳之战。

三国时期,主要有:曹操与袁绍的官渡之战;孙权、刘备联军大败曹操军队的赤壁之战;吴蜀夷陵之战。

两晋南北朝时期,主要有:晋武帝灭吴之战;东晋谢石击败前秦苻坚的淝水之战;北魏拓跋焘破柔然之战。

隋唐五代时期,主要有:隋文帝灭陈之战;李渊攻长安之战;李世民的浅水原之战、柏壁之战、虎牢之战;后唐李存勖灭后梁之战。

宋辽金西夏时期,主要有:宋太祖灭南唐之战;西夏军击退辽军的贺兰山之战;金军灭北宋之战;虞允文率军阻止金军渡江的采石之战。

元朝时期,主要有伯颜率军灭南宋的临安之战。

明朝时期,主要有:朱元璋灭元之战;朱棣远征漠北之战;于谦率军击败蒙古瓦剌军的保卫京师之战;谭纶、俞大猷、戚继光等率军民抗击倭寇入侵的抗倭战争。

在1840年以前的清代战争中,主要有:郑成功收复台湾之战;康熙、雍正、乾隆年间清军远征准噶尔部的几次作战。

2. 经典战例——古代几例促进历史进程的战争

在我国古代著名的战争、战役当中,影响了当时的政治格局并深受兵家重视的,可举以下几例。

城濮之战:指春秋时晋、楚两国间争霸中原的一次交战。晋国在战前灵活开展外交、政治和军事活动,孤立了楚国。当两国军队在城濮(今山东鄄城西南)对阵决战时,晋军首先进攻,击败和诱歼了楚右翼军和左翼军。此战奠定了晋文公的霸主地位,在作战指导方面丰富和发展了中国古代的军事思想。

桂陵、马陵之战:指战国时齐、魏两国间的两次交战。桂陵之战即著名的"围魏救赵"之战。当时,魏国进攻赵国,为了援救赵国,齐军军师孙膑设计使齐军先攻魏都大梁,然后在魏军回师援救的必经之地桂陵(今河南长恒西北)设伏,击败了魏军。此后魏国又进攻韩国,齐国仍以孙膑为军师,出兵攻魏救韩。孙膑用逐日减灶的方法造成部下大量逃亡的假象,诱歼魏军于马陵(今河南范县以西)。这两次战役表现了孙膑军事上杰出的指挥才能,争得了"诸侯东面朝齐"的局面。

成皋之战:指楚汉战争时期刘邦与项羽围绕争夺成皋(今河南荥阳汜水镇)而展开的一场大战。当时,刘邦在彭城战败后退保成皋,巧妙地运用正面坚持、翼侧迂回和敌后袭扰相结合的战略,二失二克成皋,在相持作战中疲惫、削弱了楚军,逼使项羽于鸿沟订立和约。此战是楚汉战争的转折点,为刘邦建立西汉王朝奠定了基础。它为后世兵家提供了丰富的用兵韬略。

昆阳之战:指西汉末年以绿林起义军为主体的刘玄汉军和王莽的新军在昆阳(今河南叶县)发生的一场激战。当时,坚守昆阳的汉军只有八九千人,而攻城的新军多达十几万人,双方激战三个多月。后来汉军从郾城等地集中万余兵力增援昆阳,内外夹击,歼灭了王莽军主力。此战对于推翻王莽反动统治具有决定性的意义,成为以弱胜强的著名战例。

官渡之战:指东汉末年曹操与袁绍为争夺中原进行的一次决战。当时,袁绍率军10万直捣许昌,曹操以2万左右的兵力拒之于官渡(今河南中牟境)。曹军不利持久对抗。操乃用谋,出奇兵袭敌粮车,继而奔袭乌巢,烧毁袁军全部屯粮,并趁袁军军心动摇之机全线出击,俘敌7万余人。此战为曹操统一北方奠定了基础,并为后代提供了把握战机、出奇制胜的用兵之道。

赤壁之战:指东汉末年曹操与孙权、刘备在长江赤壁(今湖北境)一带进行的一次决战。当时,已经统一北方的曹操率兵30万直取东吴。孙、刘两军的主战派鲁肃、周瑜、诸葛亮等人正确分析形势,促使孙权联刘抗曹。后孙、刘联军5万人与曹军在赤壁隔江对垒,利用曹军不习水战等弱点,以长击短,火攻破曹。此战对造成三国分立的形势起了决定作用。

淝水之战:指东晋与前秦之间的一次决战。当时,曾多次击败过晋军的秦王苻坚志骄意满,率军90万南下灭晋,东晋将领谢石、谢玄率军8万与之决战于淝水,晋军要求秦军由淝水西岸稍向后撤,以便渡水决战,苻坚想乘晋军半渡而击,令军稍退,不料一退不可收拾。晋军乘机渡水猛攻,大获全胜。此战形成了南北朝对峙的局面,东晋政权也得以延续。它是中国战史上以少胜多的著名战例之一。

3. 抵御外辱——近代反帝国主义侵略的战争

在中国近代的反侵略战争中,有一些著名的战斗在一定程度上反映了中国人民不畏强暴、勇于抵抗外来侵略的光辉历史。下面简单介绍几个战例。

定海之战,指鸦片战争期间中、英两国军队在浙江定海进行的两次战斗。第一次战斗起于1840年7月4日。当时,英军无理要求驻守定海县的清军投降,遭拒绝后出动4艘军舰发起进攻。清军总兵张朝发率水师顽强抵抗,终因船小炮少,力不支敌,致使定海被英军攻陷。这是中国近代史上第一次丧军失地的战斗。第二次战斗是在1841年9月底,当时英军为了扩大侵华战争,调集31艘舰船,载陆军2100多人,再犯定海。清军总兵葛云飞、郑国鸿、王锡朋(史称定海三总兵)率守军5000余人与敌血战六昼夜,因组织指挥失误等原因,战斗失利,三总兵先后壮烈殉国,定海再陷。

镇江保卫战:指鸦片战争中清军在镇江抗击英军入侵的一次战役。1842年7月,英军集中舰船72艘、士兵7000余名进攻镇江。驻守城内外的4000多名清军顽强抵抗,与敌人展开了巷战和肉搏战,给英军以惨重杀伤,但由于力量悬殊而最终失利,副都统海龄自杀殉职。此战是英军在鸦片战争期间受挫最大的一战。战后英军直抵江宁城下,逼清政府签订了《南京条约》。

大沽之战:指第二次鸦片战争中清军在天津的门户大沽口进行的三次抗击英法联军的战斗。

1858 年 4 月的第一次大沽之战和 1860 年 8 月的第三次大沽之战,清军都失败了,只有 1859 年 6 月的第二次大沽之战清军获胜。当时,英、法、美三国以"护送"公使们进京换约为借口出动联军舰队,突然对大沽炮台发动攻击,清军立即开炮还击。经过一昼夜的激战,联军遭到惨败,狼狈撤走。此战击沉击伤英舰艇数十艘,毙伤英、法军 592 人。这是自第一次鸦片战争以来,中国军队抵抗外国侵略军所取得的最大一次胜利。

镇南关大捷:指中法战争中清军在广西镇南关(今友谊关)大败法国侵略军的一次作战。当时,在法军直逼广西国门的危急形势下,年近七旬的爱国老将冯子材奉命赴关迎战。

1885 年 3 月 23~24 日,冯子材设计引诱法军仓促发动进攻,并乘法军千余人侵入关内,千余人屯在关外之际,亲自率军进行反击,歼敌近千人。此战使中法战争发生了全局性的变化,法国茹费里内阁因此倒台。

黄海海战:指甲午战争中中日双方海军主力在黄海北部海域进行的一次大海战。1894 年 9 月 17 日,清北洋海军的 12 艘军舰护送陆军增援平壤,准备返航时,突然遭到日本联合舰队 12 艘军舰的袭击。双方在黄海北部的大鹿岛附近激战了五个多小时。日海军 5 艘军舰受重伤,死伤约 600 人;北洋海军 4 艘军舰被击沉,多艘军舰受重伤,死伤近千人。

天津之战:指清军和义和团在天津抗击八国联军入侵的作战。

1900 年 6~7 月,八国联军为了打开通往北京的道路,陆续集结 1 万多兵力,先后侵占了天津大沽炮台、老龙头火车站,接着又以"租界"为据点向天津城内发起进攻。在津的 2 万多清军和一部分义和团对入侵者进行了英勇顽强的抵抗,打死打伤联军 900 多人,但由于清朝统治者热衷于议和而力求避战,终于使天津陷入敌手。此战是联军发动侵华战争以来伤亡最多的一次。

4.保家卫国——近代反侵略战争中著名的战役

1840~1842 年鸦片战争以后,帝国主义者向中国纷至沓来,劫掠财富,抢占领土,力图把中国完全变为他们的殖民地。为了对付帝国主义的武装侵略,中国被迫进行了一系列反对侵略的战争。其中较重大的有以下几次。

1840 年 6 月~1842 年 8 月,英国对中国发动的第一次鸦片战争。

1856 年 10 月~1860 年 11 月,英、法两国在俄、美支持下对中国发动的第二次鸦片战争。

1876 年 7 月～1878 年 1 月,由于英、俄两国的侵略而引起的清政府收复新疆的战争。

1883 年 12 月～1885 年 4 月,由于法国武装侵略中国和越南而引起的中法战争。

1894 年 7 月～1895 年 10 月,由于日本帝国主义侵略朝鲜和中国而爆发的中日甲午战争。

1900 年 6 月～1901 年 9 月,抗击俄、英、美、日、德、法、意、奥八国联军进攻中国的战争。

1900 年 7 月～11 月,抗击沙皇俄国入侵我国东北的战争。

1903 年 12 月～1904 年 9 月,抗击英军入侵我国西藏的战争。

1911 年 8 月～1915 年 11 月,反对沙俄侵略蒙古的战争。

1912 年 3 月～1918 年 10 月,反对英军分割西藏的战争。

5. 揭竿而起——近代发生过的反压迫武装起义的战争

中国逐步沦为半殖民地半封建社会以后,各族人民所受的封建压迫丝毫未减,民族压迫不断增强,而帝国主义列强的入侵更进一步加深了人民的苦难。面对着残酷的压迫,人民被迫进行反抗,先后爆发了一系列起义战争,这些起义中比较重大的有以下几次。

1851 年 1 月～1866 年 2 月的太平天国革命战争。

1852 年 11 月～1868 年 8 月的捻军起义战争。

1852 年春～1868 年 5 月的广西天地会"延陵国"起义战争。

1853 年 9 月～1855 年 2 月的上海小刀会起义战争。

1854 年 3 月～1872 年 11 月的贵州各族人民起义战争。

1854 年 6 月～1864 年 5 月的广东天地会"大成国"起义战争。

1856 年 6 月～1873 年 5 月的云南回民起义战争。

1859 年 7 月～1865 年 6 月的李永和、蓝朝鼎起义战争。

1862 年 5 月～1873 年 11 月的陕甘回民起义战争。

这些起义战争虽然都失败了,但使清政府的反动统治受到了沉重打击。

6. 反帝反封建
——资产阶级领导革命时期发生过的主要起义和战争

在中国近代史上,1901～1919年是第三个革命时期,即中国资产阶级领导的辛亥革命时期。在这期间,由孙中山领导的中国革命同盟会,组织进行了艰苦卓绝的工作,多次举行武装起义和战争,终于推翻了清朝政府,创立了民主共和国,即中华民国。尔后,辛亥革命的果实被袁世凯和各派军阀所窃取,于是又发生了资产阶级领导的反对封建军阀的战争。在这些起义和战争中,重要的有下列一些。

1906～1910年由同盟会组织领导的10次起义。其中影响较大的是1906年12月的萍(乡)浏(阳)醴(陵)起义,1907年9月的钦廉防城起义和12月的镇南关起义,1908年11月的安庆起义,1910年4月的黄花岗起义等。这些起义虽遭镇压而失败,但扩大了革命的影响,为辛亥革命准备了条件。

1911年10月～1912年4月的辛亥革命战争。这次战争推翻了清王朝的封建统治,把中国资产阶级的民主主义革命推向了新的高潮。

1913年7月～9月讨伐袁世凯的战争。这次战争是辛亥革命战争的继续。战争的结果是资产阶级革命派遭到失败,北洋军阀势力乘机伸展到南方各省,开始了全国性的封建军阀专制统治。

1915年12月～1916年7月的护国战争。这次战争挫败了袁世凯复辟帝制的图谋,达到了"铲除帝制,推倒袁氏,重建共和"的预期目的,取得了共和势力对封建专制势力的一次重大胜利。

1917年7月～1918年11月的护法战争。这次战争虽然失败了,但对抵制北洋军阀的独裁统治和粉碎一切复辟帝制的阴谋起了一定作用。

7. 红色革命
——共产党在土地革命战争时期领导的起义

1927～1937年,中国共产党领导中国人民及其工农红军,进行了反对国民党蒋介石集团反动统治的革命战争,历史上称为土地革命战争,又称第二次国内革命战争。

中国工农红军的诞生和游击战争的开展,是由针对国民党反动派的血腥屠杀所进行的武装起义开始的。

1927年8月~1928年6月,中共中央实行统一部署,在中国12个省130多个县(市)境内,组织领导工人、农民和一部分国民革命军,相继举行了近百次反对国民党反动派的武装起义。

当时最著名的起义有:1927年8月1日由周恩来等领导的南昌起义,9月11日由毛泽东等领导的湘赣边界秋收起义,12月11日由张太雷等领导的广州起义。在此期间,其他比较著名的起义有:鄂中鄂西起义,两次黄安(今红安)、麻城起义,海陆丰起义,海南岛起义,确山起义,清涧起义,枣阳起义,赣西赣南起义,湘南起义,桑植起义,渭华起义,苏中起义,等等。

随着土地革命战争的发展:1928年7月~1931年12月,中国共产党还陆续领导了许多起义。其中比较著名的有:平江起义、崇安起义、商南起义、六(安)霍(山)起义、左右江起义、宁都起义等等。

所有这些起义先后遭到了国民党反动派的镇压。但是,残酷的屠杀没能动摇革命工农的反抗意志和顽强斗争。起义保存下来的武装都积极参加了土地革命战争,从而导致革命苏区和根据地的建立,加快了工农红军的发展。

8. 游击运动
——工农红军在土地革命战争时期进行的重要战役

土地革命战争是中国共产党独立领导的革命战争。这个时期,党领导了各地武装起义,创建了工农红军和农村革命根据地。工农红军依靠人民群众的支援,采取游击战和运动战相结合的作战形式,取得了反对国民党军队进攻的重大胜利,并为实现国内革命战争向抗日民族战争的转变作出了贡献。

这一时期比较重要的战役有:井冈山革命根据地的三次反"进剿"(1928.3~5)和三次反"会剿"(1928.6~1929.1),中央革命根据地的五次反"围剿"(1930.11~1934.10),黄安战役(1931.11.10~12.23),苏家埠战役(1932.3.22~5.8),粉碎敌人六路围攻战役(1933.11~1934.9),红军二万五千里长征(1934.10~1936.10)中四渡赤水战役(1935.1.19~5.9)、强渡嘉陵江战役(1935.3.28~4.21)、陈家河、桃子溪战役(1935.4.13~15),天芦战役(1935.10~11),直罗镇战役(1935.10~11),东征战役(1936.2.20~5.5),西征战役(1936.5~7),山城堡战役(1936.10~11)等。在这些战役中,以五次反"围剿"和红军二万五千里长征最为著名。

第一次反"围剿"战役起于 1930 年 11 月,当时,蒋介石调动 10 万兵力,采取并进长追的战略,对中央革命根据地进行第一次"围剿"。毛泽东、朱德指挥红一方面军 4 万人,采取诱敌深入、歼敌于根据地内的战略方针,以少数兵力结合地方武装阻击、消耗、疲惫敌人,以主力实行中间突破,12 月 30 日至 1931 年 1 月 3 日,五天内在江西南部连打两仗,歼敌一个半师,活捉敌前线总指挥张辉瓒,胜利地粉碎了敌人的"围剿"。

第二次反"围剿"战役起于 1931 年 4 月,当时,蒋介石调动 20 万兵力,采取"步步为营"的战略,对中央革命根据地进行第二次"围剿"。毛泽东、朱德指挥红一方面军 3 万余人,继续采取"诱敌深入"的作战方针,实行先打弱敌、各个击破的战法,5 月 16 日至 31 日,十五天横扫七百里,在江西南部、福建西部连打五个胜仗,歼敌 3 万余人,彻底打破了敌人的"围剿"。

第三次反"围剿"战役起于 1931 年 7 月,当时,蒋介石调集 30 万兵力,自任总司令,采取"长驱直入"的战略,对中央革命根据地进行第三次"围剿"。毛泽东、朱德指挥红一方面军 3 万人,仍然采取诱敌深入的战略方针,8 月 4 日至 11 日在江西南部三战三捷,缴枪万余支。后又在老营盘、方石岭等地打了两个伏击战,整个战役于 9 月中旬结束,共歼敌 3 万余人,从而粉碎了敌人的"围剿"。

第四次反"围剿"战役起于 1933 年 2 月,当时,蒋介石调集 50 万兵力,采取"分进合击"的战略,对中央革命根据地进行第四次"围剿"。这时,毛泽东同志被王明"左"倾冒险主义领导者排挤出领导岗位,但其正确的战略方针仍在红军中有深刻影响。在周恩来、朱德指挥下,红一方面军坚持从战场实际出发,采取声东击西的作战方法,2 月 27 日至 29 日,在江西宜黄县南部的黄陂、大龙坪地区,打了第一仗,歼敌两个整师。3 月 20 日,又以大兵团在江西广昌的草台岗、东陂地区设伏,重创敌军两个师,又一次粉碎了敌人的"围剿"。

第五次反"围剿"战役起于 1933 年 9 月,这一次,蒋介石调集了 100 万兵力,采取"堡垒主义"的新战略,对中央革命根据地及临近革命根据地进行"围剿"。由于当时王明"左"倾教条主义者统治了党中央,极力推行"御敌于国门之外"、"不失寸土"的冒险主义方针,采取了一系列错误的作战方针、原则,使红军在长达一年的时间里,辗转战斗在敌军堡垒之间,遭受了重大损失。1934 年 10 月,红军被迫退出根据地,实行战略大转移。第五次反"围剿"战役以失败而告终。

第五次反"围剿"失败后,中国工农红军主力自 1934 年 10 月起,从长江南北各根据地向陕北根据地进行行程二万五千里的战略大转移。1935 年 10 月

19 日,中央红军到达陕北革命根据地吴起镇,和当地红军会师。

1936 年 10 月,红军第二方面军和第四方面军也先后到达陕北。在长征中,红军克服了种种难以想象的困难,转战全国 11 个省,作战 380 多次,击溃了围追堵截的几十万敌军,终于完成了北上抗日的战略转移,坚定了中国人民对革命和抗日的信心。

9. 正义战争——中国军队在抗日战争时期进行的战役

中国八路军和新四军在抗日战争时期进行的重要战役

抗日战争是由中国共产党倡导和坚持的,以国民党、共产党合作为基础而进行的反侵略的民族战争。为了适应民族统一战线的需要和抗日形势的发展,中国工农红军被改编为八路军和新四军。战争一开始,就区分为正面战场(国民党战场)和敌后战场(共产党领导的解放区战场)。1938 年武汉失守后,敌后战场逐步成为全国抗日的主要战场。中国共产党领导的八路军和新四军,在人民群众的支援下,坚持持久抗战,实现了由正规战向抗日游击战的转变,又由游击战向小型的正规战的转变。

整个战争时期,八路军和新四军同日军、伪军作战共 12.5 万多次,抗击了 60% 以上的侵华日军和 95% 的伪军,消灭日、伪军 171 万余人,同时还粉碎了国民党顽固派发动的三次反共高潮。最后,在全中国人民的积极支持和世界反法西斯力量的援助下,终于取得了抗日战争的伟大胜利。

这一时期,八路军和新四军进行的主要战役和战斗有:平型关大战(1937.9.25),夜袭阳明堡(1937.10.19),雁门关伏击战(1937.10.18),收复晋西北七县城战役(1938.3.7 ~ 4.1),响堂铺歼灭战(1938.3.31),晋东南反敌九路围攻作战(1938.4.4 ~ 27),保卫黄河河防作战(1938.5 ~ 1939.12),齐会歼灭战(1939.4.23 ~ 25),晋察冀北岳区冬季反扫荡作战(1939.9 ~ 12),三岔口、黄土岭战役(1939.11.3 ~ 12),百团大战(1940.8.28 ~ 12,5),黄桥战役(1940.9.30 ~ 10.6),侏儒山战役(1941.12.7 ~ 1942.2.4),冀中"五一"反扫荡作战(1942.5 ~ 6),车桥战役(1944.3.5 ~ 6),安阳战役(1945.6.30 ~ 7.7)等。

在上述作战和战役中,以平型关大战、夜袭阳明堡和百团大战最为著名。

平型关大战:指 1937 年 9 月 25 日八路军抗击侵华日军进犯平型关的一次战役。当时,侵入山西北部的日军板垣师团向山西东北部平型关、雁门关一带进犯。八路军 115 师预先在日军必经之山路两旁设伏,待日军进入伏击圈后,突然发起猛烈攻击。经一天激战,歼敌 1000 余人,击毁汽车 100 余辆,缴获大量的武器装备,取得了抗日战争开始以来中国军队的第一次大胜利。

夜袭阳明堡:指 1937 年 10 月 19 日八路军在阳明堡袭击侵华日军飞机场的一次作战行动。当时,八路军第 129 师第 769 团在山西代县阳明堡以南进行游击活动,侦察到该地有一个日军飞机场,为配合忻口友军的作战,该团以一个营的兵力夜袭日军机场,击毁敌机 24 架,消灭了日军在晋北战场上的一支重要空中突击力量,创造了步兵地面击毁大量飞机的光辉范例。

百团大战:指 1940 年 8 月 28 日至 12 月 5 日八路军在华北敌后抗击侵华日军的一次大规模战役。当时,八路军共出动了 105 个团的兵力(约 40 万人),向正太、同蒲、津浦、胶济等 5000 千米重要交通线和沿线的日军发起攻击。经过三个半月的作战,共进行大小战斗 1800 多次,攻克敌人据点 2993 个,破坏敌铁路 470 千米、公路 1500 千米,桥梁、车站、煤矿、隧道等建筑 260 余处,打死、打伤和俘虏日伪军 4 万多人,缴获大量武器弹药及军用物资,取得了抗战以来最大的一次胜利。

国民党军队在抗日战争时期进行的重要战役

抗日战争既然是中华民族反对日本帝国主义武装侵略的全民战争,全国各党派各民族自然都在战争中作出了自己的贡献。当时作为执政的国民党政府,在战争爆发后,也领导它的军队实行了对日作战。应该指出,由于国民党对内反共和对外妥协投降政策的影响,国民党军队的作战,有时是不积极的,有时是被日本侵略军逼迫而不得不进行的。尽管如此,在正面战场进行抗日的国民党军队,特别是一些爱国将领指挥的军队,都应该在抗日战争史上占据应有的一页。

国民党军所进行的较重大的战役主要有:南口战役(1937.7.25 ~ 29),淞沪会战(1937.8.13 ~ 11.12),忻口战役(1937.10.13 ~ 11.2),南京保卫战(1937.11.12 ~ 12.13),台儿庄战役(1938.3.24 ~ 4.7),武汉会战(1938.6 ~ 10),南昌会战(1939.3 ~ 5),随枣会战(1939.5),第一次长沙会战(1939.9.14 ~ 10.10),枣宜会战(1940.5 ~ 6),第二次长沙会战(1941.9 ~ 10),第三次长沙会战(1941.12 ~ 1942.1),滇缅路之战(1942.2 ~ ……6),桂柳战役(1944.9 ~ 12)等。

在这些战役和会战中,最为著名和影响较大的有以下几次。

淞沪会战:又称"八一三淞沪战役",指 1937 年 8 月 13 日至 11 月 12 日,中国军队抗击侵华日军进攻上海的战役。当时,日军借口"虹桥机场事件"(两名日本官兵驾车冲入我军用机场,窥探军情,被我哨兵击毙),对上海大举进攻,中国守军奋起抵抗,双方先后在张华浜、川沙、罗店、大场等地展开激烈战斗,伤亡都极其惨重。日军先后动用了海陆空军20余万人,中国军队参战人数达40万。会战虽因南京军事当局指挥不当而失败,但毙伤日军6万余人,使侵略日军受到了重大打击,体现了中华民族不畏强暴、勇于献身、宁死不屈的精神。

忻口战役:指1937年10月13日至11月2日中国军队抗击侵华日军进攻忻口的战役。忻口是晋北通向太原的门户,是保卫太原的最后一道防线。日军为了攻占太原,出兵3万余人,首先攻打忻口,中国军队参加防守的有第14、6、7等集团军的部分兵力,双方在忻口西北侧南怀化、永兴村等地展开激战,我中央兵团指挥官、第9军军长郝梦龄,第54师师长刘家麒等相继牺牲。其间,第18集团军先后进行了平型关战斗,夜袭阳明堡战斗,进行战役配合。后因沿平汉路南犯之日军逼近榆次,太原告警,忻口守军奉命撤离。此役是华北战场上的一次重大战役,也是国共两党团结合作,在军事上相互配合的一次成功范例。战役过程中,敌我相持20天,给日军以重大杀伤。中国方面参战人数有18万多人,死亡5万多人。

台儿庄战役:指1938年3月24日至4月7日中国军队在山东南部台儿庄地区击败侵华日军的一次会战。当时,参加徐州会战的日军第10师团孤军南犯,攻击台儿庄。守军以第2集团军三个师正面阻击,以第20军团执敌之背,围歼了日军第10师团大部,并击退了前来驰援的日军第5师团一部,毙敌2万余人,缴获了大批武器和装备。这是抗战以来国民党正面战场取得的最重大的胜利。它提高了前方将士的斗志,坚定了中国人民抗战必胜的信念。

武汉保卫战:指1938年6月至10月,中国军队抗击日军进攻武汉的战役。日军侵占徐州后,调集9个师团另3个旅团和航空兵、海军陆战队一部,约25万兵力,沿长江两岸和大别山麓合击武汉。中国军队调集130个师和海、空军各一部,约100万人,组织防御,与敌激战四月有余。此役虽因作战指导上的消极防御而失败,但消耗了日军有生力量,迟滞了日军行动。这是抗战初期最大的一次战役。

10. 摧枯拉朽
——中国人民解放军在全国解放战争时期进行的著名战役

全国解放战争是指中国革命力量同反革命力量在民主革命阶段进行最后较量所进行的一系列战役和决定性会战。这一时期,中国人民解放军在中国共产党的英明领导下,采取了以歼灭国民党有生力量为主而不是以保守地方为主的战略方针,遵循毛泽东提出的十大军事原则,先后进行了规模较大的战役140多次,消灭国民党军队800多万人,和全国人民一道推翻了帝国主义、封建主义和官僚资本主义在中国的反对统治,取得了决定性的胜利。

从1946年7月至1950年6月,在中国人民解放军歼敌10万人以上的重要战役中,比较著名的有:东北冬季攻势(1947.12.15~1948.3.15),晋中战役(1948.6.11~7.21),辽沈战役(1948.9.12~11.2),济南战役(1948.9.16~24),淮海战役(1948.11.6~1949.1.10),平津战役(1948.11.29~1949.1.31),渡江战役(1949.4,20~6.1),甘肃河西战役及解放新疆(1949.7~9),广西战役(1949.11~12.12),西南战役(1949.11~1950.4)等。在上述战役中,又以辽沈战役、淮海战役、平津战役和渡江战役最为著名。

辽沈战役:指1948年9月12日至11月2日,我军在东北地区对国民党军队发起的大规模进攻战役,解放战争当时已进入第三年,国民党军在东北地区的总兵力共55万人,分别收缩在长春、沈阳、锦州三个孤立地区。我东北野战军按照中央军委和毛泽东同志的决战部署,集中70余万兵力,首先攻打锦州,接着会战辽西,解放沈阳、营口。此役共歼敌47万余人,解放了东北全境,使全国军事形势出现了一个新的转折点。

淮海战役:指1948年11月6日至1949年1月10日,我军在以徐州为中心,东起海州,西迄商丘,北起临城,南达淮河广大地区,对国民党军队发起的一次大规模进攻战役。当时,集结在这个地区的国民党军共80万人。我军参战的有二野、三野和一部分地区武装共60余万人。战役过程中,我军先在徐州以东新安镇、碾庄地区围歼了黄伯韬兵团17万余人,继而在宿县西南双堆集围歼黄维兵团12万人,在永城县东北地区围歼了杜聿明的三个兵团,此役共歼灭敌人55万余人,国民党反动集团从此陷入土崩瓦解的状态。

平津战役:指1948年11月29日至1949年1月31日,我军在平津地区对国民党军队发起的一次大规模进攻战役。辽沈战役结束后,北平、天津、张家口三个地区的国民党军60余万人,企图从海上南逃或西窜绥远。我东北、华北野战军的两个兵团及地方部队100万人,根据中央军委的战略部署,首先以神速动作将华北敌人分割包围于张家口、新保安、北平、天津、塘沽五个据点,接着围歼了新保安、张家口、天津之敌,使北平20余万守敌完全陷入绝境,同意接受和平改编。此役歼灭和改编了国民党军52万余人,解放了华北大部分地区。

渡江战役:我军进行三大战役后,蒋介石加强了长江防线,并拒绝在和平协定上签字。1949 年 4 月 20 日夜起,根据毛泽东主席和朱德总司令的命令,人民解放军百万大军,在刘、邓、陈、粟、谭组成的总前委领导下,以木帆船为主要渡江工具,在西起湖口,东至江阴,长达 500 余千米的战线上强渡长江,一举摧毁了敌人的长江防线。4 月 23 日,解放了国民党的反革命统治中心南京,宣告了国民党反动政府的覆灭。接着又先后解放了杭州、上海、武汉、九江、南昌等地。整个渡江战役至 6 月 1 日胜利结束,共歼敌 43 万余人。这一胜利,为我军进军华南、西南创造了有利条件,加速了全中国的解放。

11. 艰苦卓绝
——中国人民志愿军在抗美援朝战争中进行的重要战役

中国人民志愿军是中国人民为抗美援朝、保家卫国而组成的赴朝鲜参战的志愿部队。他们应朝鲜民主主义人民共和国的请求,于 1950 年 10 月 19 日跨过鸭绿江,开赴朝鲜前线,同朝鲜人民军一道,对以美国为首的"联合国军"进行了近两年零十个月的艰苦作战,最后取得了遏止"联合国军"的侵略,迫使对方在板门店签订《朝鲜停战协定》的巨大胜利。

志愿军在这次战争中所进行的著名战役主要有:抗击"联合国军"进攻的第一次战役(1950.10.28～11.5),反击"联合国军"进攻的第二次战役(1950.11.7～12.2),实施进攻的第三次战役(1950.12.31～1951.1.8),进行防御的第四次战役(1951.1.25～4.21),实施反击的第五次战役(1951.4.22～6.10),1951 年的夏秋季防御作战,1952 年的秋季反击作战,粉碎"联合国军"金化攻势的上甘岭坚守防御战役(1952.10.14～11.25),向敌坚固阵地实施进攻的金城战役(1953.7.)。

在上述战役中,前七次是协同朝鲜人民军一道进行的,后两次是由志愿军单独进行的。

12. 自卫反击
——中国人民解放军在社会主义建设时期进行的国防保卫战

中华人民共和国成立后,我们的国防仍然多次遭到侵害,边境地区受到邻国武装部队的进犯。在党中央和中央军委的正确领导下,人民解放军坚持了有理、有利、有节的斗争,成功地进行了自卫反击作战,为保卫边境地区的安全和祖国的神圣边界作出了新的贡献。这些自卫还击主要有以下几次。

中印边境自卫反击战。1962 年 10 月 20 日,印度军队悍然在中印边界东、西两段同时向我国发动大规模的武装入侵,我边防部队被迫自卫还击。经过 10 月 20 日至 28 日、11 月 16 日至 21 日两个阶段的作战,我军清除了入侵之敌建立的 53 个据点,歼敌两个旅全部和三个旅大部,毙伤俘敌旅以下官兵 8700 余人,彻底粉碎了印军的进攻,保卫了边境的安全。

珍宝岛自卫反击战。自 1969 年 3 月 2 日开始,苏联军队连续入侵我国黑龙江省的珍宝岛,我边防部队奋起还击。至 3 月 17 日,共歼灭入侵者上校边防总队长列昂诺夫以下官兵 250 余人,毁伤苏坦克、装甲车等 19 辆,彻底粉碎了苏军的入侵。

西沙群岛自卫还击战。1974 年 1 月 15 日,南越西贡当局派军舰侵入我西沙群岛之水乐群岛海域,武装侵占了我甘泉、珊瑚、金银等岛屿。我西沙军民实施自卫反击作战,至 20 日,击沉击伤敌舰 4 艘,歼敌 100 多人,俘敌 49 人,收复了这些岛屿,粉碎了南越当局妄图霸占我西沙群岛的狂妄野心。

对越自卫还击战。越南抗美战争结束后,越南当局开始背信弃义,疯狂反华排华,并在中越边境地区不断向我武装挑衅。我广西、云南地区的部队在忍无可忍的情况下,于 1979 年 2 月 17 日开始进行自卫还击,共歼敌 57000 余人,缴获大批武器装备和其他作战物资。3 月 16 日,根据军委的命令,追敌进入越南领土的作战部队,全部撤回到我国境内。

1981 年 3 月,越南侵略者又不断派出武装部队入侵我法卡山、扣林山地区。同年 5 月,我边防部队一举将进犯该地区之敌全部歼灭。对越自卫还击作战,严厉地打击了入侵者的气焰,有力地保卫了我国边境地区的安全。

第二节 祸起萧墙——世界战争

1. 闻名遐迩——古代的著名战争

公元 17 世纪中叶以前的人类历史,称为世界古代史。它经历了原始社会、奴隶社会和封建社会三种社会形态。在这漫长的历史时期里,人类社会生活中发生的无以数计的武装冲突和战争,对于人类社会的发展有着深刻影响。在政治、经济和军事上产生过重大后果的著名战争有:

亚述战争(公元前 744～612),希波战争(公元前 492～449),伯罗奔尼撒战争(公元前 431～404),亚历山大东侵(公元前 334～324),马其顿战争(公元前 3～2 世纪),布匿战争(公元前 3～2 世纪),高卢战争(公元前 58～前 51),罗马内战(公元前 49～前 31),拜占庭——波斯战争(6～7 世纪),拜占庭——穆斯林战争(7～11 世纪),十字军东征(1096～1291,共 8 次),百年战争(1337～1453),红白玫瑰战争(1455～1485),意大利战争(1494～1559),立窝尼亚战争(1558～1583),荷兰独立战争(1566～1648),朝鲜壬辰卫国战争(1592～1598),三十年战争(1618～1648),英国内战(1642～1649),北方战争(1700～1721),俄土战争(17～19 世纪,共 10 次),普法尔茨王位继承战争(1688～1697),西班牙王位继承战争(1701～1714),波兰王位继承战争(1733～1735),奥地利王位继承战争(1740～1748),七年战争(1756～1763),英迈(印度迈索尔公国)战争(1767～1799,共 4 次)等等。

2. 风起云涌——古代影响重大的著名战争

在世界古代著名战争中,如从后果来看它的意义,影响明显的可举以下几次战争。

希波战争:古希腊诸城邦对波斯帝国进行的战争。它起因于波斯帝国的军事扩张和蓄意西侵,结果是希腊城邦小国联合起来打败了波斯帝国。从此,希腊世界的发展进入它的极盛时期。

亚历山大东侵:以马其顿王亚历山大为统帅的希腊——马其顿联军,对波斯和印度东部的侵略战争。它起因于希腊城邦奴隶主贵族,特别是亚历山大本人对波斯帝国的复仇和扩张目的,结果是波斯帝国被灭亡。战争中建立的横跨欧、亚、非三洲的亚历山大帝国虽然很快分裂,但对促进东西方经济、文化的交流有过重大作用。

布匿战争:即古罗马与迦太基之间的三次战争,因罗马人称迦太基人为布匿人,故名布匿战争。它的起因主要是争夺地中海的统治权,结果迦太基在第三次布匿战争中被消灭,古罗马终于成为控制整个地中海的最大强国。

罗马内战:古罗马奴隶主阶级中平民派对贵族派(共和派)进行的夺权战争。其目的是推翻共和制,建立军事独裁,结果罗马共和国倾覆了,在它的基础上诞生了新的罗马帝国。

十字军东征:西欧封建主、商人和天主教会在宗教旗帜掩护下对地中海东部诸国发动的侵略战争,先后进行八次,延续近两个世纪,因出征者都在衣服上缝有红十字作标记,故名十字军。其战争目的主要是各级封建主,特别是骑士阶层力图扩大领地,夺取东方富饶的财富。战争使近东诸国的社会生产惨遭破坏,西欧人民也深受其害,但客观上增强了东西方的联系,促进了火药、火器和指南针等向西方的传播。

百年战争:英、法两国为争夺领地而断断续续进行的长期战争。最后法国获胜。法国经济复兴后实现了政治上的统一。英国在经历一段政治纠纷后也建立起中央集权的君主制国家。

三十年战争:欧洲的一次国际性战争,是在哈布斯堡王朝集团和反哈布斯堡王朝集团之间进行的,主要战场在德意志境内。其目的主要是争夺欧洲的霸权。结果反哈布斯堡王朝集团获胜,法国成为欧洲的霸主。

北方战争:俄国同瑞典为争夺波罗的海及其沿岸地区而进行的战争,以俄军获胜而结束。俄国夺取了卡累利阿的一部分和英格曼兰、爱斯特兰、立夫兰等大片土地,并从此得以自由进入波罗的海。

七年战争:以英国、普鲁士同盟为一方,和以法国、奥地利、俄国同盟为另一方的战争。起因复杂,主要是英法之间争夺殖民地,普奥之间争夺对德国的霸主地位。结果英普同盟获胜。普鲁士不仅仍保有夺自奥地利的西里西亚地区,而且获得敌对的俄国作为盟友。英国夺得了法属的加拿大和印度等殖民地,从此成为海上霸主。

3. 不同凡响——近代史上著名的战争

从 17 世纪的英国资产阶级革命到本世纪初俄国十月社会主义革命的世界历史,属于世界近代史。这是一个封建主义日趋衰败而资本主义不断发展的历史阶段。在这一时期的人类社会生活中,由于殖民主义和帝国主义的猖獗,曾充满了各种各样的战争。其中不少战争严重影响过人类社会的发展,比较著名的有:

美国独立战争(1775~1783),英马(印度马拉塔)战争(1775~1818,共 3 次),法国革命战争(1789~1794),拿破仑战争(1793~1815),第二次美英战争(1812~1814),希腊独立战争(1821~1829),英缅战争(1824~1885,共 3 次),阿尔及利亚抗法战争(1830~1847),阿富汗抗英战争(1838~1919,共 3 次),墨西哥抗美战争(1846~1848),意大利独立战争(1846~1848),克里木战争(1853~1856),美国内战(1861~1865),三国同盟战争(1864~1870),普奥战争(1866),

普法战争(1870~1871),巴黎公社起义(1871),俄土战争(1877~1878),太平洋战争(1879~1883),美西战争(1898),美菲战争(1899~1901),英布战争(1899~1902),日俄战争(1904~1905),意土战争(1911~1912),第一次世界大战(1914~1918)等等。

4. 利益同盟——近代产生重大影响的著名战争

世界近代史上的著名战争,就其影响来说,除第一次世界大战外,还可列举以下几次战争。

美国独立战争:英属北美13个殖民地(美国独立后称州)反对宗主国压迫、争取民族解放的革命战争。结果是殖民地联合武装力量(即大陆军)取胜,英国被迫承认美国独立。它是战争史上以小胜大、以弱胜强的一个典型范例。

拿破仑战争:指的是18世纪末和19世纪初,以新兴的资产阶级的法国(先是资产阶级革命后成立的法兰西第一共和国,后是以拿破仑为皇帝的法兰西第一帝国)对七次反法联盟各国进行的一系列战争。它是维护法国大革命成果和拿破仑专制政权的重要手段,对于向欧洲各国扩展资产阶级革命的影响和促进旧的封建制度的解体产生了重大作用。但拿破仑后期的一些战争具有明显的侵略性质,给欧洲各国人民带来了巨大的灾难。拿破仑战争对于武装力量的建设和军事学术的发展有着深远的影响。

美国内战:工业资本主义占统治地位的美国北部诸州,同发动叛乱的南部各州奴隶主之间的战争。南部为维护和扩大种植园奴隶制而战,北部起初仅是为了维护国家统一,后来才转变到为废除奴隶制而战。结果北部取胜。

普法战争:法国和普鲁士为实行侵略扩张而展开的一场大战。战争以拥有欧洲大陆霸权的法国向普鲁士宣战开始,以拿破仑帝国的垮台和法国资产阶级的投降而告终。普鲁士通过战争实现了德意志的统一,建立起德意志帝国,从而改变了欧洲列强间的力量对比。

美西战争:美国为夺取西班牙的属地古巴、波多黎各和菲律宾而发动的战争。它是列强重新瓜分殖民地的第一次帝国主义战争,美国获胜,只以极小的代价夺取了重要的海外殖民地,成为海上强国。

日俄战争:日本和沙皇俄国为争夺中国东北和朝鲜,进而争夺亚洲及太平洋霸权而进行的帝国主义战争。俄军惨败。朝鲜和中国东北南部此后成为日本的势力范围。

5. 地球"黑日"——第一次世界大战

第一次世界大战发生在 1914～1918 年。它是帝国主义国家两大集团为重新瓜分世界、争夺势力范围和霸权而进行的一场世界规模的战争，是资本主义国家进入帝国主义阶段后发展不平衡的结果。

这次大战的策源地在欧洲。早在 1679 年，德国就与奥匈帝国结成反对俄、法的军事同盟，1882 年意大利加入，从而形成一个侵略性的军事政治集团，称"三国同盟"（即同盟国）。俄、法对此很快作出反应，于 1891～1893 年建立俄法联盟，英国随后加入，从而形成协约国。这样，两大军事集团就为重新瓜分世界而展开了激烈斗争。

1914 年 6 月 28 日，奥地利皇储斐迪南大公携妻子到波斯尼亚检阅军事演习。由于他力图吞并塞尔维亚，在萨拉热窝被塞尔维亚民族主义者暗杀。这件事成了战争的导火线。7 月 28 日，奥地利对塞尔维亚宣战。把塞尔维亚视为争霸前哨的俄国于 7 月 30 日宣布总动员。8 月 1 日和 3 日，德国分别向俄、法宣战，因为比利时拒绝接受德军通过其领土的最后通牒，德国同时向比利时宣战。英国曾要求德国维护比利时的中立，遭拒绝后于 8 月 4 日对德宣战。第一次世界大战就这样打了起来。先后卷入战争的有 33 个国家，15 亿人口，占当时地球人口的三分之二以上。

大战开始后，欧洲大陆上出现了三条战线：西线，从北海延伸到瑞士边境，由英、法、比三国军队对德作战；东线，北起波罗的海，南至罗马尼亚，由俄军对德、奥作战；另外有巴尔干战线，由塞尔维亚军对奥军作战。战争在陆上、空中、海上和海下同时进行，战场遍及欧、亚、非洲和大西洋、地中海、太平洋等海域。欧洲特别是法国是决定全局的主战场，海上以北海为主战场。经过 4 年零 3 个月的反复搏斗，战争以协约国的胜利告终。

这次大战给世界人民带来了深重的灾难。战争期间，协约国总计动员军队 4218 万余人，损失 2210 万余人，其中死亡 515 万余人。同盟国总计动员军队 2285 万余人，损失 1540 万余人，其中死亡 338 万余人。交战双方的直接费用约为 1863 亿余美元。

大战揭示了战争对经济和后方的巨大依赖性。各主要交战国先后实施了史无前例的国民经济总动员。协约国的胜利，归根到底是由于经济军事实力占压倒优势。同时，大战也为飞机、坦克、潜艇、毒气等新式武器的广泛运用，以及军队使用和作战指挥等积累了经验,从而为战后军事学术的发展创造了前提。

6."黑日"延续——第二次世界大战

第二次世界大战发生在 1939～1945 年。它是中、苏、美、英等同盟国反对德、意、日等轴心国侵略的全球性反法西斯战争。

第一次世界大战后,帝国主义时代所固有的各种基本矛盾一个也未解决,而又增加了资本主义与社会主义的矛盾、战胜国与战败国的矛盾,以及帝国主义各战胜国之间的矛盾。

1929～1933 年的世界经济危机,加剧了帝国主义争夺世界霸权的斗争。德、意、日三国随着军事实力的膨胀,相互勾结,不断向外侵略扩张,妄图重新瓜分世界。1936 年 11 月,德、日签订了《反共产国际协定》,一年后,意大利也加入这一协定,初步形成了"柏林——罗马——东京轴心"。一场世界性战争的危机日益发展。

1939 年 9 月 1 日,德国向英、法的盟国波兰发动突然袭击,9 月 3 日,英、法对德宣战。第二次世界大战由此爆发。1941 年 6 月 22 日,德军突然袭击苏联,使大战进一步扩大。

12 月 7 日,日军突然袭击珍珠港。8 日,美、英对日宣战。9 日,中国正式对日宣战,10 日,又对德、意宣战。11 日,德、意对美宣战。至此,世界各主要国家都已卷入这场新的世界大战。随着战争的发展,前后卷入大战的共有 61 个国家,约计 17 亿以上的人口,占当时世界总人口的 80% 以上。

这次大战的战火遍及三大洲和四大洋,作战地区的面积达 2200 余万平方千米,在 40 个国家的领土和海洋战区上开展了军事行动。按照作战范围,可分为欧洲和大西洋战场、亚洲和太平洋战场、非洲和地中海战场。整个大战进程可分为三个阶段,即轴心国的战略进攻阶段、战争的转折阶段、同盟国的战略反攻和战略进攻阶段。战争持续了六年零一天,最后以轴心国彻底失败而告终。

第二次世界大战是人类历史上规模最大的一次战争。全世界人民在战争中蒙受了极其重大的牺牲和损失。战争期间,先后参战军队达 1.1 亿人,军队死亡 1690 余万人,居民死亡 3430 余万人,经济损失超过 4 万亿美元。

这场战争的特点,以及各参战国在战争中取得的经验教训,对战后军事学术和武装力量的发展具有深远的影响。它使人们认识到:在现代化战争中,胜利固然依赖战争的正义性质,但更加依赖于雄厚的物质基础;在联盟作战中,搞好战略协同具有极其重大的意义;对于参战国来说,避免两线作战是一条重要的战略方针,游击战在一定环境下具有独特的战略地位;在和平年代,应当重视军队战略战术的研究,使之不断适应新的形势,要充分做好战前准备,防止突然袭击。

7. 暴雨前奏——第二次世界大战前期影响巨大的战役

第二次世界大战前期是轴心国实施战略进攻阶段。这一时期对战争进程有重大影响的战役是敦刻尔克撤退、不列颠之战、克里特岛战役、莫斯科会战、袭击珍珠港。

敦刻尔克撤退是 1940 年 5 月 26 日至 6 月 4 日英法军在德军围攻下被迫实施的战略撤退。当时,德军在闪击了荷兰、比利时、卢森堡和法国后,突击集团 43 个师进抵英吉利海峡,将大量英法军围困在敦刻尔克附近的狭小地区。英国采取果断措施,紧急征召各种舰船,将英法军 33 万余人通过英吉利海峡撤至英国本土。这次撤退联军虽损失 10 万余人,但仍较多地保存了联军的有生力量,为后来的反攻创造了必要前提。

不列颠之战是 1940 年 8 月至 10 月英国抗击德国空军进攻的战役性防空作战。德军占领法国后,集中 2400 架作战飞机对英国的机场、港口、城市进行狂轰滥炸。英国在只有 1000 多架飞机的劣势下,动用各种火炮、气球和雷达进行防空,与敌人进行了激烈的空战,击落德机 1733 架,给德国空军以深重打击,致使德国海军被迫放弃了入侵英国本土的"海狮"计划。

克里特岛战役是 1941 年 5 月德军在东地中海实施的一次大规模空降战役,也是第二次世界大战中唯一以空降兵为主实施的进攻战役。德军成功地空降了一个空降师和一个山地步兵师,共计 2.2 万人。守卫该岛的英联邦军和希腊军共约 4.4 万人。在德军的迅猛攻击下,守岛联军不得已从海上撤往埃及。德军占领克里特岛,取得了入侵中东的前进基地。

莫斯科会战是指苏军和德军于 1941 年 9 月 30 日至 1942 年 4 月 20 日在莫斯科附近进行的一系列防御战役和进攻战役。德军在封锁了列宁格勒,占领了基辅、斯摩棱斯克以后,集中了 78 个师 180 万人,向莫斯科大举进攻。苏军集中了 3 个方面军 125 万人,在莫斯科以西建立了纵深 300 千米的三道防线,进行了顽强的防御,随后集中兵力发起反攻,消灭德军 70 个师约 50 余万人,迫使德军后退 100~350 千米。这次会战粉碎了希特勒的"闪击战"计划,改变了苏德战场的形势。

袭击珍珠港是指日本海军于1941年12月7日对美国海军太平洋舰队基地珍珠港进行的一次海上进攻战役。日本实施这次袭击,是要消灭或瘫痪以夏威夷群岛瓦胡岛南端的珍珠港为基地的美国太平洋舰队,解除其对日本南进的威胁。整个袭击持续了约两小时,只遇到轻微的抵抗,击毁击伤美国太平洋舰队停泊在港内的全部8艘战列舰和10余艘其他主要舰只,击毁美机约180架,毙伤美军3500余人。袭击珍珠港的成功,使日本得以在太平洋战争初期顺利地展开进攻。

8. 扭转乾坤——第二次世界大战中期影响巨大的战役

第二次世界大战中期是战争的转折阶段。这一时期对战争进程产生过重大影响的战役主要有:阿拉曼战役、中途岛海战、斯大林格勒会战、库尔斯克会战。

阿拉曼战役是英军于1942年10~11月在埃及对德、意军发动的进攻战役。当时,隆美尔指挥的德、意军在阿拉曼地区与英军形成对峙。蒙哥马利接任英军指挥后,加紧补充兵员和装备,向敌军防线展开猛攻,很快打开缺口,对德军形成围歼之势。隆美尔下令德军急速撤出埃及。这次战役使德、意军损失5万多人,英军也伤亡1万多人。这是英军在非洲取得的第一次重大胜利。它成了非洲战局的转折点,英军从此完全掌握了非洲战场的主动权。

中途岛海战是美日海军于1942年6月进行的一次战役规模的海空作战。日本为夺取太平洋中部和北部的制海权而发起对中途岛的进攻。美军预先查明了日军企图,从而早有准备,先敌展开,隐蔽待机,在连续出击中击毁日军4艘航空母舰、10艘巡洋舰和300架飞机,使日本海军遭受致命打击。这次海战是太平洋战争的一个转折点。它使日本开始丧失战略主动权。

斯大林格勒会战是苏德双方重兵集团于1942年7月17日至1943年2月2日进行的一次大规模会战。德军及其仆从军队首先发起进攻,先后投入会战的有7个集团军,一度打到斯大林格勒城下。苏军先以1个方面军组织顽强防御,同时集结4个方面军待机,在大量消耗敌军之后连续发起反攻,歼灭被围和退却之敌。会战结束时,德军及其仆从军队有5个集团军被消灭,损失累计150万人,约占苏德战场上德军总兵力的四分之一。这次会战不但是苏德战争的转折点,也是第二次世界大战的转折点。

库尔斯克会战指苏军于1943年7月至8月进行的一系列防御战役和进攻战役。斯大林格勒会战后,希特勒不甘心失败,重新集结2个集团军共计5个集团军90万人的兵力,向苏军固守的库尔斯克突出部发起攻击。苏军统帅部再次采取先防御后反攻的战法,集中约16个集团军共133万人的兵力,成功地实施了坚守防御和反攻。会战结果,苏军消灭德军30个师约50万人,但自己损失也很大。这是第二次世界大战中最大的会战之一。战后,苏军完全掌握了战略主动权,并由此转入战略进攻。

9.胜者为王——第二次世界大战后期影响巨大的战役

第二次世界大战后期是同盟国的战略反攻和战略进攻阶段。这一时期对战争产生重大影响的战役主要是:诺曼底登陆战役、柏林战役、冲绳岛战役、远东战役。

诺曼底登陆战役是美英盟军于1944年6月1日至7月24日在法国北部进行的大规模战略性登陆作战。它是美英盟军在西欧开辟第二战场的一个决定性行动。盟国登陆部队共有45个师,280多万人,5000多艘舰船,1万多架飞机,由美陆军上将艾森豪威尔担任同盟国远征军最高司令。当时德军西线守军共58个师,飞机500架,各类舰艇550多艘。登陆作战以盟军的全面胜利宣告结束。战役中,美英军伤亡12.2万人,德军伤亡、被俘11.4万人。此役对美英盟军在西欧展开大规模进攻、加速德国崩溃及决定欧洲战后形势起了重大作用。

柏林战役是苏军于1945年4月16日至5月8日攻占德国首都的战略性战役。当时,希特勒仍妄想战争出现转机,调动了2个集团军共约100万人,抵抗苏军在柏林方向上的进攻。苏军统帅部为彻底消灭德军于其巢穴,曾调集3个方面军、部分海空军和波兰部队,共计250万人,对柏林实施包围和进攻。4月30日下午,希特勒在总理府地下室自杀。战役以苏军的全面胜利告终。在战役中,苏军共消灭德军93个师,生俘官兵约48万人,缴获大量武器装备。苏军损失30.4万人。这是第二次世界大战中最大的战役之一。它标志着第三帝国的灭亡,苏德战争和欧洲战争的结束。

冲绳岛战役是美军于1945年4月1日至6月23日实施的登陆战役。美军参战兵力为45.2万人,1500余艘舰艇,2500架飞机。日本守岛部队共10万余人,并有自杀攻击艇600余艘。战役以美军攻占冲绳岛而告结束,日军损失9.7

万余人,美军损失 7 万余人。这是美日两军在太平洋岛屿作战中规模最大、时间最长、损失最重的一次战役。美军占领冲绳岛后,打开了通向日本的门户,为尔后进军日本本土创造了有利条件。

远东战役是苏军于 1945 年 8 月 9 日至 9 月 2 日主要在中国东北境内对日军发动的一系列进攻作战。苏联为对日开战,调集了 3 个方面军和太平洋舰队与黑龙江区舰队,总兵力达 174 万余人。日本为争取体面媾和,仍以关东军约 75 万人及伪满、伪蒙军约 20 万人负隅顽抗。在中国军民的积极配合下,苏军的进攻发展顺利。8 月 15 日,日本宣布无条件投降。9 月 2 日,日本代表在投降书上签字。整个战役使日军损失约 67.7 万人,苏军伤亡 3 万多人。这是第二次世界大战的最后一战,它加速了日本的投降和崩溃。

10. 零星枪声——第二次世界大战后发生的局部战争

战后 60 多年来,世界上的局部战争和武装冲突几乎从来没有间断。由于对战争的概念和武装冲突的认识不同,各国的统计数字略有差异。按国家间的正规军队和一国内部有组织有领导的几派武装力量正式"交火"事件统计,战后共爆发局部战争和武装冲突 177 次。其中,40 年代后期 20 次,50 年代 46 次,60 年代 56 次,70 年代 30 次,80 年代 25 次。我国另有材料认为,1945 ~ 1987 年,世界各地所发生的局部战争和武装冲突,共有 182 次。

在这些局部战争和武装冲突中,规模较大或影响突出的主要有:

1948 年 5 月 ~ 1973 年 10 月先后爆发的四次中东战争,1950 年 6 月 25 日 ~ 1953 年 7 月 27 日的朝鲜战争,1961 年 5 月 14 日 ~ 1975 年 4 月 30 日的美国侵越战争,1970 年 4 月 ~ 1975 年 4 月的柬埔寨国内战争及美国、南越进行干涉的战争,1871 年 4 ~ 12 月的巴基斯坦国内战争及第三次印巴战争,1978 年 12 月 ~ 1989 年 9 月(越南自称完全撤军)的越南侵略柬埔寨战争,1979 年 2 ~ 3 月的中国对越南的自卫反击战争,1979 年 12 月 27 日 ~ 1989 年 2 月 15 日的苏联侵略阿富汗的战争,1980 年 9 月 ~ 1988 年 8 月的伊朗伊拉克战争,1982 年 6 ~ 9 月的以色列入侵黎巴嫩的战争。

此外,1991 年 1 月 17 日 ~ 2 月 28 日进行的海湾战争,则是战后牵涉国家最多、规模空前的一场局部战争。

11. 战火连天——中东战争

"中东",是西方国家对西亚和北非的埃及等离欧洲较近的东方国家的习惯称呼。所谓"中东战争",是指 1948～1973 年间,阿拉伯国家同以色列在中东地区进行的四次战争。

第一次中东战争又称巴勒斯坦战争,发生于 1948 年 5 月 15 日～1949 年 2 月,有的国家的停战签字在 7 月。第二届联合国大会于 1947 年 11 月通过巴勒斯坦分治决议,规定在巴勒斯坦建立阿拉伯、犹太两个国家和耶路撒冷市国际化,遭到阿拉伯各国的坚决反对。

1948 年 5 月 14 日,英国结束对巴勒斯坦的委任统治,犹太民族委员会随即宣布,建立以色列国。次日晨,埃及、伊拉克、黎巴嫩、叙利亚、约旦等阿拉伯国家出动 4 万军队(后增至 6 万)向以色列进攻,逼近"临时首都"特拉维夫。以色列紧急扩军,使武装力量发展到 10 万人,展开反攻与进攻。阿方由于内部矛盾和受帝国主义掣肘,最后战败,于 1940 年 2 月～7 月分别同以签订停战协定。战后,以色列夺取了巴勒斯坦五分之四的土地,96 万阿拉伯人沦为难民。

第二次中东战争又称英法以侵埃战争或苏伊士运河战争,发生于 1956 年 10 月 29 日～11 月 6 日。当时,英、法和以色列借口埃及宣布收回苏伊士运河,向埃及发动联合进攻。以色列出动 4.5 万名侵略军,分四路侵入西奈半岛,5 天内占领西奈和加沙地区。英、法出动军队 16 万、舰艇 100 余艘、飞机 200 余架,袭击埃及海、空军基地,占领了塞德港和富阿德港。埃及在只有 15 万兵力的劣势情况下,军民联合作战,对入侵者进行了英勇顽强的抵抗。在全世界人民的声援和支持下。英、法、以于 11 月 6 日起被迫相继停火,随后从埃及领土撤离。战后,以色列取得了通过蒂朗海峡的航行权。

第三次中东战争又称"六·五战争",发生于 1967 年 6 月 5 日～11 日。当时,以色列借口埃及封锁亚喀巴湾,出动 25 万兵力、1000 辆坦克、300 架飞机,对埃及、叙利亚和约旦发起突然袭击。埃、叙、约三国共拥有兵力 33 万,武器装备的数量也占优势,但由于对以军突袭估计不足,反击受挫。

10 日起,埃、叙、约先后被迫同意停火。战后,以色列占领了包括西奈半岛和戈兰高地在内的 6.5 万多平方千米的阿拉伯领土,数十万巴勒斯坦阿拉伯人沦为难民。

第四次中东战争又称"十月战争",发生于 1973 年 10 月 6 日～24 日。当时,埃及和叙利亚为了解放在"六·五战争"中被夺占的土地,集中了51万地面部队和海、空军的主力,分别向被以色列侵占的西奈半岛(西线)、戈兰高地(北线)同时突然发起进攻。北线叙军当日即突破以军防线,次日,进抵距以本土数千米的地区。西线埃及的陆、海、空军协同强渡运河,陆军迅速突破巴列夫防线。以色列在损失惨重的情况下,迅速动员预备役部队,使总兵力增至近40万人。先以北线为重点,集中使用空军主力对叙军阵地和后方城市进行空袭,以3个师转入进攻,越过1967年停火线,构成威胁叙首都大马士革之势,并打击了伊拉克、约旦的援叙部队;继之将重点转向西线,与埃及展开坦克大战,陆军进抵苏伊士湾,占领阿达比亚港,对苏伊士城和埃及第3集团军构成合围态势。这样,北线和西线的战场主动权都被以军夺得。

10月24日,埃以双方按照联合国安理会决议停战。次年5月,叙利亚也与以签署了脱离军事接触的协议。战后,埃及控制了运河东岸纵深约10千米的狭长地带,基本达到战略目的。北线以军撤至1967年停火线以西。1982年4月,根据1979年3月埃以和平条约,以色列完全撤出西奈半岛。

12. 内外博弈——朝鲜战争

朝鲜,位于亚洲东部的朝鲜半岛上,北以鸭绿江和图们江同我国交界,东南隔朝鲜海峡与日本相望,东北角与苏联接壤。

1910年8月,朝鲜被日本帝国主义吞并,沦为日本的殖民地。1945年8月日本宣告投降后,美苏两国军队分别在朝鲜半岛38度线南北接受当地日军投降。

1948年8月,美国扶植李承晚集团在朝鲜南部成立"大韩民国"。同年9月,朝鲜北部成立朝鲜民主主义人民共和,金日成任内阁首相。

1950年6月25日,南朝鲜李承晚集团挑起了内战,朝鲜人民军奋起抗击,并于当日转入反攻,28日解放汉城。美国为挽救李承晚集团,于27日和30日先后令其海空军和陆军介入。7月7日,美国又用联合国名义,纠集16个国家的军队,组成由美国五星上将麦克阿瑟任总司令的"联合国军",进攻朝鲜,先后夺占了汉城,占领了平壤,并把战火烧向中国东部边境。

10月25日,中国人民志愿军应邀入朝参战,同朝鲜人民军一道,8个月内连续进行5次以运动战为主的大规模的战役,歼敌23万余人,收复了北朝鲜绝大部分国土,将敌人从鸭绿江边赶回到38度线附近,迫使对方转入战略防御和接受停战谈判。

1951 年 6 月中旬以后,双方在相持局面下进行以阵地战为主的攻防作战。朝中两国军队依托以坑道为骨干同野战工事相结合的坚固防御阵地,粉碎对方多次局部进攻,并进行了多次反击战役,同时粉碎了对方的"绞杀战"和细菌战。1953 年 7 月 27 日,交战双方在板门店签署停战协定。

战争期间,交战双方投入的兵力达 300 余万人,朝中两国军队共歼敌 109万余人(其中美军 39 万余人),击落击伤敌机 1.2 万多架,击沉击伤敌舰 257艘,击毁击伤坦克 2690 辆。朝中两国军队和人民付出了重大牺牲和损失,取得了在劣势装备下进行现代化战争的宝贵经验。

13. 生死决战——越南抗美救国战争

越南东临南海,北和我国广西、云南相接,是东南亚地区的一个重要国家。越南在历史上曾长期受法国控制。1954 年日内瓦协议签署后,美国取代法国干涉越南事务,支持吴庭艳集团镇压南方人民的反独裁斗争。从 1959 年起,南方人民开始进行武装斗争。

1960 年底,越南南方民族解放阵线成立。

1961 年,美国在越南南方发动"特种战争",即由美国顾问指挥 30 万人的西贡伪军"平定"南方的革命。

1964 年 8 月,美国借口北部湾事件开始轰炸北越,随后派地面部队在岘港登陆,侵越战争升级为以美军为主的局部战争。至 1969 年 4 月,美军在越南战场上共投入兵力 54.3 万人,动用了 5000 多架飞机和大量的火炮、坦克。南朝鲜、澳大利亚、新西兰、菲律宾、泰国等相继被卷入战争。经过 1965 ~ 1966 年、1966 ~ 1967 年两个旱季攻势,尤其是 1968 年的春季攻势,南方的游击战由农村发展到城市,并与运动战相结合,逐步取得战争主动权。在越南军民英勇抗击和世界舆论的谴责下,美国不得已于 1968 年 5 月与越南在巴黎举行和谈,11 月无条件停止对北越的轰炸和炮击。1969 年 7 月,美国宣布,美军将撤出南越。为挽回败局,体面撤军,美军和傀儡军对解放区加紧扫荡。1970 年,美军又入侵柬埔寨,战争扩大到整个印度支那。

1972 年,南方军民在各战场发起全面战略反攻,美国恢复对北越的全面轰炸,并以水雷封锁北越港口。越南人民顽强战斗,粉碎了美国的战争讹诈政策。

1973 年 1 月 27 日,交战双方在巴黎签订了结束战争的和约。3 月,美军撤离越南,但仍在南方留了 2 万多军事顾问以支援阮文绍傀儡军蚕食解放区。

1975年3月至4月间,南方军民发动春季攻势,进行了西原、顺化—岘港、胡志明三大战役。4月30日西贡解放。越南人民取得了反对美国侵略、实现国家统一的民族解放战争的伟大胜利。

越南抗美战争是第二次世界大战后最激烈、最持久的反侵略战争。战争期间,越南军民共击毙美军4.6万余人,打伤30万余人,击落美机9000余架。美国耗资达2000多亿美元,使用了除原子弹外包括化学战剂在内的各种现代化武器。这次战争,为研究现代条件下的人民战争,尤其是在热带丛林开展游击战提供了经验。

14.局部海战——英阿马岛战争

英阿马岛战争是第二次世界大战结束后在南大西洋爆发的一场规模较大的局部战争。英国和阿根廷进行战争的目的在于争夺马尔维纳斯群岛及其附近海域的主权。

马尔维纳斯群岛(英国称福克兰群岛)由346个岛屿组成,大岛有大马尔维纳岛(又称西福克兰岛)和索莱达岛(又称东福克兰岛)。群岛地处南大西洋,扼大西洋通往太平洋航道的要冲,有重要战略价值。1833年英国占领该岛以来,阿根廷不断提出异议,双方曾多次进行关于群岛主权的谈判。

1982年2月,谈判破裂,阿政府于3月28日出兵马岛。4月2日,战争正式爆发。

在这次战争中,英方出动地面部队9000人,舰船118艘(作战舰艇40余艘),飞机约270架(含战斗机60架);阿根廷出动地面部队1.3万人,作战舰艇22艘,飞机约370架(含战斗机约200架)。整个战争进程可分为三个阶段:第一阶段(4月2日至29日)为阿军登陆马岛与英军战略展开。4月2日,阿军4000人在马岛登陆,岛上英军投降;3日,阿军占领南乔治亚岛,英国迅速作出反应,4月5日组成特混舰队开往南大西洋;25日攻占南乔治亚岛;29日,舰队主力抵马岛水域。第二阶段(4月30日至5月20日)为封锁与反封锁。4月30日,英军开始对马岛实施海、空封锁。5月2日,英核动力攻击潜艇用鱼雷击沉阿"贝尔格拉诺将军"号巡洋舰。5月4日,阿机以空舰导弹击沉英"谢菲尔德"号驱逐舰。第三阶段(5月21日至6月14日)为登陆与抗登陆。5月21日,英军在圣卡洛斯港登陆,阿军进行抗登陆。阿机先后以炸弹击沉英护卫舰"热心"号、"羚羊"号和驱逐舰"考文垂"号,以空舰导弹击沉"大西洋运送者"号直升机母舰。但阿三军抗登陆作战不够协调有力,空军飞机损失严重,主要武器供应困难。6月14日,英军攻占马岛首府斯坦利港,守岛阿军投降。

战争结果,英军重占马岛,被击沉舰船6艘,伤21艘,损失飞机30余架,伤、亡、被俘1200余人;阿军被击沉舰船5艘,伤6艘,损失飞机100余架,伤、亡、被俘1.37万人。战争显示了现代条件下的作战特点,精确制导武器发挥了相当大的战斗威力,并对海战样式的改变产生了明显影响,但传统的武器也仍然具有生命力。

15. 明火执仗——美军为什么突袭格林纳达

格林纳达是加勒比海的一个小小岛国,面积只有344平方千米,人口11万,但它地处东加勒比海南部,扼加勒比海通往大西洋的航道,战略地位十分重要。它曾是法、英的殖民地,1974年宣布独立,成为英联邦自治领。

1979年,毕晓普总理上台执政,奉行亲苏联、古巴的政策。美国认为,亲苏古的格林纳达对美国的石油运输线构成了威胁,因而早有颠覆格林纳达现政权和扶植亲美势力的计划和准备。

1983年10月13日,格政局开始发生动乱。

19日,前总理毕晓普被处死,更加亲古巴的"激进左派"接管政权,成立了以陆军司令奥斯汀为首的革命委员会。面对格林纳达政局的变化,东加勒比国家组织于10月21日开会,要求美国采取行动。

22日,美国副总统布什召集国家安全委员会开会,初步决定出兵。次日,休假中的总统里根回到华盛顿,再次召集国家安全委员会会议。

24日晚6时,里根签署了代号为"暴怒"的对格林纳达实行入侵的作战命令。

入侵作战发生于1983年10月25日~11月2日。美方共投入地面部队7200人(其中陆战队1200人,别动队700人,空降师部队5000人,加勒比7国300人);舰上人员1万人,舰船15艘,舰载机110余架。格林纳达军总共只有1000余人,另有驻格林纳达的古巴顾问和建筑工人700余人,岛上的主要作战实际上为4天,全部战斗于11月2日结束。美军控制格岛局势后,扶植由英国女皇任命的格林纳达总督斯库恩重新组成了临时政府。岛上主要战斗结束后,入侵部队从10月28日起开始撤离,等到大局稳定,其余部队也相继撤出了格林纳达岛。作战中,美军死亡18人,伤19人,被击落直升机7架,伤11架。古巴死亡 69 人,被俘 642 人。

美国突然袭击格林纳达,是现代条件下典型的明火执仗的侵略战争,是对一个主权国家的蛮横干涉。它是继 1965 年武装干涉多米尼加共和国以后,美国在拉美地区采取的又一次较大规模的军事行动,但仍然只是一次规模有限的岛屿作战,按照美国的军事理论,还是属于低强度的战争。

16. 石油利益——海湾战争

海湾战争,指 1991 年 1 月 17 日至 2 月 28 日发生在西亚波斯湾地区的一场规模空前的局部战争。它是以美国为首的多国部队,主要是美、英、法、加拿大、意大利、比利时、埃及、叙利亚和沙特等海湾 6 国的部队,以执行联合国安理会的决议为名义,使用世界上最先进的武器装备,对入侵科威特的伊拉克军队进行的现代化战争。这场战争是从 1990 年 8 月 2 日伊拉克侵占科威特后就开始酝酿的。

1990 年 8 月 8 日,美国即向海湾地区部署应急部队,美、伊双方实际上已进入战争状态。1 月 17 日开战前,双方在前线集结的兵力共达 100 余万,多国部队方面具有绝对优势的作战飞机和军舰,大量云集海湾,以致开战 42 天就使战争结束。

战争结果,据多国部队方面宣布:伊军 42 个师中,有 41 个师被围歼或被重创失去战斗力,共摧毁和缴获伊军坦克 3700 辆、装甲车 1800 辆,击沉和重创伊舰艇 57 艘;伊军被俘 17.5 万人,死伤 10—15 万人。多国部队总共伤亡和失踪 600 余人,其中美军死 79 人、伤 213 人、失踪 44 人,被俘 11 人;损失作战飞机 49 架,其中美机 38 架;损伤舰艇 2 艘。以这样少的伤亡代价获取如此大的胜利,在战争史上还是很少有的。

这场现代化战争的爆发,源出于当今国际政治、军事、经济和民族矛盾等多层次的原因,但各种因素盘根错节、犬牙交错混合一起,其中最主要的还是双方为了控制和攫取海湾地区丰富的石油资源,维护各自的经济利益。伊拉克侵占科威特,成了事实上的侵略者。多国部队解放科威特,在道义上占有明显优势。因此,在这场反映 20 世纪 80 年代科学技术水平的高技术兵器战争中,多国部队的胜利早在人们预料之中。

这场战争的明显特点:一、它是迄今为止最有代表性的高技术战争,战争中最大而集中地使用了高技术兵器和装备。二、空中的火力攻击成了战争的独立作战阶段,在 12 天的战争中,空中火力攻击竟持续了 38 天。三、电子战自始至终发挥了重要作用,交战是从空袭前的电子战开始的,多国部队方面的电子侦察设备,对伊军进行了主体的、全纵深的、昼夜不停的侦察监视。四、远程的火力交战成了主要战斗手段,高技术使得远距离交战的地位大大提高,美军的“战斧”式巡航导弹、B–52 飞机和“阿帕奇”武装直升机,都充分发挥了远距离精确制导性能,伊拉克军队完全处于被动挨打地位,直到地面战斗发展到抓俘虏时,战斗人员才进入面对面的态势。五、战争中多方面地体现了现代化的高效率的后勤保障,很成功地克服了沙漠作战的许多困难。

这些新特点表明,海湾战争的作战方式,使它真正成了陆、海、空“一体化”作战的现代战争,从某种意义上说,也正是美国“星球大战计划”部分内容进行实战模拟的一场战争。因此,它对于认识和研究未来战争有着深远意义。

17.意义重大——第一次世界大战中的重大战役

第一次世界大战中产生了重大影响的战役,当推马恩河会战、凡尔登战役、松姆河会战和日德兰海战。

马恩河会战是指英法联军与德军在马恩河地区进行的两次会战。第一次发生于 1914 年 9 月 5 日至 12 日。英法联军在边境之战失败后撤回马恩河,集中 6 个集团军约 108 万人,对德军进行全线反攻,阻止了德军 51 个师向巴黎的推进。这次会战使德军伤亡约 21 万人,法军约 14 万人。欧洲西线从此转入了持久的阵地战。第二次发生在 1918 年 7 月 15 日至 8 月 4 日。这是德军为求得一个体面的和约而对英法联军发动进攻。由于法军先敌 40 分钟开始炮击,打乱了德军的指挥,并在反攻中集中优势兵力压向敌人,德军进攻失败,被迫后退。会战中德军损失 12 万人,联军近 6 万人。战后,战争主动权完全转到了协约国方面。

凡尔登战役发生于 1916 年 2 月至 12 月,是为争夺凡尔登筑垒地域进行的决定性战役。德军首先进攻,陆续投入 50 个师,约占西线德军总兵力的一半。法军进行了防御和反攻,先后投入 71 个师,约占法军总兵力的三分之二。战役以德军失败告终。在战役中,德军损失 60 万人,法军损失 35.8 万人。由于伤亡惨重,凡尔登战场曾被人们称为“绞肉机”。这次战役是第一次世界大战的转折点,德军从此逐步走向失败。

日德兰海战是英德两国海军于 1916 年 5 月 31 日至 6 月 1 日进行的一次大

规模海战。当时,英国海军得知德国舰队将出海寻求决战,乃派出舰队前往迎击。双方参战军舰(艇)261艘,其中英国151艘,德国110艘。经过12小时的激战,双方各损失战舰11艘,伤亡近万人。此战后,英军保持了海上控制权。这次海战结束了以战列舰为主力舰的海战史。

松姆河会战是英法联军为突破德军防御,于1916年6月24日至11月中旬实施的一次阵地进攻战役,也是大战中规模最大的战役,当时,德军在松姆河地区构成了坚固防线,防守兵力达65个师。英法联军采取逐次攻击战法,先后将兵力增加到85个师,并首次使用坦克参加战斗。双方在激烈的"拉锯战"中伤亡共达134万人,其中英军45万余人,法军34万余人,德军53.8万人。英法联军虽只守住180平方千米的土地,但却牵制了德军对凡尔登的进攻。

第三节 时代英雄——中国历史上的军事人物

1.奇才辈出——西周和春秋战国时期的军事人物

西周的军事家有吕望。他又名尚,姜姓,吕氏,字子牙,俗称姜太公。辅佐武王灭商有功,曾主持制订乘虚进军、奔袭商都的作战方案。

春秋时期的军事家和名将有魏舒、孙武和司马穰苴。魏舒是晋国将门后裔,在对狄族作战中,曾提出"毁车为行"的建议,开中国古代用兵从车战向步战转变的先声,堪称军事改革家。孙武为春秋末期吴国将军,辅佐吴王阖闾,谋划用兵,使吴国"西破强楚,北威齐、晋,南服越人",称霸天下。他所著的《孙子兵法》十三篇,为我国《武经七书》之首,在世界军事理论宝库中占据重要地位。司马穰苴姓田,任齐国大司马,精通兵法,治军严整,执法不阿,以战胜晋、燕名于后世,所著兵法称《司马法》。

战国时期的军事家和名将有吴起、孙膑、尉缭、赵武灵王、白起和廉颇。吴起曾在鲁、魏、楚国为将,均有军功和政绩。他治军严明,能征善战,深得部众拥戴,作为军事家与孙武齐名;所著《吴子》一书,在中国古代军事典籍中占有重要地位。孙膑系孙武后裔,真名失传,因遭庞涓膑刑(割去膝盖骨)而称孙膑,归齐国任军师,在齐魏争雄战争中指挥齐军两败魏军,创造了"围魏救赵"、"减灶诱敌"等战法;所著《孙膑兵法》,继承了孙武的军事思想。尉缭是战国中期的军事学家,主张富国强兵,注重谋略和战备,认为治军要赏罚严明,执法公允;所著

《尉缭子》一书,继承了《孙子兵法》和《吴子》的军事思想。赵武灵王名雍,赵国统帅,曾为应付邻国和游牧部族的骚扰而决心组建骑兵,实行"胡服骑射"政策,达到了强兵强国的目的,是军事改革家。白起一称公孙起,秦国名将,巧于用兵,智勇兼备,曾连续30余年率秦军驰骋于韩、赵、魏、楚等国,屡战屡胜,攻取70余城,为秦国统一大业立下殊功。廉颇是赵国上卿,为将刚勇,用兵持重,几十年中多次充任赵军主将,在攻齐、击魏、抗秦、抗燕的战争中屡立战功。

2. 战功显赫——秦代的著名军事人物

秦代著名将领当推王翦、蒙恬、项梁和项羽。王翦幼习兵略,为将持重,在秦灭赵之战和秦灭楚之战中担任主将,为秦始皇统一六国的事业屡立战功。蒙恬是统率秦军北击匈奴的主将,曾收复河南地(今内蒙古境内),击退匈奴700余里,在屯兵戍边时,构筑城塞,连接燕、赵、秦的旧长城五千余里,并修筑由北至南的直道,构成了秦朝北方漫长的防御线,使匈奴不敢进犯。

项梁是楚国名将之后裔,在秦末为反秦起义军的重要首领。他少通兵法,善于筹谋,与侄项羽举兵响应陈胜、吴广起义后,率楚义军渡江北击秦军,迎立熊心为楚怀王,后屡胜而意骄,遭秦军夜袭,兵败身死。项羽名籍字羽,随叔父项梁起兵反秦,为起义军首领,是著名军事统帅,曾大破秦军,迫秦名将章邯全军投降,加速了秦王朝的灭亡;秦亡后与汉王刘邦争天下,后被汉军围困于垓下,溃围而出,自刎于乌江(今安徽和县东北)。

3. 骁勇善战——汉代的著名军事人物

汉初最著名的军事家是韩信,还有名将周勃和灌婴。韩信初投项梁,继随项羽,后从刘邦,经萧何力荐而为大将,协助刘邦制定了夺天下的方略,楚汉战争期间屡立殊功;后遭刘邦疑忌,由吕后定计以谋反罪名被杀。其用兵之道,为后世兵家所推崇。周勃是沛县人,跟随刘邦起兵,因战功升太尉,刘邦去世后,与陈平等人智夺吕氏兵权,为匡扶汉室立下大功。灌婴原为商贩,参加刘邦军,以骁勇著称,后被选为骑将,率骑兵作战有功,曾参加了汉初平定各处叛乱的作战,因功升太尉。

西汉的著名将领,主要有周亚夫、李广、卫青和霍去病。周亚夫是周勃之子,治军严整,曾率军平定七王之乱,维护了西汉王朝的统一,加强了中央集权,因功升太尉、丞相。李广骁勇善射,历任北部边域七郡太守,武帝时升骁骑将军。从军几十年,前后与匈奴70余战,屡建战功,匈奴畏服,称之为"飞将军"。在漠北之战中,因迷失道路未能参战而愤愧自杀。卫青是西汉善用骑兵奔袭作战的杰出将领,有勇力,善骑射,曾5次率军出击匈奴,大败匈奴各部,迫使单于远徙漠北(今蒙古高原大沙漠以北),以功升大司马。他治军号令严明,指挥灵活果断,作战奋勇当先,为官守法尽职。霍去病是卫青的外甥,善骑射,18岁即以骠骑校尉领兵,随卫青出击匈奴,竟以800骑远离主力数百里,歼敌2000余人。他多次出击匈奴,屡建大功,曾在一次作战中乘胜追击敌人2000余里,歼敌7万余人,后以功升大司马。他用兵灵活,注重方略,不拘古法,勇猛果断,以致每战皆胜,病卒时年仅24岁。

西汉亡后,在王莽的"新"政权期间,各地农民纷纷起义。当时最著名的农民起义军首领为樊崇。他曾聚众数万,号称"赤眉军",击败王莽军十余万人,率军攻入长安,推翻汉帝刘玄政权;后失败投降刘秀,图谋再起,被杀。

刘秀即汉光武帝,西汉皇室后裔,是东汉王朝的开创者,著名的军事统帅。初同兄刘玄举兵,投入反对王莽的战争。曾与农民起义军联合作战,在昆阳之战中以少击众,巧破王莽主力军。后乘天下纷乱摆脱刘玄政权,镇压、收编了农民起义军数十万,控制河北地区,采取集中力量、由近及远、各个击破的方略,逐次消灭割据势力,镇压赤眉起义军,完成了统一大业。

东汉初期,邓禹、冯异、岑彭、吴汉、耿弇同为开国名将。邓禹长于谋略,多为刘秀出谋献策;冯异博学有远见,曾助刘秀收揽人心;岑彭骁勇善战,治军严整,用兵不拘常法;吴汉勇猛多谋,败不气馁,善挽危局;耿弇多谋善断,深得刘秀赏识。

东汉的著名将领还有马援、班超和皇甫规。马援即伏波将军,长于征讨,善析形势,曾率军西攻羌人,南平交趾,北却乌桓;暮年又征武陵(今湖南常德)部族,为刘秀安天下屡建大功。班超以出使和收复西域建功立业,在西域31年,招降50余邦归汉,他以"宽小过、总大纲"治军施政,用兵倚重谋略,善于利用矛盾,以弱胜强。皇甫规早年曾镇压农民起义,但在羌人举兵反汉时,自荐统兵攻抚羌人,进军陇右,所到州郡,整饬吏治,革除暴政,使诸羌20余万相继归降。

4. 雄才大略——三国时期的著名军事人物

魏国的军事人物首推曹操,其次是司马懿。曹操深谋远虑,雄才大略,治军严整,驭众有方;勒马疆场 30 余载,致力于中国的统一,先后成功地指挥了官渡、柳城、当阳、渭南等重大作战行动,统一了中国北方大部,但在南下作战中遭赤壁之败。他好兵法,善韬略,曾集录诸家兵法为《接要》,注释《孙子》,并"自作兵书十万余言",丰富了中国古代的军事理论。司马懿智勇兼备,用兵有"兵动若神,谋无再计"之誉,初向曹操献计立功,后为曹丕的抚军大将军、太尉。曹丕死后,他谋杀大将军曹爽,独揽朝政,又击败太尉王凌,奠定了以晋代魏的基础。

蜀汉的军事人物主要是诸葛亮。他辅佐刘备父子,运筹帷幄,统军征战,操持政务;作战擅长谋略,用兵谨慎;治军赏罚严明,曾革新军械、装具,增强了蜀军的战斗力。他的用兵经验,后人集成兵书多卷,但大都失传。蜀汉名将,后期还有姜维。姜维为蜀汉后期大将军,在诸葛亮死后执掌兵权,但因连年举兵攻魏而师劳功微;后随其主降魏,不久,因欲恢复蜀汉,事败被杀。

吴国的军事人物,主要有孙策、周瑜、吕蒙和陆逊。孙策率其父孙坚的旧部千余人进军江东,依靠士族壮大实力,先后攻占会稽、东冶(今福州)、丹阳(今安徽南部及江苏、浙江一带)、皖城(今安徽潜山)、荆州、江夏(今湖北东部),并南取豫章(约今江西),开拓了东吴疆土;后遇刺身死,年仅 26 岁。周瑜文武兼备,有雄才大略,少与孙策友好,起兵助孙策占据江东,孙策死后辅佐孙权。曹操挥军南征时,他力主联刘抗曹,并自请为将与刘备联军在赤壁大败曹军,奠定了三分天下的基础。吕蒙为东吴屡建战功,后以奇袭江陵而闻名于世。江陵之战使吴夺回荆州、擒杀蜀将关羽,实力大增。陆逊长于谋略,治军严而待卒宽,用兵慎而多变;在助吕蒙奇袭江陵之后,以大都督率军 5 万拒刘备攻吴,在夷陵之战中大败蜀军,创造了后退诱敌、击其疲惫、由防御转入反攻的成功战例。

5.运筹帷幄——晋代的著名军事人物

西晋有军事谋略家羊祜,军事家杜预,名将王浚和陶侃。羊祜才兼文武,深受晋武帝信任,曾久镇襄阳,为灭吴做准备。他善于审时度势,周密策划,提出了多路齐发、小陆并进的灭吴方略。晋武帝按其谋略发起灭吴之战,大获全胜。杜预博学多才,通晓政治、军事、经济、历法、工程等多门知识,被誉为"杜武库"。他不善骑射,但长于谋略,羊祜死后,继任都督荆州诸军事、镇南大将军,为筹划灭吴起了重要作用。王浚多谋善战,治军严整,由羊祜推荐出镇益州,治水军 7 年,为灭吴做准备;后率先领军进入吴都建业,为西晋统一中国作出了重大贡献。陶侃历经西晋和东晋,官至侍中、太尉,在军数十年,外抗敌军,内平叛乱,对稳定江南东晋局势起了重要作用。

西晋后期,北方少数民族相继独立建国,先后与晋王朝对峙,形成十六国时期。当时的著名军事人物,主要有匈奴族刘渊、羯族石勒、鲜卑族慕容垂、氐族苻坚和汉人王猛。

刘渊是汉国的建立者。他博览经史,熟谙兵法,善于应变,兼备文武;先仕晋,曾深得晋武帝赏识,任匈奴北部都尉、五部大都督,但终因非汉族而被排挤免官;后由匈奴族人密推为大单于,乘八王之乱时建立汉国,接着对晋作战,开疆拓土,即帝位。石勒是后赵的建立者,曾为刘渊部将,后自立为赵王,称帝。他擅长骑射,作战勇敢,能纳众议,择善而从,治国治军,卓有建树。人们称他"攻城野战,合于机神,虽不视兵书,暗与孙、吴同契"。慕容垂是后燕的建立者,本为前燕王子,因皇室内部矛盾而投奔前秦,淝水之战后离秦自立,称燕王,又称帝。他勇猛多谋,才兼文武,善于统兵驭将;在伐后赵、攻敕勒、击东晋、灭西燕的作战中屡获胜利。苻坚是十六国中的前秦国王,擅长谋略,能征善战,先后击灭前燕、前凉、代国,夺取东晋梁、益两州,并进军西域,一度结束黄河流域长期动乱分裂的局面;后期因胜而骄,在谋臣王猛死后,急于攻晋,于淝水之战中败北,不久被羌人袭杀。王猛是十六国时期前秦的著名将领。他熟读兵书,博学有大志,谋略过人,用兵得法,辅佐苻坚治国治军,领兵征战屡获胜利,为前秦统一北方奠定了基础。

东晋堪称名将的人物,只有谢玄和刘牢之。谢玄有经国方略,善于治军,曾组建劲旅"北府兵",后以前锋都督指挥淝水之战,因以少胜多,大败苻坚而扬名。刘牢之出身将门,骁勇善战,应募参加谢玄统辖的"北府兵",在淝水之战中率部夜袭洛涧,首战告捷,对整个战争的胜利起了重大作用。

6. 乱世枭雄——南北朝时期的著名军事人物

东晋以后,南朝历经宋、齐、梁、陈四个朝代。在此期间,著名军事人物主要有刘裕、王镇恶、檀道济、陈庆之和陈霸先。刘裕是宋开国皇帝。他出身于谢玄的"北府兵",富于谋略,长于料敌,勇悍善战,在晋屡立战功;后因晋室内乱而控制了朝政,并取代晋室称帝。由于他治军严谨,爱护部属,颇受民众拥护和将士爱戴。王镇恶是王猛之孙,随叔父归晋,因长于谋略受刘裕赏识,常为刘裕献策,屡建战功。檀道济少随刘裕从军,成为"北府兵"名将。他智勇兼备,处变不惊,受刘裕重用,征战中屡建奇功。陈庆之少为梁武帝随从,有胆略,善筹谋,带兵有方,深得众心,曾在4个多月内取32城,经47战,每战皆胜。陈霸先原是梁之名将,后为陈开国皇帝。他好读兵书,长于谋略,精于武艺,处事明达果断;梁武帝被害后,曾奉肖方智为梁王,后代梁自立称帝。

南朝时期的北方,割据的十六国相继统一于北魏,后分裂成东、西魏,又更替出现北齐和北周。在此期间的著名军事人物,主要有崔浩、拓跋焘、高欢、宇文泰、宇文邕和韦孝宽。崔浩是北魏著名的军事谋略家,出身于汉世家大族。他聪颖好学,博览经史,识天文,懂地理,足智多谋,能言善辩,深为北魏三代帝王所器重,参与军国大事,在北魏进行的一系列战争中起了重要作用。拓跋焘即北魏太武帝,鲜卑族拓跋部人。他治军严格,赏不遗贱,罚不避贵,在作战中决策果断,部署周密,指挥灵活,几经征战而统一了中国北方。

高欢原是北魏将领,后成为东魏统帅,是鲜卑化的汉人。他性机敏,长计谋,善用计,在韩陵之战中,指挥督励有方,取得以3万余众大败20万余尔朱军的巨大胜利。北魏政权分裂后,他掌握了东魏朝政,为建立北齐王朝奠定了基础。

宇文泰是鲜卑族人,原为北魏名将,后成西魏统帅。他治军整肃,深谋远虑,善于用计;北魏分裂后,控制着西魏的政权;在东、西魏战争中,指挥作战数十次,多获胜利,为建立北周奠定了基础。他创立了“府兵制”,加强了朝廷对军队的控制。这一兵制被后世沿用近200年,在古代兵制史上占有重要地位。宇文邕即北周武帝,宇文泰第四子。他有雄才,善筹谋,爱护士兵,赏罚严明,继父训实行“均田制”和“府兵制”,最后灭北齐,统一了中国北方,36岁病逝。韦孝宽是西魏、北周的名将。他广读经史,足智多谋,攻守兼备,善于用计,所献灭北齐之计,多被宇文邕采纳,在战胜东魏、攻灭北齐的战争中起了重要作用。

南北朝时期,北方曾出现一个强大的突厥汗国,涌现了一位著名的军事首领,即木汗可汗。他智勇兼备,能征善战,在消灭了柔然汗国的残余势力后,东败契丹,北并契丹,威震塞外诸国。

南朝梁、陈至隋代,我国岭南少数民族中,出了一位著名的女将,即冼夫人。她在梁大同初年与高凉太守冯宝成婚,协助丈夫处理政务,使号令通行;因足智多谋,善于用兵,曾几次平息叛乱,先后支持梁、陈、隋的统一事业,对岭南各族人民的融合友好颇有贡献。

7. 文谋武略——隋代的著名军事人物

隋代在军事上闻名的人物,主要有杨坚、高颍和长孙晟。杨坚即隋文帝。他袭父爵,任丞相,总揽了北周军政大权,随即革除暴政,任用贤能,崇尚节俭,从而颇得民心;后迫使北周静帝让位于他,建立隋朝;称帝后,北败突厥,南灭陈朝,结束了270余年南北分裂的局面,重新统一了中国。高颍可称为军事谋略家。他才兼文武,精明强干,富于筹略,曾向杨坚献取陈方略,为辅佐隋文帝统一南北和发展社会经济起了重要作用。长孙晟以善处突厥事务名扬一时。他擅长弹射,武艺超群,尤多谋略;曾出使突厥,多次与突厥交往,巧于因机制变,为保持隋北部边境的安宁作出了重大贡献。

8. 名将云集——唐代的著名军事人物

唐王朝时期在军事上知名的人物,开国初期有军事统帅李渊和李世民,名将李靖和李责力。李渊即唐高祖。他在天下纷乱时起兵反隋,统筹唐军历次作战,指挥霍邑之战和攻取长安之战,为唐统一天下奠定了基础。李世民即唐太宗,李渊次子。他有雄才大略,多谋善断,智勇兼备,长于统军驭将;曾劝父起兵反隋,在霍邑、长安、浅水原、柏壁、洛阳、虎牢诸战中,都起了重大的或关键的作用;夺得皇位后,击突厥,征高丽,扩大了唐王朝的势力范围。他选贤任能,兼听纳谏,在文治武功上多有建树。李靖少习兵法,胆识过人,有卓越的指挥才能,归唐时已年近半百;先后协助赵郡王李孝恭平萧铣,击辅公祐,并受命招抚岭南,攻东突厥,破吐谷浑,战功卓著,15年中,四次统军作战均获全胜。李责力即徐懋功,归唐后赐姓李。他先投瓦岗起义军,后归唐,为将多谋善断,行军用师,临敌应变,皆合于事机。李世民誉他胜于长城。

唐代前期平息边患的名将有薛仁贵、黑齿常之、郭元振和高仙芝。薛仁贵以东破高丽、契丹,西败吐蕃,出击突厥建功而闻名于世。黑齿常之骁勇善战,颇有谋略,曾在击退吐蕃之后经略西北,置烽戍,并屯田,加强了河源地区的防守,对稳定西北起了重要作用。郭元振以抗击突厥、吐蕃,治边有方知名。他任凉州都督时,于南境设和戎城,北境置白亭军,控制要道,开拓州境1500余里;后镇朔方,筑丰安、定远城(均在今宁夏境内),加强了边防。高仙芝是高丽人,骁勇善骑射。曾在征讨吐谷浑,镇守龟兹、焉耆、于阗、疏勒等安西四镇时屡建功勋。

唐代中期爆发了安史之乱,郭子仪、李光弼和张巡同在平叛中屡立军功。郭子仪精于谋略,用兵持重,治军宽严得当,深为部属信服,在讨平安史之乱和击破吐蕃之战中屡建大功。他历事四朝,勤于职守,对巩固唐朝封建统治起了重要作用。李光弼是契丹族人,在讨平安史之乱中战功卓著。他刚毅果敢,用兵灵活,治军严谨,屡战不殆,因军纪严明而为民众信服。张巡通晓战法,善领兵;安史之乱初,以县令引兵抗贼,后与太守许远共守睢阳(今河南商丘),以6800之众挫败安禄山将尹子奇所部13万人的进攻,前后歼敌10余万,对阻止安军南进江淮、保障唐朝钱粮来源起了重要作用。

9. 屡立奇功——五代时期的著名军事人物

五代中以军事著称的人物,主要有王彦章、李存勖、郭崇韬、郭威和柴荣。王彦章为后梁将领,少年从军,随梁太祖朱全忠征讨,屡立战功。他有勇有谋,曾以三日之期击败进攻郓州之后唐军,使梁军声威大震;太祖死后谋不见用,后被俘,不屈被杀。

李存勖即后唐庄宗,沙陀部人,善骑射,有胆略。他继父志成为军事统帅,剪灭后梁,建立后唐,后因胜而骄,疑忌将臣,在兵变中被害。郭崇韬素为晋王李克用重用。李存勖嗣王位后,对其才干尤为器重。他屡献良策,多被采纳,曾以70日进军不战而灭蜀,名震一时;后遭诬陷被杀。

郭威是后周的开国皇帝。他曾协助刘知远创建后汉王朝,一直掌管军事。刘知远死后,朝廷内争激烈,隐帝与宠臣图谋将他杀害,事泄后,威起兵回攻京都,随后称帝,建立后周。他通书算,知兵法;以恩威治军,赏罚并用,能亲近部队,故将士倾心效力;治国勤谨,能用贤纳谏,改革弊政。柴荣即周世宗,是郭威的养子,又名郭荣,继皇位后成为军事统帅。他有雄才大略,英武果断,求贤纳谏,改革了政治和经济,整顿了周军,惩办骄将惰兵,建成一支精锐部队,在南征北战中屡获胜利。柴荣治理后周五年,国力日趋强盛,为后来北宋的统一事业奠定了基础。

10. 誓死报国——宋代的著名军事人物

北宋知名的军事人物,在进行统一战争时有赵匡胤、曹彬和潘美;在抗击辽军的作战中有杨业、尹继伦和杨延昭;在对西夏作战时有种世衡、狄青和王韶。

赵匡胤即宋太祖,原为后周名将,屡以军功升迁,掌管殿前司禁军大权。周世宗死后,幼子继位,匡胤乘机夺得政权,建立宋朝;随后致力于统一战争,基本上结束了自唐安史之乱以后延续200多年的藩镇割据局面。他在建立军事集权、推行募兵制、严明军纪、革新兵器等方面都有建树。曹彬历仕后汉、后周和宋,为人稳健,注重军纪。他在宋初灭蜀、灭南唐的战争中屡建大功,后在抗辽的岐沟关作战中,指挥失利招致失败。潘美出身行伍,参与陈桥兵变拥立赵匡胤称帝;后在率兵灭南汉、配合攻南唐的作战中屡立战功,但在山西抗辽军的战斗中,迫令副帅杨业出兵,自己却违约先行撤走,使杨业被俘致死。

杨业原仕北汉,北汉亡后归宋,在守边和抗辽作战中屡立战功;后在山西抗辽军,奉命进军陷入重围,孤军奋战,将士全部战死,他负伤坠马被俘,绝食而死。尹继伦为宋将领,先后参加攻灭南汉、南唐和北汉之战,均有功。宋端拱二年七月,在耶律休哥率辽军精骑数万南袭时,他率人巡边,乘敌不备攻袭辽营,伤休哥,使辽军大败而逃,他以此闻名。杨延昭为杨业之子,以守边抗辽立功而名震一时。他自幼随父征战,熟谙边情,后独立守边二十余年,智勇善战,号令严明,同士卒共甘苦,深受军民爱戴。

种世衡以在西北延、环、渭州抗击西夏侵扰有功而扬名。他善抚羌人,敢信其首领,故深得羌族民兵之助,后每战必胜,边境得安。狄青为宋名将。他喜读兵书,治军严格,在抗击西夏和南讨依智高的作战中屡建大功。王韶有胆有谋,曾向神宗提出招抚西部羌人诸族的方略,并奉命经略边事,深得羌人信赖,先有12万人归附,后有30万人来依,曾使西北得安。

南宋知名的军事人物,均为抗击金军和蒙古军的将领,前期有宗泽、王彦、岳飞、韩世忠、李宝和孟珙;后期有余玠和王坚。

宗泽是南宋初期名将。他刚直豪爽,沉毅知兵,在抗金作战中以指挥守东京(今开封)之战闻名。王彦以抗金军立功闻名于世。他曾率岳飞等7000将士北渡黄河,大破金军,扬威于北太行山区,后转战川、陕。他用兵果断,善于治军,所建"八字军"(面刺"赤心报国,誓杀金贼"八字),号称天下精兵,在南宋抗金战争中起了重要作用。岳飞少时习武,喜读兵书战策,曾从军抗辽,复投军抗金,一生忠勇,屡建战功。他指挥了收复襄阳等六郡之战和郾城、颖昌之战,使金军丧师破胆。岳飞治军严格,重视选将,信赏明罚,爱护士卒,作战指挥灵活,不拘常法,所练精兵称"岳家军",百姓拥护,敌军叹服。韩世忠所练的"韩家军",与"岳家军"齐名,后半生率兵力抗金军,屡建战功。李宝为南宋水军名将,曾聚众抗金,失败后南下投岳飞,潜入山东联络抗金义军;后又从韩世忠,在抗击金军攻取临安(今杭州)作战中,率水军作战,一举全歼金军舟师,以此扬名。孟珙曾在作战中屡败金军,粉碎了金帝入侵四川的企图,后奉命率军袭蔡州,协助蒙古军追捕金帝。他率先破城,使金朝至此灭亡;此后,与蒙古军争夺中原,屡挫蒙古军,称名将。

余玠是南宋后期防守四川的杰出组织者,抗击蒙古军进攻的名将。王坚以率军坚守合州(今四川合川)击退蒙古军进攻而扬名。当时,蒙古军强攻钓鱼城一年多,屡攻不克,主将受伤致死,被迫撤围北返。这是蒙古军南下攻宋以来所遭受的最严重的挫折,对当时及后世的防御作战有较大影响。

11. 人才济济——辽、夏、金王朝的著名军事人物

辽朝著名的军事统帅有耶律阿保机和萧绰(女),名将有耶律休哥和耶律大石。耶律阿保机即辽太祖,辽王朝的建立者,契丹迭剌部人。他勇猛多谋,善于治军,先后征服和兼并周围各部族,谋杀和他争夺王权的各部首领,统一八部,而后称帝;后又继续扩张,北占乌古都,东灭渤海国。萧绰即萧太后,契丹族,国舅别部人,长子12岁继皇位时摄政。她知人善任,亲握军权,统军有方,赏罚严明,将士用命。她继承先世武功,东降女真,西攻党项、回鹘,北击铁勒,南攻宋朝,扩大了统治地区,是中国历史上文武兼备的女中英杰。耶律休哥以指挥高梁河之战和岐沟关之战大败宋军而威震中国。他智谋深远,善观形势,用兵持重,故多有战功。耶律大石为西辽朝的建立者,有谋略,能度时量力,在对宋、金联合势力的作战中保全军力;后自称天佑皇帝,史称西辽。他为避金军袭扰而率部西行,定都于虎思斡耳朵城(今苏联阿拉木图西南),和周围部族发生过多次战争,并获大胜。

夏朝著名的军事统帅是元昊(以唐、宋曾赐姓,亦称李元昊、赵元昊),即西夏景宗皇帝,党项族人。他博学多才,通晓兵法,袭父位后改革旧制,创制著文(即西夏文),立蕃学培养人才;实行征兵制,组建起一支50万人的强大军队,不断扩大控制区域,后称帝;曾大举攻宋,迫使契丹和宋同他议和,造成西夏和宋、契丹并立的局面。

金朝著名的军事统帅有完颜阿骨打、完颜宗望和完颜宗翰。完颜阿骨打即金太祖,金王朝的建立者,女真族完颜部人。他意志坚毅,深谋远略,在灭辽战争中显示了卓越的才能。他在政治上稳定高丽,结交西夏,联合北宋;军事上审

时度势,选择战机,集中兵力,速战速决,并以出奇制胜。他还知人善任,注意听取将士的建议,重视安抚降附,收揽人心。完颜宗望是金太祖之子,早年随父征战,机智勇武,用兵能见机乘势,多次大败辽军和宋师;后同宗翰率军分路南下,攻克宋都东京,掳宋徽宗、钦宗两帝北归。完颜宗翰是金太祖从侄,军事谋略家,曾向金太祖献灭辽之策。他久握兵权,力主进取,多次参与制定重大方略,在灭辽、灭宋战争中起了重要作用。

12. 威猛强悍——元代的著名军事人物

元朝的著名军事人物,主要有成吉思汗、木华黎、速不台、拔都、蒙哥、忽必烈、伯颜和史天泽。

成吉思汗即元太祖,名铁木真,是蒙古国的建立者。他从小丧父,经艰苦奋斗,统一漠北蒙古各部,建立蒙古国,被尊为成吉思汗;后在蒙金战争中重创金朝实力,并率军西征,声威远及西亚和欧洲南部;班师后歼灭西夏军主力,后在指挥南下攻宋时病逝。他雄才大略,善于选将用人;能明察敌情,利用矛盾,联此击彼,各个击破;作战时既充分发挥骑兵优势,也大量运用火攻、水灌、炮轰等手段。他的指挥艺术和治军之道,在同代人中无与伦比,对后世亦有很大影响。

木华黎是蒙古军攻金作战的统帅,早年辅佐成吉思汗统一蒙古诸部的"四杰"之一。他长期参加并全权指挥攻金战争,能发挥蒙古军善野战、突袭的特长;禁掳掠,不杀降,多战功。速不台是蒙古军大将,成吉思汗的"四先锋"之一,在蒙金战争中屡立战功,他曾随成吉思汗西征,先后转战于宽定吉思海(今黑海)沿岸等地,进而击败斡罗思、钦察联军和不里阿耳军,班师东还后,在灭金战争中立功。拔都是成吉思汗之孙,蒙古西征军统帅,钦察汗国的建立者。他于公元 1235 年率军西征,历时 7 载,先后攻掠斡罗思、孛烈儿(今波兰)、马礼儿(今匈牙利)等国大片领土,并于 1243 年建钦察汗国,定都萨莱(今伏尔加河入里海处)。蒙哥是成吉思汗之孙,军事统帅,1251 年由拔都等拥立为蒙古大汗。他曾认拔都西征,屡立战功。1258 年发兵大举攻宋,在四川合川受阻,负伤而死。

忽必烈即元世祖,成吉思汗之孙。他曾掌管漠南汉地军国事务,成绩卓著,后蒙哥大举攻宋时受命总管东路军,战抚并用,连获大胜,蒙哥汗死后撤军北还,次年即大汗位,统一了中国。伯颜为忽必烈的丞相,曾协助忽必烈讨平诸宗王之乱,后统军攻南宋,指挥取临安之战,对统一全国起了重要作用。史天泽在元世祖时出将入相近50年,多谋善断,量敌用兵,主张攻心为上,力戒杀掠,统兵多立战功,时称名将。

13.将星闪耀——明代的著名军事人物

明朝在军事上知名的人物,初期有朱元璋、刘基、徐达和俞通海;稍后有朱棣和于谦;在抗倭、对日作战中有谭纶、俞大猷和戚继光;后期对后金(清)作战的有熊廷弼、袁崇焕和秦良玉。明末爆发了大规模的农民起义,其中著名的首领有李自成和张献忠。此外,还有抗清名将史可法和郑成功。

朱元璋是明朝开国皇帝,元末农民起义军的首领。他胸怀韬略,深谋远虑,治军严明,用兵持重,其军事思想对后世有较大影响。刘基是一位军事谋略家,通经史、晓兵法,时人比之为诸葛亮。他为朱元璋提出了避免两线作战、利用矛盾各个击破的方略,对朱元璋统一天下有参与军机和建策之功。徐达可称明朝开国的军事统帅,长于谋略,治军严谨,南征北击,战功显赫,名列功臣第一。

朱棣即明成祖,他率师发动靖难之役,夺取了帝位,继之7次远征漠北,挫败蒙古贵族的势力。于谦是明军保卫京师之战的军事统帅,在土木堡之战中率军击败入侵的瓦剌军,后遭诬陷被害。

谭纶管理兵事近30年,俞大猷从军50载,戚继光有40余年在军中度过,同为抗倭名将,民族英雄。他们统兵作战,使东南沿海的倭患基本消除。其中,戚继光更以训练"戚家军"和总理蓟州、昌平、保定三镇练兵而闻名,所著《纪效新书》和《练兵实纪》,一向为兵家重视。

熊廷弼和袁崇焕都曾统兵抗击清军的进犯;熊、袁先后经略辽东,对遏阻清军入关作出了贡献。秦良玉是明末女将,善骑射,通诗文,有智谋,曾出家财为军资,亲领精兵北上守山海关以抗清军,清军入关南下时,她坚持抗清,被后人誉为女中豪杰。

李自成是明末农民起义军的杰出领袖,曾转战各地,重挫明军;后率军攻克京师,灭亡了明王朝。张献忠是著名的农民起义军领袖,他率领的起义军对推翻明朝的统治起了重要作用。

史可法为明末清初抗清名将,以坚守扬州,劝降不从,被俘后宁死不屈的壮举扬名于世。郑成功是明清之际的军事家,他习文练武,研读兵书,为坚决抗清与父决裂,募兵练师;曾多次挫败清军进攻,后率军收复台湾,成为民族英雄。

14. 能征善战——清代的著名军事人物

清王朝时期的军事人物,可分几种情况。一是在建国初期,主要人物有努尔哈赤、多尔衮和戴梓。努尔哈赤即清太祖,满族八旗兵的创建者和统帅。他勤奋好学,足智多谋,常躬亲征战,指授方略,用兵主张"不劳己,不顿兵,智巧谋略为贵";在实战中,常出奇制胜,以弱胜强,以少击众,其军事思想对后来兵家有较大影响。多尔衮是清太祖第十四子,清初的军事统帅。他统兵征战,多有功绩;后辅佐顺治皇帝,制定先西取、后南攻的方略,为清王朝实现对全国的统治奠定了基础。戴梓为杰出的火器制造家,通书法,懂天文算法,并曾制成"连珠火铳"、"子母炮",为枪械从单发改进成连发作出了重要贡献。

二是在鸦片战争时期,主要人物有关天培和陈化成。关天培在虎门抗英作战中殉国;陈化成在吴淞口抗英作战中捐躯;两人在反击异族的侵略上作出了重大贡献。

三是在太平天国起义军与清军战争时期,主要人物有曾国藩、左宗棠,刘锦棠、杨秀清、石达开、林凤祥、陈玉成、李秀成,以及赖文光和张宗禹。

曾国藩是湘军的创立者和统帅,晚清地主阶级的军事家,曾指挥围剿太平天国,攻占天京,后又率军镇压了捻军。左宗棠和刘锦棠都是清军的统帅,曾参与镇压太平军、西捻军和陕、甘回民起义,但在中亚浩罕汗国军事头目阿古柏入侵新疆建立伪政权时,左宗棠受任钦差大臣,刘锦棠作为总理行营营务和前敌指挥官,同在收复新疆的军事行动中建立了功勋。

杨秀清是太平天国杰出的领袖和军事统帅。他虽未曾读书,但富权谋,起义初即主持军事,曾颁立军制,制订营规,治军号令严整,赏罚分明,每于运动中克敌制胜。他受洪秀全信赖,曾集军政大权于一身;后在战略上犯了错误,北伐西征均遭失败,又因威风张扬,不知自忌,导致内部矛盾激化,在天京事变中被杀,死时33岁。

在太平天国的军事首领中,石达开是颇有才能的军事统帅,32岁牺牲;林凤祥可称著名将领,后期成为军事统帅,30岁负伤被杀;陈玉成是杰出的青年将领,后期成为军事统帅,26岁就义。赖文光先为太平军将领,天京失陷后与捻军合伍,并被推为统帅。捻军分成东、西两支后,他统帅东捻军抗清,曾重创清军。张宗禹是西捻军统帅,曾率军转战安徽、河南、湖北、山东等地,后在清军围剿下兵败身亡。

此外,清代还有抵抗外族入侵而知名的将领,主要是刘永福、聂士成、丁汝昌和邓世昌。刘永福是清末援越抗法名将,后又在台湾联合义军抗击过日本占领军。聂士成为爱国将领,曾率援军赴台湾对入侵的法军作战,八国联军入侵时率部保卫天津,每战身先士卒,多有战绩,最后在津郊指挥作战时中炮阵亡。丁、邓为海军将领,在中日甲午海战中为坚持抵抗入侵的日本舰队而牺牲。

15. 功不可没——民国以来的著名军事人物

民国以来在军事上知名的人物主要有:黄兴、蔡锷、蒋介石、冯玉祥、张学良、李宗仁、蒋百里、杨杰、吉鸿昌、张自忠、程潜、张治中、傅作义、卫立煌、邓宝珊等。

黄兴是辛亥革命时期武装起义的主要组织者和指挥者。他组织和指挥的著名起义和战争有黄花岗起义,汉口、汉阳之战和讨袁(世凯)战争。蔡锷是辛亥革命时期昆明起义的组织指挥者,后在云南组织护国军,发动了推翻袁世凯的护国战争。他著有《军事计划》一书,编撰了《曾胡治兵语录》,对国防建设和治军用兵提出了一些新的见解。

蒋介石曾任特级上将,指挥过北伐战争及国民党军队在正面战场的抗日作战,第二次世界大战中被同盟国推举为中国战区最高统帅。冯玉祥是中国近代军事家、国民党军陆军一级上将;他以治军严、善练兵,注重近战、夜战而著称。张学良是国民党军陆军一级上将,曾和杨虎城一起发动了著名的"西安事变",成为举国知名的爱国将领。李宗仁是国民党政府的代总统,陆军一级上将,1965年从美国回国参加社会主义建设。

蒋百里和杨杰都是民国时期的军事理论家,两人毕生研究军事理论及世界军事状况,著述丰富。

吉鸿昌是抗日名将,民族英雄,曾率部举行反蒋(介石)起义,后加入中国共产党,积极从事抗战活动,被蒋介石杀害。张自忠在抵抗日寇入侵的长城抗战、卢沟桥抗战、徐州会战和武汉保卫战等作战中,屡建战功,是著名的抗日将领,后在湖北指挥对日作战时负伤殉国。

程潜、张治中、傅作义、卫立煌和邓宝珊都是著名的爱国将领。程潜是原国民党军陆军一级上将,后为中华人民共和国国防委员会副主席。张治中、傅作义和卫立煌同是原国民党军陆军二级上将,后为中华人民共和国国防委员会副主席。邓宝珊是原国民党军陆军上将,后为中华人民共和国国防委员会委员。

第四节 铁血枭雄——世界历史上的主要军事人物

1. 足智多谋——古希腊的著名军事人物

古希腊的军事人物,在世界史上知名的有米太亚德、色诺芬、埃帕米农达斯和亚历山大。米太亚德是雅典统帅,以在希(腊)波(斯)战争中指挥雅典军队获得马拉松会战的胜利而闻名。他利用巧妙的战术以少胜多,打败了强大的波斯军。色诺芬是历史学家和军事家,曾率领小居鲁士招募的万名希腊雇佣军由巴比伦向黑海撤退;后写成《远征记》,该书被认为是古希腊一部军事理论著作。埃帕米农达斯是古希腊的统帅和政治家,底比斯城邦的首脑,曾以劣势兵力击败斯巴达的优势兵力;他采用的密集楔形阵新战术,即后人所称的"斜形战斗队形",是古希腊军事学术史上方阵战术的重要创新,对后世作战颇有影响。亚历山大为古代马其顿国王,著名的军事统帅,以率军东侵波斯和印度而震撼世界,他在军事行动中决策果断,重视步、骑兵的协同作战,擅长快速进攻,常以少胜多,速战取胜。他发展了著名的马其顿步兵方阵,创立了机动灵活的新型骑兵,制定了步骑兵机动和协同作战的原则,其军事学术思想对后世名将多有影响。

2. 功勋卓著——古罗马和罗马帝国的著名军事人物

古罗马的军事人物,在世界史上知名的有费边、大西庇阿、马略、苏拉,克拉苏、庞培、恺撒和斯巴达克;罗马帝国的军事人物,则以奥古斯都和图拉真最有名。

费边5次当选为罗马执政官。他曾在第二次布匿战争中采取迁延战术,史称"费边战术",以对付侵入意大利腹地的迦太基军,达到了保存自己实力而不断疲惫消耗敌人的目的。大西庇阿以率军远征迦太基本土,在扎马会战中击败汉尼拔统率的迦太基军而闻名。

马略曾7次当选为罗马执政官。他在抗击日耳曼人的战争进程中领导了著名的军事改革,即改征兵制为募兵制,使公民变为职业雇佣军,改组罗马军团的编制和战斗队形,整顿军纪,严格训练,从而大大提高了罗马军的战斗力,很快结束了对日耳曼人的战争,后联合平民派,与贵族派的苏拉军展开激烈斗争。苏拉是古罗马的军事家和政治家,曾在朱古达战争中一举成名,后多次征战均获胜利。他站在奴隶主贵族一边，镇压过马略派，在意大利建立了残酷的独裁统治。

克拉苏在马略与苏拉的斗争中支持后者。他曾率罗马军队镇压了斯巴达克的起义军，还曾与庞培和恺撒组成"前三头同盟"，控制罗马政局；后在入侵帕提亚（安息）战争中失利，谈和中被砍杀。庞培以投靠苏拉起家，屡立战功，初与恺撒、克拉苏结成"前三头同盟"以对抗元老院，克拉苏死后又与元老院联合对抗恺撒，引起罗马内战；后被恺撒击败，逃至埃及被害。恺撒作为"前三头同盟"成员之一，曾以征服山外高卢各部族而威名大震。他与庞培决裂后，取得了彻底战败庞培的胜利，被推举为终身执政官，从而动摇了罗马的共和政体，后被共和派阴谋杀害；著有《高卢战记》和《内战记》，对军事学术的发展作出了杰出的贡献。斯巴达克是古罗马最大的一次奴隶起义的领袖，在近3年的转战中，表现得英勇果敢，足智多谋，用兵有方，只因寡不敌众，最后被克拉苏围剿致败。

奥古斯都为罗马帝国的奠基人，原名盖·屋大维，是恺撒的义子。恺撒死后，他与安东尼、李必达结成"后三头同盟"以对付元老院，后剥夺了李必达的权力，击败安东尼，成为事实上的罗马帝国的第一个皇帝。图拉真是罗马帝国皇帝，在位时不断进行大规模征战，使帝国版图达到最大。

3. 才能卓越
——古代和中世纪历史上外国的著名军事人物

在世界古代和中世纪历史上，著名的军事人物除了古希腊、古罗马的以外，还有古埃及的拉美西斯二世和撒拉丁·阿尤布，亚述的提格拉·帕拉萨三世和萨尔贡二世，波斯的居鲁士和大流士一世，迦太基的汉尼拔，拜占庭帝国的贝利撒留，匈奴首领阿提拉，法兰克的查理大帝，英国的威廉一世（征服者），荷兰的威廉·奥兰治（沉默者），捷克的约翰·杰式卡，德国的闵采尔，奥斯曼帝国的穆罕默德二世，神圣罗马帝国的瓦伦斯坦，俄国的伊万四世和德米特里·顿斯科伊，罗马尼亚的斯特凡大公，瑞典的古斯达夫·阿道夫，以及日本的楠木正成、丰臣秀吉和朝鲜的李舜臣，等等。

上述人物各有不同特点，其中突出的当推以下7人。一是古波斯国王大流士一世，古代亚洲地区向欧洲扩张的第一位君主。他在军事上曾首创把全国军队划归军区统管的制度，并把军队编成四级体制，从而提高了战斗力和加强了对军队的控制。二是迦太基统帅汉尼拔，西方尊称他为"战略之父"。他用兵不拘旧法,作战机智勇敢,指挥坚定灵活,以大败罗马军的坎尼之战而闻名于世,其以少胜多和合围歼敌的战例,在西方战史上占有重要位置。三是撒拉丁·阿尤布,埃及统帅。他以积极组织和指挥埃及军队抗击十字军东侵而著称,为阿拉伯反对外来侵略作出了重大贡献。四是杰式卡,捷克的民族英雄,他作为起义军的统帅,在反对天主教和封建主的战争中,曾率军粉碎了教皇和神圣罗马帝国皇帝组织的3次十字军进攻。他指挥卓越,治军有方,制定了以弱克强的攻防战法,在革命军队的建设和作战方面都有新的创造。五是瑞典国王古斯达夫·阿道夫,即古斯达夫二世。他为争夺霸权而多次征战,并屡获胜利;在实行军事改革中,采取普遍征兵制,建立常备军;缩减军队编制、增强机动力;组建团属炮兵;实行新的军需供应制度;并在欧洲最早采用线式战术。六是丰臣秀吉,日本战国末期的著名武将。他对于全国的统一、加强中央集权和开拓对外贸易的事业,作出了重要贡献。七是李舜臣,朝鲜著名的民族英雄,抗倭的爱国名将。他为打退日军对朝鲜的多次入侵建立了卓越的功勋。

4. 战争"野心家"
——近现代史上苏联(俄国)的著名军事人物

俄国在近代史上著名的军事人物,主要有彼得一世、鲁缅采夫、苏沃洛夫、乌沙科夫、库图佐夫、勃鲁西洛夫、尼古拉·尼古拉耶维奇和米柳京等人。其中尤为重要的有以下3人。

一是彼得一世,又称彼得大帝,是俄国沙皇。他进行了著名的军事改革,建立了俄国的正规陆海军,发展军事工业,实行新的兵役制,开办军事学校,统一军队指挥,从而提高了军事实力,使俄国一跃成为欧洲强国。二是苏沃洛夫,俄国大元帅,俄国军事学术的奠基人之一。他主张根据实际练兵作战;强调集中兵力于主要方向实施快速机动和积极的进攻;著有《团谕》和《制胜的科学》,总结了他多年的作战经验和治军思想。三是库图佐夫,俄国元帅。在1812年的卫国战争中,他于危难之际出任俄军总司令,为歼灭入侵的拿破仑军队作出了重大贡献。

苏联在现代史上著名的军事人物,主要有列宁、托洛茨基、斯大林、伏龙芝、伏罗希洛夫、布琼尼、铁木辛哥、布柳赫尔、图哈切夫斯基、沙波什尼科夫、朱可夫、华西列夫斯基、马利诺夫斯基、索科洛夫斯基和戈尔什科夫等人。其中尤为重要的有以下5人。

一是列宁,俄国革命的领导者,领导俄国武装起义和卫国战争的战略家,同时也是无产阶级的军事学家。二是斯大林,俄国革命的战略家。他们两人从实践和理论两方面发展了马克思主义军事科学。三是伏龙芝,苏联红军的统帅和军事理论家。他在十月革命时期曾积极组织武装起义和创建红军;内战时期转战各地,功勋卓著;战后领导了红军的军事改革,深入研究了苏维埃国家的军事建设和军事学说。四是图哈切夫斯基,苏联的军事家。他在国内战争中表现了很强的组织能力和军事才能,战后在改革军队体制、改进军队装备和发展海军、航空兵、坦克兵等方面作出了较大贡献。他参与制定的大纵深战役理论,对苏联军事学术的发展有一定影响。五是朱可夫,苏军的著名统帅。苏德战争期间,他历任最高统帅部大本营成员和代表、战时最高副统帅等要职,多次参与制定战略计划,指挥了一系列重要战役,战功卓著。他作风果断,具有组织大兵团作战的卓越才能,善于在主要突击方向集中大量兵力以分割围歼敌军。

5. 雄心勃勃
——近现代史上普鲁士、德国的著名军事人物

普鲁士在近代史上著名的军事人物,主要有弗里德里克·威廉、弗里德里希二世、比洛、布吕歇尔、克劳塞维茨、毛奇、马克思、恩格斯和施利芬等人。其中最重要的是以下 5 人。

一是弗里德里希二世,又称腓特烈大帝,普鲁士国王。他曾 3 次发动掠夺性战争,并因战胜对手而扩展了领土,使普鲁士成为欧洲大陆的新兴强国。他在军事上颇有创新,恩格斯称他:"建立了历史上无与伦比的骑兵。"他的军队"是欧洲模范的军队"。二是克劳塞维茨,普鲁士的军事理论家和军事历史学家。三是毛奇,德国的军事家。他在担任普鲁士总参谋长后,锐意整顿军队,革新装备,以赢得普奥战争和普法战争的胜利,并实现由普鲁士领导的德意志统一而扬威欧洲。除上述三人外,马克思和恩格斯在创立马克思主义的同时,创立了崭新的无产阶级的军事理论,成为马克思主义军事科学的奠基人。

德国在现代史上的著名军事人物,主要有兴登堡、鲁登道夫、希特勒、凯特尔、曼施泰因、古德里安、邓尼茨、隆美尔和戈林等人。其中最重要的是以下5 人。

一是鲁登道夫,德国的军事家。他曾在第一次世界大战初期崭露头角,在东普鲁士坦能堡战役中获得对俄军的重大胜利,战后,伙同希特勒发动了"慕尼

黑暴动",其主要著作《总体战》,系统地阐述了总体战理论。二是希特勒,法西斯德国的国家元首。他热衷于速战速决的"闪击战",主张集中装甲摩托部队、空军和空降兵,在深入敌后的"第五纵队"的配合下不宣而战,作战指挥上片面强调进攻,否定退却和防御。三是曼施泰因,以提出使用坦克部队经阿登地区进攻法国的作战计划而出名,该计划深得希特勒的赞赏,并在执行中获得成功。四是古德里安,德国坦克兵的创建者。他曾建议组建德国的坦克部队;同时又是"闪电战"的倡导者,认为大量集中地使用坦克将对进攻战役和整个战争胜利起重大作用。五是隆美尔,以指挥德军在北非击退英军获得巨大胜利而闻名。他指挥的装甲部队行动迅速、机动,善于迅速地突破对方战线,深入穿插作战,他因此被称为"沙漠之狐"。

6. 军事专家——近现代史上法国的著名军事人物

法国在近代史上的著名军事人物,主要有杜伦尼、沃邦、萨克斯、迪穆里埃、卡尔诺、拿破仑一世、麦克马洪和巴赞等人。其中最有特点的可举以下3人。

一是杜伦尼,在三十年战争中以指挥驻意大利法军获胜而闻名。他在作战中能巧妙地把突然性和机动性结合起来,不仅善于围城战,而且善于野战,其作战方法对欧洲军队有一定影响。二是沃邦,著名的军事工程师,曾参加多次征战,屡立战功。他一生共建造33座新要塞,改建300多座旧要塞,领导过对53座要塞的围攻战,首先提出把筑城分成野战筑城和永备筑城。他写的《筑城论文集》等著作,对欧洲各国筑城学的发展有很大影响。三是拿破仑一世,法国皇帝。他承袭法国大革命的声威,以统帅法军粉碎欧洲各国前5次反法联盟的对法战争而震惊世界。他继承发展了法国大革命所创立的军事学术和作战原则,形成了自己的军事思想,从而对资产阶级军事科学的形成和发展产生了深远影响。

法国在现代史上的著名军事人物,主要有福煦、霞飞、贝当、魏刚、甘末林、吉罗、达尔朗和戴高乐等人,其中最有特点的可举以下2人。

一是福煦,第一次世界大战前,以在陆军大学讲授战略课而闻名,对当时法国的军事思想有一定影响;大战爆发后,历任指挥要职,战功卓著;战争末期,任协约国联军总司令,为战胜同盟国作出了重大贡献;著有《作战原则》和《战争指南》等书,强调歼灭战思想和集中优势兵力的原则。二是戴高乐,曾在第二次世界大战初期立下战功。巴黎沦陷后离法赴英,发动"自由法国"运动并组建武装力量,后领导这支力量转战近东、非洲,直至参加解放法国本土的作战行动,为反法西斯战争的胜利作出了很大贡献。他在军事上勇于创新,反对因循守旧,曾主张建立具有积极进攻能力的机械化职业军队,强调战斗行动的机动性,以及步、坦、空军协同作战的必要性,著有《建立职业军队》等书。

7.战略统帅——近现代史上英国的著名军事人物

英国近代史上的军事人物,著名的有克伦威尔、马尔波罗、罗伊德、纳尔逊和威灵顿等人。其中尤以下述3人影响较大。

一是马尔波罗,曾多次征战立功,以指挥布伦海姆会战大败路易十四指挥的法军而声名大振。他在战略和战术上主张积极进取,以攻势为主,惯以大量步兵钳制敌军,尔后投入骑兵突击取胜。二是罗伊德,英国军事历史学家和军事理论家,曾先后在荷兰、法国、奥地利、普鲁士和俄国军队中服务,后来专门从事军事研究,论证了以仓库供给制为基础的战略,提出了军事行动基地和作战线等概念,对当时的军队作战有一定影响。三是威灵顿,初以率领英、西、葡联军在比利牛斯半岛抗击入侵的法军而闻名,后又指挥英荷联军,并协同普军一起,在滑铁卢会战中彻底击败拿破仑军队,因而获得特殊声誉。他对于建设一支具有较高战斗力的英国陆军作出了一定贡献。

英国现代史上的军事人物,著名的有弗伦奇、丘吉尔、韦维尔、蒙哥马利、亚历山大、蒙巴顿、富勒和利德尔·哈特等人。其中尤以下述3人影响较大。

一是蒙哥马利,曾在反对法西斯德国的战争中任联军副总指挥,率英、加军队转战法、比、荷、德战场,战功卓著。他在建军和战备训练上,主张革新,反对保守;在作战中主张积极进攻,反对单纯防御。二是富勒,英国的军事理论家和军事历史学家、装甲战理论的创始人之一。他曾在第一次世界大战时期提出坦克使用的新思想并取得成功;后专门从事军事理论与军事历史的研究工作,一生著述35种以上,代表作有《战争科学基础》、《西洋世界军事史》和《战争指导》等。三是利德尔·哈特,英国的军事作家和军事理论家。他参加第一次世界大战负伤后即专门从事军事著述和研究工作,一生撰写著作30余部,代表作有《现代化军队的新途径》、《战争中的革命》和《战略论》等。

8.影响巨大——近现代史上美国的著名军事人物

美国近代史上的著名军事人物,可举华盛顿、格兰特、罗伯特·李、谢尔曼和马汉。其中影响较大的有3人。

一是华盛顿,美国独立战争中的大陆军总司令。他建立了一支正规军,虽屡遭挫败,但坚持斗争,最后以弱胜强,终于打败了英军,取得了决定性胜利。二是格兰特,美国的军事家和第18届总统,在美国内战中指挥北方联邦军,打败了南部同盟军。他具有战略眼光,指挥作战坚决,为取得内战的胜利作出了重大贡献。三是马汉,美国的海军理论家和海军历史学家。

美国现代史上的著名军事人物,可举潘兴、马歇尔、麦克阿瑟、巴顿、阿诺德、尼米兹、艾森豪威尔、布莱德雷、李奇微和克拉克。其中影响较大的有4人。

一是潘兴,美国军事家。作为美国参加第一次世界大战的远征军司令,他曾在法国前线组织美军的训练和作战,并率美军单独进行了圣米耶尔等战役,后协同英法联军突破德军兴登堡防线,为打败德军作出了贡献。二是阿诺德,美国军事家和空军的创建者,第二次世界大战时期美国重要军事领导人之一,美国的陆军五星上将和空军五星上将。他曾历任美军要职,强调空军和空中优势是任何陆战或海战取胜的先决条件。二次大战中,他参与战略性问题的研究和战略计划的制订,在对德意日进行战略轰炸方面起了重要作用。三是尼米兹,美国在第二次世界大战中对日海上战争的主要指挥者。他曾指挥太平洋战区的美军与西南太平洋战区协同攻占了一系列重要岛屿,取得太平洋制海权,进而以空袭和海军封锁了日本本土,为战胜日本作出了贡献。四是艾森豪威尔,美国的第34届总统。作为美军统帅,他在第二次世界大战中,历任欧洲盟军最高司令等职,曾组织指挥盟军在北非、西西里岛、意大利本土和诺曼底的登陆作战,领导了盟军向德国本土的进军,为击败法西斯德国作出了重大贡献。

9.杰出领袖——近现代史上日本的著名军事人物

日本近代史上的著名军事人物,主要有山县有朋、大山岩、西乡隆盛、乃木希典、桂太郎和东乡平八郎等人,其中影响较大的有3人。

一是山县有朋,日本首相。他是日本军国主义对外扩张政策的主要制订人,推行富国强兵政策,对兵役制度、编制装备、组织机构和教育训练等进行了一系列改革,对日军建设成为近代资产阶级军队起过重要作用。二是大山岩,近代日本陆军奠基人之一,也是军国主义侵略扩张政策的积极推行者,曾致力于日本的军制改革,对日军建设起过重要作用。三是东乡平八郎,日本明治时代的著名海军将领。他多次参与侵华战争;日俄战争时任日本联合舰队司令长官,以歼灭从波罗的海来援的俄国舰队而闻名。

日本现代史上的著名军事人物,主要有田中义一、火田俊六、永野修身、山本五十六、东条英机、冈村宁次、古贺奉一和阿南惟几等人,其中影响较大的有3人。

一是田中义一,继山县有朋之后的日本陆军长州派军阀首领,两次出任陆军大臣,先后派兵入侵苏联和中国。二是山本五十六,太平洋战争的重要策划者和组织者之一;曾谋划对珍珠港的袭击,主张大力建设航空兵,为提高日本航空母舰舰载机的作战能力作过巨大贡献。三是东条英机,日本发动太平洋战争的主谋,建立所谓"大东亚共荣圈"的元凶和积极推行者。作为内阁总理大臣兼陆军大臣,他推行侵略扩张政策,积极发动战争,对入侵中国、杀害中国军民负有严重的罪责。

10. 军事明星
——近现代史上著名的军事人物

世界近代史上的著名军事人物,除了前面介绍的以外,其他国家还有一些,主要是:瑞典的查理十二,奥地利的卡尔大公,瑞士的若米尼,意大利的加里波第,西班牙的奥当奈尔,波兰的贝姆,匈牙利的拉科西,朝鲜的安重根,印度的哈达尔·阿里、铁普苏丹和拉克希米·拜依(即章西女王),缅甸的班都拉,菲律宾的滂尼发秀,印度尼西亚的第博·尼哥罗和伊玛目·明佐尔,越南的黄花探,埃及的阿拉比和穆罕默德·阿里,苏丹的马赫迪·穆罕默德和萨摩利·杜尔,阿尔及利亚的阿卜杜·卡迪尔,南非的恰卡,阿根廷的圣马丁,委内瑞拉的玻利瓦尔和苏克雷,古巴的马帝,墨西哥的伊达尔戈和莫雷洛斯,智利的沃伊金斯等人。下面简单介绍其中影响较大的5人。

一是卡尔大公,奥地利的元帅和军事理论家。他曾多次统率奥军同拿破仑军队作战,通过一系列改革提高奥军的作战能力,后从事理论著述。二是若米尼,资产阶级军事理论家,俄军上将。三是加里波第,意大利的民族英雄,国家独立和统一运动的杰出领袖。他曾率军在南美参加巴西的起义和乌拉圭的独立战争;后率义勇军支援西西里岛起义,解放了西西里和那不勒斯,为意大利的统一奠定了基础。四是圣马丁,19世纪初拉丁美洲杰出的军事家,拉美民族独立解放战争最卓越的一位军事统帅。他曾率军转战阿根廷、智利、秘鲁各地,沉重打击了西班牙殖民军,解放了广大地区,为拉美民族解放事业作出了不可磨灭的历史贡献。五是玻利瓦尔,19世纪初南美洲北部解放战争的主要领导人,委内瑞拉第二和第三共和国的创建人。他曾率军同西班牙军和哥伦比亚、委内瑞拉的保皇势力进行长期战争,屡获胜利。他领导的独立战争,解放了南美洲约500万平方千米的领土,在初创共和制度方面作出了重大贡献。

世界现代史上的著名军事人物,除了前面介绍的以外,其他国家还有一些,主要是:意大利的巴多里奥、杜黑和墨索里尼,波兰的毕苏斯基,捷克的哥特瓦尔德,匈牙利的霍尔帝,罗马尼亚的安东尼斯库,保加利亚的季米特洛夫,南斯拉夫的铁托,希腊的贝劳扬尼斯,芬兰的曼纳林,西班牙的莫拉和佛朗哥,土耳其的凯木尔,朝鲜的崔庸健和金日成,越南的胡志明和武元甲,缅甸的昂山,蒙古的苏赫巴托尔和乔巴山,以色列的达扬,突尼斯的克里夫,埃及的萨达特,尼加拉瓜的桑地诺,阿根廷的格瓦拉等人。下面简单介绍其中影响较大的3人。

一是凯木尔,土耳其的第一任总统和"国父"。他领导土耳其国民军进行艰苦奋斗,终于击败了奥斯曼政府军和希腊侵略军,建立了土耳其历史上的第一个共和国。二是铁托,南斯拉夫人民起义和民族解放的杰出领袖。第二次世界大战期间,他领导全国军民展开反侵略的武装斗争,在直接指挥一系列重大战役时表现了非凡的军事才能。三是桑地诺,尼加拉瓜的民族英雄。他以具有军事天才和作战勇敢著称,曾领导本国人民进行反对美帝国主义者和地方反动势力的民族解放斗争,取得了迫使美国占领军撤出尼加拉瓜的伟大胜利;后被反动政府阴谋逮捕杀害,其英名在拉丁美洲各国爱国主义者中间享有盛誉。

第三章 矛与盾的较量——军事武器篇

第一节 "深海黑鲨"——俄罗斯战略核潜艇

1. 庞大家族——俄罗斯战备核潜艇

俄罗斯一共发展了三种类型的核潜艇。这就是弹道导弹核潜艇、飞航导弹核潜艇和攻击型核潜艇。战略导弹核潜艇是核威慑力量的重要组成部分，为了保证核大国地位，美苏都十分重视发展战略导弹潜艇。

苏联只成批建造了一型水上发射的弹道导弹常规潜艇 G 型。按照北约的代号，苏联的弹道导弹核潜艇发展情况如下：

H 级（HOTEI）8 艘、Y 级（YANKEE）34 艘、D－1 四（DELTA－1）18 艘、D－2 型 4 艘、D－3 型 13 艘、D－4 型 7 艘和最后一型台风级（TYPHOON）6 艘。

对这 7 型弹道导弹核潜艇，一般将其分为四代。这 7 型核潜艇的排水量（括号中的为水下排水量）和弹道导弹的数量和型号如下：

第一代 H 级 4030 吨（5000 吨），3 枚 SS－N－4 型导弹。后在该潜艇上进行过能从水下发射的 SS－N－5 型导弹的改装。

第二代 Y 型 7766 吨（9360 吨），16 枚能从水下发射的 SS－N－6 型导弹，是建造数量最多的一型弹道导弹核潜艇。

第三代 D 级，共有 4 种型号，均能从水下发射导弹：

D－1 型，7800 吨（10000 吨），12 枚 SS－N－8－1 型。

D－2 型，9350 吨，（10500 吨），16 枚 SS－N－8－2 型。

D－3 型，8900 吨（10600 吨），16 枚 SS－N－18 型（有分导弹头）。

D－4 型，9210 吨（11740 吨），16 枚 SS－N－23 型。

第四代台风级，24500 吨（33800 吨），20 枚 SS－N－20 型，也是从水下发射的。

纵观俄罗斯弹道导弹潜艇的发展可以发现，艇的排水量呈增长的趋势，到了台风级达到最大值，主要是由所携带的导弹数量、尺寸和重量增长而引起的。

台风级只携带 20 枚 SS－N－20 型导弹,由于弹的尺寸、重量都比美国"三叉戟 II"型大,因此其排水量比携带 24 枚"三叉戟 II"型导弹的美俄亥俄级的18700 吨还要大,其水下排水量竟超过了 3 万多吨,创了一项世界纪录,这主要是因为台风级为双壳体,而俄亥俄级为单壳体。

就携弹量而言,4 艘俄亥俄级携弹 96 枚,而 5 艘台风级为 100 枚,只多 4枚,如果把弹的分弹头数和弹头的 TNT 当萤计弹在内,则 5 艘台风级的打击威力却抵不上 4 艘俄亥俄级。

不过,从这里也可以看出俄罗斯潜艇设计局的苦心,虽然导弹的尺寸和重量都降不下来,但为了满足海军的需求,还是设计出了 3 万吨级以上的核潜艇。在冷战的军备竞赛时期,海军为了提高潜艇的打仗威力也就认可了。

这 7 型弹道导弹核潜艇都装备有至少 4 具 533 毫米鱼雷发射管,另外装备2 具 400 毫米或 650 毫米的鱼雷发射器,可以发射各种不同型号的鱼雷,台风级还可发射 SS－N－15 型类似"沙布洛克"潜射火箭助飞鱼雷和 SS－N－16 型火箭鱼雷。

这 7 型弹道导弹核潜艇的水下最大航速在 24 节至 27 节之间,最小的为 D－4型,24 节,最大的台风级,27 节,全都是双轴双桨推进的。

目前,所有 7 型弹道导弹核潜艇,包括台风级在内,都已停止建造,而且早期的几型都已退役或改装作其他用途。

2. 横空出世——"北风之神"将取代"台风"帅印

和美国那些财大气粗的航母比起来,俄罗斯的台风级弹道导弹核潜艇的威力毫不逊色,它独领风骚、称霸一方的气概,就是今天让人看了,也会惊出一身冷汗。

虽然俄罗斯经济几度风雨、步履维艰,似乎韶华难留、风光不再,让人们不禁要对北国的衰落发出一阵阵的感叹。但中国有句古谚:瘦死的骆驼比马大!况且,对待像弹道导弹核潜艇这样国家核威慑力量的中坚,俄罗斯人的决策是去粗取精,君不见,又有一型最新的弹道导弹核潜艇"北风之神"即将取代"台风"!

这让人不禁联想起了多年前俄罗斯那部影片的名字——莫斯科不相信眼泪!

3. 战争神器——"北风之神"呼之欲出

俄罗斯并没有停止发展弹道导弹核潜艇的研制工作。

按照俄美签署的削减战略武器条约要求,1994年12月生效的俄美第一阶段战略武器条约,俄美每一方所拥有的陆基洲际弹道导弹、潜艇弹道导弹、重型轰炸机和尚未部署的机动弹道导弹所携带的弹头总数不能超过6000枚。俄罗斯已按此协议到1997年底销毁了2000枚、20艘核动力潜艇和50多架重型轰炸机;将于2007年生效的《第二阶段削减战略武器条约》则规定将各自的战略核武器减少到3500枚。

为了确保俄罗斯的核大国和弹道导弹潜艇大国的地位,哪怕经济再困难,俄罗斯还会挺住继续建造弹道导弹核潜艇的。不是为了增加这类核潜艇的总数,而是为了取代将逐步退出现役的老核潜艇。历史的经验已经表明,核潜艇的退役是个不易处理好的大难题,因此核潜艇并不是越多越好,但没有也不行,需要保持一定的数量。

1996年10月25日,俄罗斯《消息报》发表了一篇题为《21世纪的核动力潜艇》的文章,从而证实了西方对于俄罗斯正在研制下一代战略导弹核潜艇的报道。

这型核潜艇被命名为北风之神级,其首艇为"尤里·多尔戈鲁基"号。尤里·多尔戈鲁基(1090~1157)被视为莫斯科的奠基人,在莫斯科树有他的纪念雕像。

这是俄罗斯的最新一代弹道导弹核潜艇。其主要设计人是弗拉基米尔·兹多尔诺夫,曾参加所有6艘台风级核潜艇的制造和试验。

北风之神级的外形很像D级核潜艇。D级、台风级都是"红宝石"设计局设计的,其总设计师都是谢尔盖·科瓦廖夫院士。《消息报》也提到,"北风之神"计划是在他领导下进行的。

"尤里·多尔戈鲁基"号的水下排水量比D-4型的11740吨大,但比台风级的33800吨要小,有外刊报道为17000吨。1996年12月25日在北德文斯克的北方机械工业工厂开工,预计于2002~2003年投入使用。按使用年限,台风级的首艇于1981年12月开始服役,到2011年就服役满30年,应该退役了。

最后一艘,也就是第6艘是在1989年9月开始服役的。

对新艇的性能,俄罗斯并未作详细报道。西方曾报道说,该艇长170米,导弹发射管数量为台风级的80%(20个的80%,即16个),导弹总威力为台风级的90%,而俄罗斯的报道则只是说,该艇的一些至关重要的作战指标将超过以前的潜艇,如隐蔽性(水下噪声)、艇尾痕迹、热力指标、克服防潜阵地能力和对抗水面舰艇和潜艇的能力等。还将装备新一代弹道导弹和鱼雷。《消息报》还引用原俄海军总司令格罗莫夫海军大将的话说,"尤里·多尔戈鲁基"号的作战性能超过了同级别的所有全部潜艇乃至一些未来潜艇的一到两倍。据估计,新型弹道导弹的尺寸、重量都要比台风级携带的PCM-52型(西方称为SS-N-20)小,但核弹头的TNT当量大,只装16枚,这样才能把排水量减下去。

对新型艇装载的弹道导弹,西方报道可能是正在研制的SS-N-28型,同时还报道说,在1997年11月19日的试射失败。可见,俄罗斯正急于研制新一代的弹道导弹核潜艇,以确保其核大国的地位。潜艇导弹的隐蔽性和机动性都好。对新一代弹道导弹核潜艇的研制重点则放在了提高隐蔽性和作战威力方面,减少发射管数量,提高导弹和鱼雷的杀伤威力,而且排水量要降低,比台风级要小。

对于弹道导弹核潜艇的数量应该维持在什么水平较好,为此,可以介绍一位俄国海军专家的看法。笔者不认识这位专家,但他和笔者是同一个海军工程学院毕业的,在俄罗斯国防部第一研究院工作,是专门研究潜艇设计的,按照他的说法,对美俄亥俄级潜艇作了一个计算。取弹头总数 M=Nnm,其中 N 为潜艇数,n 为每艘潜艇上携带的导弹数,m 为每枚导弹上的弹头数,取分配给核潜艇携带的弹头数为1000~2000,即 M=1000~2000。

在计算中假定每艘潜艇各自独立(互不相关)地发射出全部导弹的概率为p,潜艇的作战使用系数为K,取定 p 和 K 后,得出 N=20。计算结果显示,再增大 N,并不能显著地增大在非核战争条件下潜艇编队的生存能力。

再经过计算,取核弹头的TNT当量 q=60 万吨为最合理,结果如下:

N=20

M	1000	1200	1400	1600	1800	2000
n	10	12	14	16	18	20

m 均取 5 个弹头,q=60 万吨

依据有关资料,美国海军将来将有18艘俄亥俄级核潜艇。这和上述计算结果基本相符,现在的俄亥俄级核潜艇,每艘有24枚"三叉戟"导弹,不过弹头的TNT当量比上述计算中的小。

这位俄罗斯海军专家的意见想必也认为俄罗斯有20艘弹道导弹核潜艇也

就够了。现在俄罗斯的台风级和 D 级共 49 艘,看来就得从 D－1 型(首艇 1972 年服役)开始退役了。

这就是说,俄罗斯将来采取逐步退役、逐步更新的办法,达到保持 20 艘左右比台风级排水量小的弹道导弹核潜艇,减少艇上发射管的数目,加大弹头的 TNT 当量。看来这个任务就落在北风之神级上了。

但是,台风级潜艇是一型很有特色的弹道导弹核潜艇。比如说其耐压体结构是"品"字形的,虽不新颖,但很特别,导弹舱不在指挥台围壳后,而是反其道而行之,放在指挥台围壳前。

台风级的排水量大概已到了潜艇排水量的上限了,再增大下去,会带来很多问题,造价也昂贵。台风级长 175 米,不便于在浅海区航行,下潜时如果纵倾 5 度,首尾就相差 15 米多的深度。

纵倾 30 度时,就要相差 87.5 米。请注意,就是台风级上装了 8 座"针－1"型对空自卫导弹。很多潜艇作战使用方面的专家是反对给潜艇装备对空自卫武器的。这或许是考虑到在浅海区一旦被敌机发现,而下潜已无济于事时,就只好潜艇打飞机,进行"生"、"死"决斗了。

停靠在摩尔曼斯克海军基地的台风级潜艇台风级的指挥台围壳前部设有 20 个 SS－N－20"鲟鱼"弹道导弹发射管。有 4 个已打开。在海上航行的俄罗斯海军台风级弹道导弹核潜艇,它是世界上最大的潜艇。

4. 风光不再——"奥斯卡"O 级——一个大大的句号

在二战后的美苏冷战中,美国人打航母牌,苏联人打潜艇牌。虽然"杀"得天昏地暗,不分伯仲,但苏联人在这个方面似乎还是占了上风,硬是比美国人多了一类飞航式导弹潜艇,这在当时的世界上也是独得一份。非常耐人寻味的是,当年曾遨游大洋风光无限的 O 级飞航导弹核潜艇,竟然为俄罗斯飞航导弹潜艇时代画上了一个大大的句号!

在美国海军舰艇的分类里只有核动力攻击型潜艇(SSN)、核动力弹道导弹潜艇(SN)、常规动力导弹潜艇(SSG)和常规动力攻击型潜艇(SS),没有核动力飞航导弹潜艇,如有,应该是(SSGN)这一类。美国将核潜艇携带飞航导弹也归入 SSN 这一类,比如洛杉矶级,它所携带的"战斧"巡航导弹就是飞航式导弹。

苏联的 SS－N－1 型导弹据说就是在德国的 V－1 基础上研制成功的飞航导弹。苏联早期也在潜艇上进行过改装试验,并且一直坚持发展飞航式导弹潜艇。先从水面发射开始,建造了 J 型常规动力飞航式导弹水面发射的潜艇,以后才发展到研制从水上和水下发射的飞航式武器,包括飞航式导弹和各种型号的鱼雷、火箭助飞鱼雷、反潜鱼雷,只是不能发射弹道导弹,研究人员将其称为飞航式导弹核潜艇。所以飞航式导弹核潜艇是俄罗斯的"特产"。

美国人也研究过在潜艇上装飞航导弹的问题,并且对潜艇进行过改装试验,但没有付诸实施,只是到了 20 世纪 80 年代才把飞航导弹潜艇的思想和攻击型核潜艇的思想逐步合而为一。

苏联一共建造了 4 级核动力飞航式导弹潜艇,其中 P 级(PAPA)为试验型,只建造了一艘。第一代 E 级(ECHO),共有 2 型,即 E−1 型和 E−2 型。E−1型只能在水面发射飞航导弹 SS−N−3C 型,共 6 枚,用于攻击陆上目标。E−2型发射 SS−N−3A 型导弹,也是水面发射,共 8 枚,攻击水面舰船。SS−N−3A型导弹曾在 W 级基础上设计的 665 型常规潜艇上装备过。E−1 型共建 5 艘,E−2型共建 29 艘。

第二代 C 级(CRLIE),也有 2 型。从 C−1 型开始就装备能从水下发射的"紫晶石"导弹,共 8 枚,西方称之为 SS−N−7。有资料介绍,C−2 型装备的"孔雀石"型导弹是 SS−N−7 的换代产品称之为 SS−N−9,共 8 枚。据俄国资料介绍,以后又将"孔雀石"换成"火山"型。不过对这型导弹尚知之甚少。

C−1 型共建 11 艘,C−2 型共建 6 艘。其中一艘 C—1 型曾租借给印度 3 年。第三代就是著名的 O 级——奥斯卡级,也有 2 型:O−1 型和 O—2 型。O−1 型和O−2 型在长度和排水量上稍有差别。

O−1 型水下航速为 30 节,O−2 型为 28 节,所携带的都是"花岗岩"导弹24 枚,西方称之为 SS−N−19 型,是水下发射的反舰导弹。

O−1 型的排水量为水上 13400 吨,水下 18000 吨,是最大的飞航式导弹核潜艇。24 座发射管段于耐压体外的两舷。O−1 型共建 2 艘,O−2 型共建 10艘。第 10 艘在 1995 年才服役,所以 O 级是俄罗斯最新型的飞航式导弹核潜艇。

试验型的 P 级,只建了一艘,但它是在 1963 年底开工的,比 C 级和 O 级都早。P 级的水上排水量为 5197 吨,水下 7000 吨,装备的是 SS−N−7 型飞航弹,共 10 枚。

在 P 级研制成功后,从 C−1 型起才开始装备 SS−N−7 型飞航弹。

在这四级飞航式导弹核潜艇中,只有 C 级单轴单桨。其他三级,E 级、P 级、O 级都是双轴双桨推进的。因此,C 级是俄罗斯核潜艇中少数几型采用单轴单桨推进的最早一型。采用单轴单桨推进比攻击型 V－1 型还早。这几级飞航式导弹核潜艇的水下最大航速在 23～44.7 节之间,最小的是 E－2 型,23 节;最大的是 P 级,44.7 节。O－1 型是 30 节,O－2 型是 28 节。

有意思的是,俄罗斯所有的弹道导弹核潜艇都是双轴双桨推进的。飞航式导弹核潜艇中只有 C 级是单轴单桨推进,其余全为双轴双桨推进。而攻击型核潜艇只有一型,也就是俄罗斯的第一型核动力潜艇 N 级是双轴双桨推进的,而其余的 V 级、S 级、阿库拉级、A(阿尔发)级和 M 级全是单轴单桨推进的。

所有上述的俄罗斯核动力潜艇都是双壳体的,储备浮力都很大。读者可以用它的水上排水量和水下排水量看出储备浮力来。

飞航式导弹最初是作为战术武器出现的。飞航式导弹由于其飞行末阶段为自导段,容易被拦截。而拦截弹道导弹则是比较困难的,因此美国人未重视飞航式导弹的研制,直到 1967 年 10 月埃及的“冥河”导弹击沉以色列“埃拉特”号驱逐舰后,才引起美国的重视,但是仍旧没有研制像俄罗斯那样的飞航式导弹核潜艇。俄罗斯的飞航式导弹核潜艇不发射弹道导弹,除可以发射飞航式导弹外,还能发射鱼雷、火箭助飞鱼雷和反潜导弹。例如,O 级飞航式导弹核潜艇可以发射 24 枚 SS－N—19 型飞航式导弹,还能从 533 毫米的鱼雷发射管发射鱼雷和 SS－N－15 型火箭助飞鱼雷(类似美国的“沙布克”),还可以从其 650 毫米的发射管发射 SS－N－16 型反潜导弹。

P 级飞航式导弹核潜艇有一些值得注意的特点。它的首部是水滴型的,尾部却不是尖尾,而是布置了两个螺旋桨,形状很特别。1970 年 1 月该型艇在试验时创造了当时的一项世界纪录,水下航速达到 44.7 节,这比我国的火车提速度前的速度还要快。作为潜艇的水下航速,这个记录可能保持 10～15 年,当然不包括专门研究提高水下航速的试验艇在内。P 级还有一个特点,就是用钛合金制造艇体。P 级核潜艇是“孔雀石”设计局设计的。上述的几型飞航式导弹核潜艇都已停止建造。俄罗斯将不会再发展类似 O 级这样的飞航式导弹核潜艇。J 级携带的 SS－N－19 型导弹的尺寸和重量都太大,长度超过 10 米,重量每枚超过 6 吨。

俄罗斯的飞航式导弹核潜艇的发展非常能体现冷战思维的特点。面对世界新格局和本国海防战略,俄罗斯人可能要进行一次重新的调整,这意味着更痛苦的反省和挣扎。俄罗斯将来可能也要适应现代潮流,发展一种多用途型核潜艇,实际上就是将飞航式导弹核潜艇和攻击型核潜艇合而为一的道路。这种多用途型核潜艇能够携带各种武器,比如能从水下发射飞航式导弹,能发射各种鱼雷,既能反潜,也能攻击水面舰艇,又能进行布雷。发射管有 533 毫米的,也有 650 毫米的。到作战使用时,可以根据需要,携带执行不同任务时使用的各种武器,只是不能发射弹道导弹。

5."八大金刚"——俄罗斯攻击核潜艇

俄罗斯的攻击型核潜艇共有 6 级 8 型。以下是其排水量(括号中为水下排水量)、水下最大航速和建造数量。

1. N 级 3100 吨(4069 吨),28 节,共建 13 艘。

2. V－1 型 3500 吨(4750 吨),31 节,共建 15 艘。

3. V－2 型 4245 吨(4750 吨),30 节,共建 7 艘。

4. V－3 型 4950 吨(6990 吨),30 节,共建 26 艘。

5. S 级 5200 吨(6800 吨),35 节,共建 6 艘。

6. 阿库拉级 5700 吨(7900 吨),35 节,共建 16 艘。

7. A 级(阿尔发级)2310 吨(3120 吨),41 节,共建 7 艘。

8. M 级 5880 吨(8500 吨),30.6 节,仅建 1 艘。

俄罗斯的攻击型核潜艇虽然有以上 8 种型号,但现在都已停止建造,其中最新型的是 S 级(SIERRA,塞拉级)和阿库拉级(AKULA,鲨鱼级)。S 级的最后一艘于 1993 年建成服役,而阿库拉级的最后一艘于 1992 年开工,尚未见到这最后一艘何时开始服役的报道。

上述 8 个型号的攻击型核潜艇,有 6 型既不能发射弹道导弹,也不能发射飞航导弹,只能从 533 毫米鱼雷发射管发射各种型号的鱼雷,如 SS－N－15 型火箭助飞鱼雷,或从 650 毫米发射管发射 SS－N－16 型反潜导弹。只有 S 级和阿库拉级还可以发射类似于美国"战斧"的 SS－N－21 型导弹。因此,攻击型核潜艇所谓"代"之间的差异不像弹道导弹核潜艇和飞航式导弹核潜艇那样明显。

实际上,在潜艇的发展进程中,一代弹道导弹配一代核潜艇,要想把台风级携带的 SS－N－20 型导弹装备到其他各型弹道导弹核潜艇上是不可行的。同样,把奥斯卡级携带的 SS－N－19 型导弹装备到其他各型飞航式导弹核潜艇上也是不可行的。因为 SS－N－20、SS－N－19 都比它们前几代的导弹尺寸和重量大,和前几代核潜艇上尺寸小的发射筒是不匹配的。

那么尺寸和重量都比较小的前几代导弹能不能配上后几代的核潜艇呢?这也是不可行的。一是这样做是走回头路,会降低核潜艇的打击威力。二是因为对于潜艇来讲这样做有个改装设计的问题,改装工作的面涉及艇体、作战系统和发射装置等。这是得不偿失的事。

在舰艇现代化改装中,需要解决很多由于新、旧武器系统不同而带来的问题。例如,由于新旧武器系统的尺寸、体积不同,会影响到设备的安装、操作使用和维修所需的空间;重量的差别会影响到舰艇的排水量的大小和重心的高度,也就是稳定性会改变。新旧武器系统对能源(电源、液压源、高压空气源等)的要求,直接关系到改装能否成功。否则,进行改装的舰艇就会"排斥"新一代的武器系统,产生所谓的"异体排斥现象"。这很像在器官移植手术中,移植的体外器官不能成活,由于不被母体接纳而死去。

正是由于这种"异体排斥现象",产生了前面所说的潜艇家族中的"代沟"现象。为了解决"代沟"问题,就必须搞好武器的标准化、通用化,提高互换性,同时不断提高新武器的打击威力。另一种消除"代沟"的途径就是进行潜艇的模块化设计,可以用一种新的武器系统模块去更换旧的模块。但这都是些难度很大的舰艇科技和工程研究课题,目前只在水面舰艇设计上取得了一些成果。例如美国巡洋舰、驱逐舰上的垂直发射装置就可以发射多种型号的导弹。这并不是说俄罗斯的各型攻击型核潜艇除武器系统通用性较好外,没有什么特色。俄罗斯的 8 型攻击型核潜艇中有 6 型都是"孔雀石"设计局设计的,只有 M 级是"红宝石"设计局、S 级是"蓝宝石"(亦有译为"天青石")设计局设计的。

"孔雀石"设计局很有创新精神。例如苏联的第一艘核潜艇 N 级,第一艘采用水滴型单桨推进的 V-1 型,水下航速最高的 P 级,自动化水平最高的 A 级(阿尔发),都是该设计局设计的。西方甚至猜测,在其设计的 V-3 型就试装有这种导弹。"孔雀石"设计局还设计了一型白鲸级常规潜艇,是一型试验艇。

该艇应用了一种边界层控制技术,可将艇的摩擦阻力降低30%。对攻击型核潜艇可以举出以下特点。除了 N 级外,所有的攻击型核潜艇水下航速都很高。水下最大航速都在 30 节以上。

S 级、A 级和 M 级是钦合金艇体,下潜深度都较大。S 级的极限下潜深度是800 米(工作深度是 700 米),A 级为 750 米(700 米),M 级为 1250 米(1000 米)。其中 M 级的下潜深度创世界纪录。

S 级和阿库拉级装备有 SS-N-21 型潜射导弹,大大增加了打击威力。射程超过 SS-N—19 型的 500 千米,达到 3000 千米。M 级和阿库拉级都装备有集体逃生装置。在潜艇失事后,艇员进入这种装置,然后将装置从潜艇上放出,浮至水面。这就是弃艇逃生了。不管用不用得上,这种装置总得随艇携带着。

为少占有限的空间,装篮做得很紧凑,艇员在逃生时是"排排坐"挤在里面的。俄国同行告诉我,M级的集体逃生装置是装在指挥台围壳里的。阿库拉级的噪声可能也是所有核潜艇中最低的,但是由于保密原因,俄罗斯并没有公布有关数据。

A级潜艇的综合自动化程度高,艇员也减少了几十人。在中央指挥部就可以控制各舱室的门。这型艇的排水量不大,只有水上2310吨,水下3120吨。采用一种液态金属铅铋合金的中速中子堆,钛合金艇体。该艇仍带有试验性质,是试验自动化技术的。武器只有6个533毫米的鱼雷发射管,建造的7艘,现都已退役。这型艇在自动化研究方面取得的成果是很有意义的。

6.浮出水面——俄罗斯"北德文斯克"多用途核潜艇

俄罗斯将要发展的是多用途型核潜艇。现在有一型广为报道的北德文斯克级,也有将其直译为塞沃罗德维尼斯基级的。不过,关于北德文斯克级的报道,俄罗斯和西方有不一致的地方,我们不妨将其录此备查。

俄罗斯报道称,北德文斯克级是1993年底开工的,原计划1995年下水,水上排水量5800吨,水下排水量8200吨。而西方报道的其开工日期相同,但水上排水量为9500吨,水下排水量为11800吨。两者数据相差很大。

俄罗斯报道,水下最大航速为31节,而西方报道为28节,但所报道的功率相同,都是4300马力。经计算,按排水量、功率用海军部系数来估,所报道的航速都是符合规律的。西方报道,所携带的武器是8座垂直发射的、类似美国水下发射的"捕鲸叉"型SS-Nx-26型导弹(导弹型号中的x是表示"试验型")和从533毫米鱼雷发射管发射的SS-N-15型火箭助飞鱼雷,还有从650毫米发射管发射的SS-N-16型反潜导弹。

533毫米的鱼雷发射管有2座,650毫米的发射管有4座。俄罗斯的报道没有这么详细,只说有2座650毫米的发射装片用于发射"缟玛辐"(OHHXC)型导弹。据分析,北德文斯克级的设计工作在苏联解体前已经开始,所以不是俄罗斯的最新产品,也没有关于北德文斯克级首艇完工交付使用的报导(西方估计在1999年服役)。

北德文斯克级和阿库拉级有很多相近的地方,如排水量相近(5800吨和5700吨),功率相同(均为43000马力),只是北德文斯克级的水下排水量大些,所以水下最大航速比阿库拉级的低,因此有理由说,北德文斯克级就是能发射飞航式导弹 SS－N－26 型的阿库拉级改进型,是一种多用途型核潜艇。西方也是这样看的,他们认为北德文斯克级是 SSN/SSGN 级。

从目前的形式看,日益衰落、还不见起色的俄罗斯已经不太有能力发展更新一代的多用途核潜艇。如果首艇完工后而不再建造下去,北德文斯克级也很可能像 P 级核潜艇一样,是一型试验艇。因为到现在还没有关于开工第二艘的报道。多用途型核潜艇不像弹道导弹核潜艇能从各大洋用弹道导弹攻击美国,也就起不到核威慑作用。因此,保有一定数量就够了。何况不算 16 艘 V－3 型,新型的 S 级和阿库拉级就已经建造了 22 艘,从现在起,10 年后再更换一代新型多用途型核潜艇也不算晚。

7.“里海怪物”——地效翼艇

上世纪 80 年代,美国间谍卫星在对苏联里海军事基地的一次照相侦察中,发现他们正在秘密试航一种既像飞机又像船的怪东西,与水上飞机不同的是它几乎贴着水面高速航行。西方给它起了个名字——“里海怪物”。

冷战结束后大批资料解密,事情真相大白。原来苏联这种秘密研制的“里海怪物”是一种地效翼艇。所谓“地效”是地面效应的简称,指飞行器在低高度飞行以及在起飞和着陆过程中地面产生出一种使机翼诱导阻力减少、升阻比增加,飞机升力显著提高的效应。大量风洞试验证明,当机翼距地面高度为机翼长的 15% 时,地面效应最明显,机翼的升阻比可提高 30% 以上,这一区域被称为地效区。在地效区飞行的飞行器就像被一股神秘的力量柔和地托起,所以有人戏称“地面效应”为“上帝之手”。

研制成功世界上第一种小型地效翼艇的是德国人,而苏联在上世纪 50 年代起开始研究地效飞行器。70 年代随着动力增升技术的开发利用和航空发动机技术(特别是大功率、低油耗、高寿命的涡轮风扇发动机技术)的成熟,使地效翼艇研究有了突破性的进展。

动力增升技术就是在地效翼艇机翼前上方安装喷气推进系统(航空涡喷/涡扇发动机),利用发动机产生的强大气流在机翼下形成一个动力气垫,以增强地面效应,托起飞行器。

目前,世界各大国都非常重视地效翼艇的研制和开发。俄罗斯在这一领域走在世界前列,拥有 10 余艘各型地效翼艇,其中包括 1972 年建造的“幼鹰”级小型地效翼艇、1982 年建成的“里海怪物”、1987 年建成的“鹞”级导弹地效翼艇。虽然俄罗斯经济困难,但对地效飞行器的研究工作却一直未停止。美国自从发现"里海怪物"后奋起直追,凭借其强大的经济、科技实力已成功研制出"美洲航线"等一批地效翼艇,大有后来居上之势。日本也在上世纪80年代末研制出了"天空-1"号地效翼艇。我国于90年代研制成功"信天翁1"号小型客运地效翼艇,《新闻联播》也对此进行过报道。

地效翼艇作为一种新出现的两栖运载工具,集飞机和船舶的许多优点于一身,在军事上有着广阔的应用前景。具体应用大致有以下几类:

地效导弹快艇由于地效翼艇飞行速度快(甚至接近飞机的飞行速度),通常在离水面10米以内作超低空飞行,正好处于雷达的搜索盲区内,并且飞行时不会在水面留下航迹,敌方声呐无法探测,所以具有极好的隐蔽性和快速突击性,在战术使用上可作为导弹快艇。

苏联1986年研制成功的"鹞"级地效反舰导弹艇,它机背上装有6个斜置的SS-N-22反舰导弹发射筒,垂直尾翼上装有大型雷达天线罩,不仅可以攻击航母等大型水面舰艇,还可直接打击敌方岸基重要目标。据专家推测,21世纪地效导弹艇将全面替代现有的常规导弹快艇和水翼导弹快艇,采用"狼群"战术猎杀敌方舰队。

地效登陆艇现役最快的登陆艇是气垫登陆船,由于运动稳定性等诸多原因,其最高航速无法突破100节,而地效翼艇完全脱离水面在地效区飞行,其速度可高达300节。加之地效翼艇具有船舶的装载能力,比同吨位的飞机大得多,所以运输效率非常高。

它可实现水上登陆和由岸上下水,动力气垫还大大减少了它航行中受到波浪的影响,具有良好的耐波性,并且可轻松地越过抗登陆一方布设的滩头障碍。地效翼艇不仅可在水面航行,也可以在沙滩、沼泽、冰上、雪地等多种地形上航行,两栖性强。在战役中能快速有效地完成兵员装备的运送和抢滩登陆任务。因此可作为未来的登陆载具。苏联在1982年建成的2艘"里海怪物"就可专用于两栖登陆,其航速300节,可运800名全副武装的士兵。

美军对地效翼艇的快速运载能力大为欣赏,认为如美国早在海湾战争中就采用地效翼艇船队进行快速部署和物资运输,那么战争前军队集结、后勤准备的时间就可大大缩短,迅速地构成"沙漠盾牌"。

地效多用途舰地效翼艇有水面、地效区、高空多种航行方式选择,使用灵活,速度快,续航时间长。所以适合反潜、防空、扫雷、布雷等多种用途。在担负舰队防空任务时,可迅速升空,用雷达搜索跟踪敌方来袭机群,发射超视距空空导弹歼敌。

据称,美国海军未来的大型地效翼艇还可装备"三叉戟"洲际导弹,执行战略核打击任务。

除此之外,地效翼艇还具有良好的操作性,它的方向控制性和运动稳定性比飞机好,驾驶员也无需特殊培训。维修保养也比飞机简单方便。特别是由于地效翼艇在地效区飞行时升阻比高,在同样的载重量和飞行速度时,耗油量比普通飞机要低30%以上,经济性好,航程远。

未来的地效翼艇将向大型、高速、隐身等方面发展,成为活跃在21世纪战争中的两栖明星。

第二节 "魔鬼之舟"——美国特种部队飞机

美国特种部队装备的飞机主要是各种直升机和运输机。近几年来,他们凭借这些"魔鬼之舟"屡屡出击并取得战绩。目前,美国特种部队共有各种作战飞机、直升机200余架,其中陆军特种部队拥有直升机50余架。空军特种部队装备的各种特种作战飞机和直升机近150架,与同类飞机相比,特种部队所装备的飞机具有一些独特的性能。这些飞机附属设备先进,作战功能齐全,一般都有雷达规避、通信和压制敌方兵器的能力。海湾战争的实践证明,这些特种作战飞机生存能力强,利用率高,在作战中可用于执行各种任务。

1. "空中炮舰"——A-130H

1989年12月20日,美军特种部队在入侵巴拿马的行动中充当急先锋。在攻击发起时,AC-130E奉命执行压制机场中的巴拿马国防军的任务。起初,巴拿马国防军的官兵们看见飞来的只是一架运输机,毫不在意,胡乱地向空中开枪。哪知,AC-130E上的机关炮和机枪却突然开火,巴拿马的部队没有想到美军运输机会有这样强的火力,一时间,他们被打懵了。守卫机场的高炮部队连忙向AC-130E开火,可由于飞机的高度太低,无法命中目标。相反,AC-130E却抓住时机向阵地投掷了激光制导炸弹,给巴军高炮阵地以沉重打击。在这次行动后,AC-130E又经过改进,编号为AC-130H,它与AC-130E基本相同。

AC-130H是美国空军的攻击运输机,绰号"空中炮舰",也叫"幽灵",还有人把它称作"武器飞船"。主要用于执行特种作战任务和空中支援作战任务。AC－130H在入侵格林纳达的战斗中获得了很大成功,1991年又参加了海湾战争行动。

AC－130H的武器很强,就像是一个武器发射平台。它有两门20毫米"火神"6管炮(每门炮备弹3000发,正常射速2500发/分,最大射速6000发/分);1门40毫米火炮,备弹256发;1门105毫米人工装填榴弹炮,备弹100发。AC－130H上还安装了两挺7.62毫米机枪和激光制导炸弹。

AC5－130H的电子设备也很先进,机上有完善的导航、驾驶和瞄准设备,这些设备能够保证AC－130H以超低空的高度进入预定地域。为了更好地观察地面,机上还配有探照灯。

AC－130H的自身防护系统也很出色,装有自动报警装置、电子干扰设备、红外诱饵吊舱和无线电电子对抗设备。它的机身下部还加装了防护装甲,一般的轻武器很难击穿它。

AC－130H机组乘员通常为14人,但参战时往往增至18~20人,以便飞行期间能轮换休息。参加入侵格林纳达的AC－130H型机,隶属美国空军第1特种作战联队第16特种作战中队。入侵的头一天,首批3架H型机从美国赫尔伯特机场起飞,直接飞到格林纳达上空执行作战任务,飞行时间达15小时,其中在目标上空参加战斗约8个半小时,随后经过空中加油,又投入支援地面部队作战达5个小时之久。由于它可以进行空中加油,机组成员又能轮换休息,所以其续航时间几乎可以无限制地延长下去。

2."战斗之爪"——MC－130E

MC－130E"战斗之爪"飞机也是在C－130运输机的基础上研制的。其主要用途是隐蔽护送、机降(伞降)侦察、破坏人员并保障其供应和后撤。此外,这种飞机还能用于空降地域的侦察以及为MH－53H等直升机进行空中加油。

从外观上看,MC－130E与原型机的区别是加大了下垂的机头整流罩,在整流罩上部有"触须",即专用起重臂,用于在飞机不降落的情况下抓住人员和物资回收系统绳索。飞机的尾部(包括货桥和货舱门)都经过加固。货舱门有两种既定的开启位置。这就有可能使用伞投系统实施空降。这种伞投系统可以使飞机在75米的低空以400多千米时速飞行时进行空投,而通常从C－130型飞机上进行空投要求的最低高度为250米,速度不应超过220~240千米/小时。

飞机不降落时从地面回收人员和物资的回收系统是由带悬吊装置的专用飞行服、小型系留气球、尼龙绳、压缩氢气瓶等组成。所有这些都装在带有降落伞的一个口袋中。在回收区域,机组人员把这个口袋扔下去,回收人员找到口袋后,穿上有悬吊装置的服装,用氢气给气球充气,并使气球上升到150米高度。然后背风坐在地上。飞机从下风方向进入,时速280千米,高度120米,抓住绳索,割去气球并爬高脱离,同时用绞车把人吊起。在飞机抓住绳索时人被用力往上一拉,大约可升高到100米,以避开周围的障碍物。

机组人员9~11人(依执行任务的性质而定),其中有飞行员2人、领航员2人、随机工程师1人、无线电报员1人、电子对抗设备操作员1人、前视红外系统操作员1人,其余是空投和起吊人员或物资的专业人员。

3."铺路先锋"——MH-53J

MH-53J是目前美军中体积最大、速度最快、设备最先进的直升机,它是在双发重型运输直升机CH-53的基础上改装而成的。1990年,美军成立特种作战司令部时,就把MH-53J选为空军特种作战部队使用的直升机。MH-53J的绰号叫"低空铺路"。这个绰号倒也名副其实,MH-53J的主要机动范围是在低空,它的任务就是为特种部队"铺路"。

一般直升机的起落架都是固定不动的,而"低空铺路"直升机的起落架却像战斗机那样可以收放,它安装了3台发动机,成为西方军队中发动机功率最大的直升机。MH-53J有3名空勤人员,机舱可以容纳37名全副武装的士兵,或者安放24副担架和若干医务人员。

在海湾战争中,MH-53J配合武装直升机,摧毁了伊拉克边境的雷达阵地。同时,MH-53J还发射红外诱饵导弹,引开了不少伊军地面部队的肩射地对空导弹,使武装直升机安全返航。在战争中,一架F-14"雄猫"战斗机被击落,飞行员跳伞后被伊军的两辆卡车发现,卡车朝飞行员逃跑的方向追去。

就在这时,美军的MH-53J特种作战直升机赶到了,先是发射了两枚导弹击毁了伊军的卡车,然后救走了战斗机飞行员。此外,MH-53J在战争中还担任搜寻"飞毛腿"导弹的任务。

4."飞行车厢"——CH－47

美国陆军特种部队在选用直升机时,看上了波音公司生产的CH－47直升机。这是一种独具特色的直升机,它不像我们常见的那种单旋翼直升机,它有两副旋翼,分别安装在机头上方和机尾上方,所以这种直升机又叫"纵列式双旋翼直升机"。它的机身就像一节火车的车厢,这也是它得名"飞行车厢"的缘由。

在CH－47的基础上,波音直升机公司又动了一些"内脏手术",改进后(编号MH－47E)的直升机电子系统有了很大提高,最主要的特点是,在驾驶舱中增设了一个由4部多功能显示器组成的任务管理系统和一个任务辅助系统。

MH－47E可以利用副油箱和空中加油设备进行远距离飞行或快速越海飞行。改进后的MH－47E除装有两挺12.7毫米机枪外,还可以携挂空对空导弹。它的旋翼可以折叠,并安装有旋翼刹车装置。机舱外安装了悬吊回收装置。它的最大载重为6512千克,最大平飞速度297千米/小时,实用升限2900米。目前,美国陆军特种部队已装备了50架MH－47E。

5.长"脑袋"的直升机——OH－58D

在众多的直升机中,OH－58D可以说是长相最特别:一个"小脑袋",两只圆圆的"眼睛"。你可别小看这个"小脑袋",它可是OH－58D的旋翼瞄准具,虽然它体积不大,但里面的设备却十分先进,有可以放大12倍的电视摄像机,有自动聚焦的热成像传感器,还有激光测距仪。这个"小脑袋"具有主动跟踪目标和自动校靶功能。由于它"高高在上",从而保证了OH－58D直升机能躲在小山丘和树丛的后面对目标进行观测和瞄准,减少了直升机暴露在敌方火力之下的机会。

OH－58D是美国陆军特种部队采用的战场武装侦察直升机,是一种用高技术装备起来的直升机。它的主要作用是捕获目标、指示目标,它可以与其他武装直升机密切协同,共同完成作战任务,配合MH－53J直升机,执行特种任务。

别看OH－58D的身材小,它的武器系统却不弱,机身两侧有多用途轻型导弹悬挂架,可以挂4枚"毒刺"空对空导弹,或者挂"海尔法"空对地导弹,这使它具有一定的对地攻击能力。它可以在海拔1200米的高原地区飞行,也可以在高气温条件下使用。此外,它还有贴地飞行能力和全天候空中侦察能力。

海湾战争后,美军又对 OH－58D 进行了改进,改进后的直升机称为"隐身基奥瓦勇士",它的机身大量采用吸收雷达波的材料,机头也改变了形状,并编号为 OH－58X。

OH－58X 直升机的机身长 10.31 米,机高 2.59 米,机宽 1.97 米,空重 1281 千克。最大平飞速度 234 千米/小时,实用升限 3660 米,航程 556 千米,续航时间 2.5 小时。

6."空中杀手"——AH－64

AH－64"阿帕奇"直升机是美国最先进的具有全天候、昼夜作战能力的武装直升机。海湾战争中,在美军对伊拉克实施大规模空袭前 22 分钟,8 架"阿帕奇"攻击直升机从 750 千米外的基地起飞,发射了 3 枚"海尔法"导弹,导弹沿着波束飞向伊拉克西部两个地面雷达站,不到 2 分钟,就彻底摧毁了它,从而为空袭部队提供了安全走廊,保证了空袭成功。

其后,又以一架 AH－64A"阿帕奇"攻击直升机摧毁 23 辆坦克的纪录载入史册。

与其他直升机相比,"阿帕奇"的突出特点是:(1)火力强,它以反坦克导弹为主要武器,另外还有机炮和火箭等;(2)装甲防护和弹伤容限及适坠性能好;(3)飞行速度快;(4)作战半径大,可达 200 千米左右;(5)机载电子及火控设备齐全,具有较高的全天候作战能力和较完善的火控、通信、导航及夜视系统;(6)具有"一机多用"能力。

第三节 独具魅力
——跨世纪航母法国的"夏尔·戴高乐"号

上世纪 80 年代初,法国海军的 2 艘"克莱蒙梭"级常规动力航母的舰龄已超过 20 年,舰体老化与装备陈旧的问题日益突出;加之法国航母及舰载机的作战能力在北约各国中仅次于美国,一旦"克莱蒙梭"级退役,若没有新的较高性能的航母接替,将难以适应法国海军执行未来海战任务的需要。

1983 年,法国海军在多方论证之后,终于决定建造一种能搭载高性能战斗机和固定翼预警机的中型核动力航母。1986 年 2 月,命名为"夏尔·戴高乐"

级的核动力航母的首制舰"夏尔·戴高乐"号的建造合同正式签订,其总建造费约 29 亿美元(包括研制费等);1989 年 4 月 14 日,该航母由法国舰船制造局下属的布雷斯特造船厂开始动工兴建。经过 5 年多的建造,于 1994 年 5 月下水。该舰已于 1997 年 2 月 1 日移交给法国海军进行海试,并定于 1998 年正式服役。"夏尔·戴高乐"号入役后,将替代部署在以土伦为母港的地中海舰队中的"克莱蒙梭"号航母。必要时它可到红海、波斯湾、印度洋和南太平洋等海域作战。该级第 2 艘航母"里舍利厄"号原定最晚不迟于 1998 年开工建造,预计 2004 年该舰就可替换那时已服役 42 年的"福煦"号航母。"里舍利厄"号的建造费预计仅需 17.4 亿美元。

一贯崇尚标新立异、独立自主的法国,在建造"夏尔·戴高乐"号航母的过程中,既充分吸取了"克莱蒙梭"级和国外其他级航母的成功经验,又注重改正和克服它们的缺陷,使"夏尔·戴高乐"号航母成为独具魅力的跨世纪航母。

1. 结构紧凑——核反应堆

"夏尔·戴高乐"号是法国第一级核动力水面战舰,同时也是世界上唯一一级采用核动力的中型航空母舰。舰上的动力装置采用了 2 座在法海军"胜利"级弹道导弹核潜艇上安装的 K-15 一体化自然循环压水堆,双堆热功率 300 兆瓦,总功率 8.3 万马力,可为航母提供 27 节航速。K-15 反应堆结构紧凑,装在密闭坚固的钢质结构内,且舷侧部分有特殊结构保护,可有效地防止核事故的发生。2 座核反应堆分别布置在前后机舱内。

2. 性能优良——蒸汽弹射器

该舰轴向甲板和斜角甲板上各装一部美国研制的改进型 C-13 蒸汽弹射器。每部弹射器每隔 20 秒就可弹射 1 架飞机。它的最大加速度为 5g,最大弹射距离达 99 米,可使舰上搭载的最重的飞机以 360 千米/小时的速度弹射出去。相比之下,"克莱蒙梭"号上的 C-11 蒸汽弹射器的最大弹射距离仅为 56 米,最重飞机弹射离舰后的速度只有 240 千米/小时。

3.技术先进——战术数据系统和数据链

"夏尔·戴高乐"号上首次安装了"塞尼特"战术数据系统和16号数据链。由于未来法国海军的主要战舰、"狂风"战斗机和预警机,以及法国陆、空军和北约其他各国军队都将配备能与16号数据链对接的多功能情报分布系统终端,所以"夏尔·戴高乐"号舰上设置的自动化指挥中心通过使用"塞尼特"数据系统和16号(及14号和11号)数据链,不仅能够随时接收和处理本舰所有探测设备发来的信息,而且能够实时获得和迅速处理来自外部其他设备的信息;并最终达到对整个战区的战术态势作出全面准确的判断,及时指挥编队内各作战单位,对不同威胁目标作出快速反应。

4.焕然一新——"狂风"舰载战斗机

"夏尔·戴高乐"号将搭载较高性能的战斗机。法国"克莱蒙梭"号和"福煦"号航母迄今仍搭载大批美制战斗机——"十字军战士",以及70年代后期装备的法制"超军旗"攻击机。此外,还有"超军旗"侦察与海上警戒机、"贸易风"反潜机。

其中,除"超军旗"攻击机服役年限不算太长、性能较为先进外,其余几型飞机实在太老旧,难以适应跨世纪海战的需要。法国有关部门对此考虑再三,曾经几易想法:最初曾考虑改装空军的"幻影2000"战斗机,可是后来发现,它的升力线斜率太低,较大迎角时的飞行特性又不够好,难以改装成为一型性能良好的舰载机。于是,法海军又把目光盯向英国的"海鹞"垂直短距起落战斗机和美国的F/A-18"大黄蜂"战斗攻击机,结果这两者也都被否决。主要原因,一是法国二战之后一直坚持对本国科技和工业采取明确、坚定的保护政策,不到万不得已,法国决不向国外购买武器装备;二是F/A-18和"海鹞"并不完全符合法国中型核动力航母的特点与要求;三是法国历来重视武器装备的出口创汇,希望通过研制本国的新型舰载机,提高其性能,与美国和俄罗斯等争夺战斗机的世界市场。最后,法国决定研制一型比"幻影2000"更先进,且陆、舰基通用的战斗机——"狂风"战斗机。

1985年12月7日,"狂风A"战斗机顺利出厂。时隔不到一年半,该机就首先完成了在"克莱蒙梭"号航母上的进场测试。此后,"狂风"又先后进行了300

多次昼间和夜间模拟在航母起降的试验,并进行了进一步改进。更换了原先的GEF404发动机,改用推力更大的法国斯奈克马公司的M8822型涡扇发动机,同时改用光纤传送数位飞控系统的信号。

"狂风"战斗机采用双三角翼加近耦鸭式布局,空重约11吨,机身采用传统的半硬壳式结构,其中50%为碳纤维材料;大部分机身中段与机身段蒙皮为铝锂合金,垂直尾翼主要为碳纤维蜂窝结构。机上的主要装备有:一门装在右侧发动机侧面的30毫米"德发544"机炮;武器外挂架14个,分别为机身下4个、翼下6个、翼尖2个、进气道下2个。

该机在执行截击任务时,可挂"米卡"中距拦截空空导弹和"魔术"近距格斗空空导弹;执行对地攻击任务时,可挂"米卡"空空导弹和常规炸弹。该机还可携带ASMP中程核导弹,弹头当量20万吨,以实施战略和战术核打击。海军舰载型"狂风"与陆基"狂风"相比,最明显差别是:加强了主起落架,使之能承受着舰时所需的6米/秒的下沉速度;前起落架也作了修改,使之能适应牵引弹射机构,并承受牵引弹射载荷;在机身尾部加装了着舰尾钩;机体结构也作了相应的加强和修改。根据法国海军规划,"夏尔·戴高乐"号航母将只搭载"狂风"战斗机和从美国购进的E-2C"鹰眼"预警机,以及几架直升机;至于航母上的反潜、侦察、加油等机种,都将选取"狂风"的改型。首架海军型"狂风"舰载机将于1999~2000年加入现役,到2002年,法国海军航母上的第一个"狂风"战斗机中队可望成立。

5. 装备完善——完备的防空武器系统

为了提高航母抵御和抗击空中威胁的能力,该舰配置了较强的防空武器。主要有:4套8单元"萨阿姆"(SAAM)舰空导弹发射系统和2套6联装"萨德拉尔"舰空导弹发射系统。"萨阿姆"系统能同时跟踪几个反舰导弹和1个反辐射导弹目标,采取垂直发射,所发射的"紫菀-15"舰空导弹的最大射程15千米,机动性强,可拦截多种类型的高机动目标。"萨德拉尔"系统发射的"西北风"导弹采用红外制导,最大射程为6000米,对3米以上掠海飞行目标具有较好的拦截能力。上述两型导弹相互配合,再辅以"萨盖"箔条红外干扰系统和电子战设备,可在以航母为中心的15千米范围内形成软硬手段相结合的3层保护。

6. 超强生命力——生存能力强，适航性能好

"夏尔·戴高乐"号采取各种措施，大大提高了航母的生存能力和适航性能。从舰底至飞行甲板形成的一个箱形结构，增加了舰体的强度，该舰共设有15 层甲板，由纵横舱壁隔成 20 个水密舱段，约 2200 个舱室，具有较强的抗沉性。

舰体水下部分采用双层或多层结构，并增强了船底板强度；机舱、弹药舱周围均采用装甲防护，备用弹药库设在水线以下；主要作战舱室、岛形上层建筑等均使用"凯夫拉"碳纤维装甲防护；绝大多数舱室为封闭结构，以保持正压，从而达到防核、生、化的三防能力。

在舰舷部安装了两对主动式减摇鳍；艉部安装了一对抗横摇舵架和一套快速调整的压载系统。上述措施可使该航母横倾角减小，横倾周期增大，能在比较恶劣的海况下保证舰载机正常起降。

"夏尔·戴高乐"号航母的标准排水量 35500 吨、满载排水量 39680 吨；舰长 261.5 米、宽 31.5 米，吃水 8.5 米（飞行甲板长 261.5 米、宽 64.4 米），最大航速 27 节。

第四节 宇宙恐怖——"星球大战"计划

1983 年 3 月 23 日，美国总统里根宣布举世震惊的"战略防御倡议"计划（俗称"星球大战"计划），拟建立一个以天基定向能武器系统为主要拦截手段的多层次、多手段的综合弹道导弹防御体系。当时的苏联也准备建立类似的空间体系与之抗衡。美苏两个超级大国之间的"星球大战"似有一触即发之势。后因耗资巨大，美苏"星球大战"计划纷纷中途下马，但其阴魂未散，相关技术一直在发展。

特别是近年来，随着以信息战为核心的新军事革命的到来，天军和天战的出现不再是科学幻想，各种空间打击武器的发展日益成熟，对空间环境的监视与预警和对航天器的各种保护措施日臻成熟，以美国为代表的军事大国再次吹响了"星球大战"的号角。

1. 日臻成熟——抢占空间制高点

空间得天独厚的地理位置,在政治、经济、军事、外交等方面都具有非常重要的应用价值。经过 40 多年的空间开发,已经形成了通信广播、对地遥感、导航定位等新兴空间产业,今后还将形成空间生物工程、材料加工等新型空间产业,而且太空商业化发展非常迅速,目前正以每年 20% 的幅度增长。

空间产业对国民经济的发展具有极大的促进作用。

在军事上,航天系统可提供通信广播、侦察监视、导航定位、导弹预警、气象保障、地形测绘、核爆炸探测和搜索救援等作战支援。在海湾战争、波黑冲突以及 1997 年底至 1998 年初的海湾危机等局部战争和地区冲突中发挥了重要作用。特别是在海湾战争中,美国航天司令部统一指挥约 70 颗卫星,支援陆、海、空作战,对多国部队迅速赢得战争胜利发挥了决定性的作用。海湾战争因此被誉为“第一次空间战争”。在未来信息化战争中,航天系统是实施远程精确打击的必要手段,侦察监视等卫星系统可实时或近实时地为武器装备提供目标信息和打击效果评估,导航定位卫星可提高武器弹药的投掷与命中精度。航天系统具备搜集、处理和传递信息的独特能力以及即将具备从空间实施攻击与防御的能力,又是进行信息战的关键。因此,航天系统在未来信息化战争中将发挥至关重要的作用。

正由于空间具有无可替代的优势,世界各国纷纷抢占空间制高点,以美国为首的大国加快了发展航天技术的步伐,越来越多的中小国家也开始重视发展本国的航天能力,世界航天领域正向多极化方向发展。迄今已有 30 多个国家和组织把通信卫星、遥感卫星送入轨道或让自己的空间设备随别国卫星进入轨道。预计今后几年全世界将投资 5000 多亿美元,研制和发射 1000 多颗各类卫星。

2. 决胜千里——确立控制空间的战略

鉴于空间独特的地位和作用,以美国为首的军事大国开始制订控制空间战略。美国认为,空间开发正成为综合国力的一个增长点,就像 19 世纪和 20 世纪工业的生存与发展依赖于电力和石油一样,到 21 世纪,美国将更加依赖航天能力;而且随着航天技术及其商业化的发展,美国潜在对手也将会得到越来越多的空间信息资源,美国的航天系统正变得越来越容易被利用和破坏。因此,美国在1996年9月公布的冷战后第一个国家航天政策中,明确提出要对关键的航天技术设施和运行中的航天器提供保护,发展控制外层空间能力,确保美国在外层空间的活动自由,并剥夺对手的这种自由。

1998年4月,美国航天司令部发布了一项发展军事航天的长远规划——《2020年设想》报告。该报告提出了21世纪军事航天应用的4种作战概念,即控制空间、全球交战、全面力量集成、全球合作。控制空间就是确保美军及其盟军不间断地进入空间、在空间自由行动和必要时阻止他人利用空间的能力;全球交战是指利用航天系统进行全球监视、导弹防御和从空间使用武力。

全面力量集成是指将空间力量与陆、海、空、天作战力量综合一体化;全球合作是指充分利用民用、商用和国际航天系统加强美国的军事航天能力。其中,"控制空间"以夺取空间优势被列为首要任务,并首次明确提出了要从空间使用武力攻击敌方陆、海、空、设施。美国提出,到2020年控制空间要达到下列5个目标:

(1)确保进入空间。该目标包括3项关键任务,即运输任务、在轨航天器的全球操作、航天器的服务和回收。运输任务是指能随时、便宜和快速地把有效载荷送入轨道,运输系统包括一次使用运输火箭、重要使用运载器(如像NASA的X-33技术演示机那样的运载器)和空间作战飞行器(SOV,即军用空天飞机)。在轨航天器全球操作任务是指对在轨卫星进行全球范围的遥测、跟踪和指挥,并能根据军事作战的需要,及时调整在轨卫星的轨道和配置。在轨航天器的服务和回收任务是给在轨航天器更换部件和加注燃料等,并能回收昂贵的重要有效载荷。

(2)监视空间。监视空间是指能近实时地了解和掌握空间的状况,提供轨道目标的位置和特性。这是控制空间的关键,也是取得空间优势的基础。监视空间的主要任务是:对重要空间目标进行精确的探测和跟踪;实时探测可能对美国航天系统构成威胁的航天器的任务、尺寸、形状、轨道参数等重要目标特性;对目标特性数据进行归类和分发。

(3)保护美国及其盟国航天系统。保护任务将采取有源和无源的防御方法,以减小自然或人为因素对航天系统的威胁。这包括:近实时地探测和报告对国家重要航天系统攻击的威胁;能经受和防御对航天系统攻击的能力,包括航天器采取加固、机动和对航等方法;能在几天或几小时内重建和修复航天系统的能力。

(4)防止敌方使用美国及其盟国航天系统。在2020年将达到3种能力:探测敌方未经许可使用美国及其盟国航天系统的能力;近实时地评估对美国及其盟国航天任务的影响;及时地剥夺敌方使用美国及其盟国航天系统的能力。

(5)阻止敌方使用航天系统。即扰乱、欺骗、破坏敌方的航天系统,或降低敌方航天系统的应用效能。这包括对地面基础设施、地空间链路或航天器采取军事行动在2020年需要有4种关键能力:①灵活的效应,即由于敌友双方可能同时使用同样的航天系统,因此这种阻止行动应具有可逆转的灵活效应。②精确攻击,即在破坏敌方系统时,不能破坏靠近目标的己方或友方航天系统;③按需使用,即一旦需要直接阻止敌方航天系统的使用时,能在几分钟之内作出反应;④战斗评估,即作战司令部应能尽快知道阻止行动是否成功,若不成功,必须作出是否再次攻击的决定。

在全球交战作战概念中,美军提出实施以空间预警为基础的全球导弹防御和从空间使用武力攻击陆、海、空、天目标,发展各种空间武器,包括天基激光武器、天基微波武器、空间作战飞行器等,从外层空间攻击各种航天器、弹道导弹、巡航导弹、飞机、舰船等重要目标,并向地面投掷武器。

美国面向21世纪的控制空间战略的实质是,在最大限度地发挥空间作战支援作用的同时,发展和利用空间的攻击与防御能力,以牢固控制空间并以此控制地球。

3. 形形色色——空间武器

空间武器是指部署在太空用于打击、破坏与干扰空间目标或从空间攻击陆地、海洋与空中目标的所有武器的统称。空间武器包括反卫星武器、天基反导武器、轨道轰炸武器、部分轨道轰炸武器、军用空天飞机等。

反卫星武器是专门用于攻击航天器的武器。按设置场所的不同,反卫星武器可分为地基(包括陆基、舰载和机载)和天基两种;按杀伤手段不同,反卫星武器又可分为核能、动能和定向能(激光、微波、粒子束)三种。反卫星武器是控制空间的有效手段。

天基反导武器用于拦截弹道导弹和巡航导弹,可分为包括动能拦截弹和电磁轨道炮在内的动能反导武器和包括强激光武器、高功率微波武器和粒子束武器在内的定向能反导武器。

与地基反导武器相比,天基反导武器可实现全球范围的拦截,并大大提高拦截概率。

轨道轰炸武器平时在轨道上运行,接到作战命令后,借助于反推火箭脱离轨道再入大气层攻击地面目标。运行轨道不足一圈的轨道轰炸武器称为部分轨道轰炸武器。由于轨道轰炸武器和部分轨道轰炸武器从轨道再入发起攻击,敌方的预警时间短,难以防御。

军用空天飞机是一种既能跨大气层飞行,又能进入绕地球轨道运行,并可执行专门军事任务的可重复使用航天器。它的投入使用将给空间作战乃至整个军事活动带来重大影响。

4. 福无双至——"星球大战"将不可避免

在冷战时期,美、苏曾研制与试验过反卫星武器,后来出于政治上的考虑,停止了试验和部署计划而转入技术发展。近年来,随着空间军事和商业应用不断强化,反卫星武器的战术应用重新受到重视。1989 年以来,美军一直在实施"战术反卫星技术计划",以演示验证地基动能反卫星武器。1997 年 8 月美陆军进行了地基动能反卫星武器样机的试验,验证了其对目标捕获、跟踪和拦截的可行性。美军希望在 2000 年前能研制出 10 枚供紧急使用的地基动能反卫星武器。此外,美军还在发展定向能反卫星武器。1997 年 10 月,美军进行了一系列地基激光打卫星试验,这些试验是研制激光反卫星武器的一个重要里程碑,也是历史上第一次公开地用聚焦激光束攻击卫星。美军机载激光武器和天基激光武器的研究和发展也不断取得进展。

在空天飞机方面,美国空军早从上世纪 80 年代初就开始研究空天飞机,后来转向与航宇局共同实施"国家空天飞机"(NASP)计划,其目的是为了研制军用空天飞机作技术准备。但由于耗资巨大、技术上尚不成熟,NASP 计划被中止。近年来由于对空天飞机需求的日益迫切和技术上的进展,发展空天飞机的呼声日高。1994~1996 年由美空军完成的一系列关于未来军事装备的研制报告中,均建议把空天飞机作为今后 20~30 年最重要的武器装备之一。

于是,美空军在航宇局实施的多项小型重复使用航天运载器样机演示计划(如 X – 33、X – 34 计划等)的基础上,于 1997 年开始实施小型空天飞机技术发展计划。俄罗斯、英国、法国、德国、日本和印度等国家也正在实施与研制空天飞机有关的技术计划。预计实用型空天飞机将在 2012 年前后投入使用。

美国空军大学 1996 年完成的《2024 年空军》研究报告预测,到 2025 年,大部分战争可能不是攻占领土,甚至于不发生在地球表面,而更可能发生在外层空间或信息空间；空军活动的介质将从以空中为主、空间为辅转变为以空间为主、空中为辅，从而使空间从支援陆、海、空作战的辅助战场变成由陆、海、空支援的主战场。可以相信，随着各种反卫星武器、天基激光武器、军用空天飞机等空间武器的研制和部署，真正的星球大战不可避免。

第五节 "鹰眼"2000 预警机准备试飞

诺斯罗普－格鲁门公司计划于 4 月试飞 E－2C"鹰眼"2000 预警机的原型机。这架飞机将包含计划为"鹰眼"2000 所作的所有改进，其中包括协作攻击能力（CEC）。E－2C 自 1997 年 1 月以来已对计划用于"鹰眼"2000 的任务计算机改进和新的操作员工作站作了改进。

这第二架飞机除上述改进外，还包括其余的改进：蒸汽循环冷却系统、卫星通信和 CEC 系统。CEC 系统可使传感器信息在水面舰艇与飞机之间进行交换。从 1999 年开始，美国海军新的 E－2C 将按"鹰眼"2000 标准制造。美国海军计划购买 21 架新飞机，以及改进约 50 架现有的 Group Ⅱ E－2C，目标是在 2010 年全部拥有"鹰眼"2000 机队。

普惠公司试验 F－22 的 F119 密封故障解决办法普惠公司在 3 月 19 日恢复 F119 战斗机发动机的试车，以便对导致停止所有发展测试的压气机密封故障的近期解决方法进行测试。公司希望校正措施将使以 F119 为动力的 F－22 的飞行试验如计划的那样于 4 月份重新开始。

F119 的发展试验在 3 月 6 日被迫停止，当时 F119 的第一级压气机的刀口密封在美国空军阿诺德工程发展中心的高空试验期间发生故障。检查产生故障的密封装置揭示了高循环疲劳。

这个问题在以前的 F119 的 6000 多小时试车期间没有发生，但受影响的发动机已作了提高性能的气动改进。尽管正在确定产生问题的原因，作为一种近期的解决办法，此密封与其蜂窝密封条间的间隙已被打开。普惠公司将在 3 月底以前确定，这些较早结构的发动机是否会因为解决密封问题而受到影响，以及所需的修改。如果它们确实受到影响，则新的试车将确定打开密封间隙是否足以允许重新开始飞行试验。与此同时波音公司正在解决从第三架发展型飞机开始会延迟 F－22 交付的制造问题。形成机翼至机身连接件的一些钛铸件已被模子中所用的陶瓷保护层所污染，需要彻底进行 X 射线检验，切削掉陶瓷块并进行焊接修理。

为第三架试飞的 F－22 交付机翼将推迟 5 个月。波音预计将在为 9 架发展型飞机的第七架进行制造时回到预定进度上来。钛尾梁问题已通过修改设计和装配得到克服,不会使项目推迟。

波音公司韩国购买预警机的计划将不受影响尽管韩国的经济有困难,波音公司对韩国空军将按进度购买预警机持乐观态度。韩国预计将购买 4 架以上的预警机,承包商的选择将在 1999 年宣布。波音公司正以 E－767 与以色列飞机工业公司的采用波音 767 机体的费尔康预警机和爱立信公司装在萨伯 2000 上的 Erieye 系统进行竞争。波音公司已在 3 月 11 日向日本航空自卫队正式交付了 2 架E－767 预警机,第三架和第四架正在安装任务设备,将在 1999 年 1 月交付。

美国空军在 3 月 23 日和 4 月 3 日之间将两架 B－2 飞机部署在关岛的安德森空军基地。这种低可观察性飞机在海外的部署是美国航空战斗司令部所支持的演习的一部分。这是 B－2 为了从前方基地进行持续的训练操作进行的首次部署。这次演习是为了演示该机在美国以外进行部署和操作的能力。在揭露 B－2 第 10 批次和 20 批次的耐久性不像预计的那样长,而且在每次执行任务后,必须将它放在机库内之后,这种飞机曾受到严厉的批评。美国总审计署报告说,B－2"……必须放在机库内,因为它们对潮湿、水和恶劣的气象条件敏感"。B－2 将在北马里亚纳轰炸试验场投放武器和执行低空飞行任务。美国空军将购买 21 架 B－2,现已有 5 架生产型飞机,6 架试验型飞机正被修改成具有完全能力的第 30 批次配置。

第六节 无形盾牌——世界导弹防御技术

1997 年,根据对国际形势的分析以及各自国家的实际情况,美、俄、英、法、德、意、以、日等国对掌握导弹防御技术、研制和部署反导武器系统仍具有浓厚的兴趣和巨大的积极性,印度、韩国、叙利亚、土耳其等国也在通过采购的方式加强自身的导弹防御能力。

1. 独占鳌头——美国国家导弹防御系统进入研制阶段

1997 年 1 月,美国进行了国家导弹防御系统(NMD)分系统试验,试验中导航系统和火箭出现了问题,未能把波音北美公司研制的外大气层杀伤飞行器发射出去。5月,在美国空军进行和平保卫者洲际弹道导弹试验期间,对用于该系统的指挥控制设备进行了首次作战评估。8月11日,美国国防部批准了国家导弹防御系统的采购计划。按照这一计划,美国有关部门将执行一个"3+3"的采购战略,即这一武器系统至少在3年内研制出来,如果发现有针对美国的威胁,那么在3年之内即可部署在大福克斯基地。按目前估计,该系统研制费约为40亿美元。

国家导弹防御系统的方案之一是以美国空军现有的民兵3洲际弹道导弹及其发射井、预警雷达、指挥控制体系为基础,由提供敌方导弹发射预警信息的红外探测卫星、预警雷达、精确跟踪和目标识别雷达以及部署在大福克斯反弹道导弹基地的20枚拦截弹组成,可防御4枚带单核弹头的弹道导弹。据认为,改进后的民兵导弹具有足够的机动性来实现大气层外拦截,其动能杀伤拦截器可以自动寻的并能摧毁具有一定尺寸和温度的再入弹头。

2. 觉得先机
——美、俄等国积极研制和部署战术与战区导弹防御系统

一、PAC–3型爱国者导弹防御系统的研制工作继续进行

海湾战争之后,美国不断改进其爱国者导弹,新型PAC–3爱国者反导系统还在研制之中。目前,PAC–3系统共有三种配置改进计划,其中配置2型目前已装备了两个爱国者导弹连,配置1型改进即将完成,配置3型在1999年底装备部队。

配置1型采用海湾战争后研制的制导增强型导弹(GEM)。1997年3月19日,使用这种导弹在夸贾林导弹靶场直接命中并摧毁了一枚飞毛腿类型的靶弹。该弹对装在PAC–2爱国者导弹前端的低噪声接收机进行了改进,并对侧视引信进行了改进,使其能向前看得更远。地面的相控阵雷达增加了脉冲多普勒处理器,能够在杂波中分辨出巡航导弹。

武器控制计算机经过改进后,数据处理速度提高了4倍,数据存储能力提高了8倍。采用光盘和嵌入式数据记录器,一个连队可以收集任何一次作战的全部数据。为了配合硬件改进,还采用了一种新型的软件。

配置2型主要是对软件进行了重大改进,以充分发挥配置1型的改进成果,并提高多用途能力。配置3型将采用洛马沃特公司在增程拦截弹的基础上

研制的 PAC－3 导弹,该弹具有对付飞机和巡航导弹的能力。1997 年,PAC－3 导弹在白沙靶场进行的首发研制性试飞取得了成功。

二、美国继续开展海军低层、高层导弹防御系统的研制工作

1997 年 1 月 24 日,美国海军在白沙导弹靶场用 4A 型标准 2 导弹第一次成功地击落了一枚长矛战术弹道导弹靶弹。导弹的破片战斗部在距长矛靶弹很近的距离内起爆。4A 型标准 2 导弹被指定用于海军低层战区弹道导弹防御,主要对付在下降段再入大气层的战区弹道导弹。该弹已于 1997 年 3 月份进入工程研制阶段。4A 型标准 2 导弹保持了 4 型标准 2 导弹的动力级,但导弹长度增加了 10cm,以容纳新的引信和红外导引头。

休斯导弹系统公司目前正在为海军高层导弹防御系统研制标准 3 导弹。标准 3 导弹是最新型的标准导弹,以前被命名为轻型外大气层射弹。标准 3 导弹将使用一种动能杀伤器战斗部,与其红外导引头合为一体,节余的空间用于增加火箭发动机装药,从而使导弹的飞行速度提高了 100m/s。标准 3 导弹共有 4 级,在飞行中有 3 级将被抛掉,仅留下动能杀伤器飞向目标。

三、美国战区高空区防系统试验再次失败

1997 年 3 月 6 日,美国战区高空区防系统第 4 次拦截试验再次受挫。导弹起飞时工作状态良好,雷达运转正常,飞行期间导弹对地面站的信号失去反应,未能击中目标,地面工作人员通过遥控使其自毁。分析认为,失败可能是由导弹的转向与姿控系统引起的。这次失败使得这项耗资 170 亿美元的计划前景暗淡,不过美国国防部仍将继续推进这一计划,但其部署时间将推迟到 2006 年,并需多耗费 15 亿美元。

美国战区高空区防系统第 5 次拦截试验原定于 1997 年 11 月上旬进行,但由于美国洛马公司的红外导引头出现故障,试验被推迟到 1998 年春天进行。

四、俄罗斯继续改进其 S－300 系列防空导弹

1997 年 8 月,在莫斯科国际航展上,俄罗斯展出了其 S－300PMU1 防空导弹系统的最新改进型 S－300PMU2。该系统由指挥中心、制导站、最低搜索高度为 10m 的目标搜索雷达、导弹及由 4 个发射筒构成的发射装置等部分组成,整个系统可车载机动。据称,S－300PMU2 系统可以拦截飞行速度达 8km/s 的飞行目标,是目前世界上威力最大、最有效的防空系统。

S－300PMU2 系统装备了 48N6E 新型导弹,最大射程为 200km。它采用垂直发射技术,具有全天候作战、全方位拦截目标的能力,可同时制导 12 枚导弹攻击 6 个目标。该系统具有较强的抗干扰能力,能在敌方实施有源和无源干扰

的条件下作战,还可以对付反雷达导弹的袭击。

五、以色列箭 2 导弹拦截试验一成一败

1997 年 3 月 11 日和 8 月 20 日,以色列的箭导弹进行了两次拦截试验,一成一败。此外,以还在推动一项新的计划,旨在提高箭导弹与美国其他反导系统配合作战的能力。

1997 年 3 月 11 日,一枚箭 2 导弹成功地拦截了一枚弹道导弹靶弹。此次试验的重点是检验雷达及指挥和控制系统。在这次试验中,箭 2 导弹的近炸引信在与靶弹碰撞的前几秒失效,其破片战斗部未能根据指令起爆,但直接命中加上战斗部碰撞起爆的综合效应还是摧毁了靶弹。

1997 年 8 月 20 日,箭 2 导弹实施第三次拦截试验,目的是考核该系统的雷达及发控系统相配合的情况,但未获成功。试验中,箭 2 像通常一样起飞,但却飞离了与来袭导弹相会的弹道,地面控制系统在空中将其炸毁。

目前以色列及其在美国国会的支持者正在试图使克林顿政府支持一项耗资约 2 亿美元、历时 8 年的计划,以扩大美以箭反导计划。该计划包括箭导弹与 PAC - 3 型爱国者反导系统以及其他计划中的美国导弹防御系统的联合发射试验,以验证箭与其他反导系统配合作战的能力。

六、法、德、意、英等欧洲国家继续研制新型战区反导武器系统

1997 年,欧导公司连续进行了阿斯特 15 导弹的发射试验,均获得圆满成功。法、意正在推进以该导弹为基础的陆基中程面空导弹系统的生产,希望这一系统能在国际防务市场占有更多的份额;法、意、英三国还在积极推动主防空导弹系统(PAAMS)的工程研制和初步生产;美、德、意三国共同研制的中程扩展防空系统(MEADS)在经费上遇到了困难,但它们正在设法解决以将这一项目继续进行下去。此外,英国正在计划建立自己的第一个弹道导弹防御网。

1. 阿斯特 15 导弹成功地进行了多次试验

阿斯特 15 导弹是一种海军使用的近程防空导弹。它是法国和意大利共同研制的未来面空导弹族的一个组成部分。1997 年元旦前后,欧导公司首次进行了一次完整的阿斯特 15 导弹系统发射试验,导弹击中了位于 10km 处、以 0.9 马赫速度机动飞行的 C - 22 靶标。4 月 8 日,一枚阿斯特 15 导弹成功地拦截了一枚离海面 10m 掠海飞行的靶弹。5 月,一枚阿斯特 15 导弹在试验中击中并杀伤了 MM - 38 飞鱼反舰导弹。目前,法国和意大利正在推进一种以阿斯特导弹为基础的陆基中程面空导弹系统的生产,并希望这一系统能在国际军贸市场上取代霍克导弹的位置。

2.法国、意大利和英国联合研制主防空导弹系统

法、意、英三国工业界将组建一家称为欧洲主防空导弹系统的合资公司为主承包商,以研制由未来面空导弹族演变而来的、装备地平线护卫舰的主防空导弹系统。这种导弹系统有法意型和英国型两种,两者的共同组成部分包括阿斯特导弹、垂直发射系统、远距离雷达以及指挥和控制系统的核心部件等。

3.英国计划建立弹道导弹防御网

英国国防部计划建立该国第一个耗资数十亿英镑的弹道导弹防御网。该系统将利用美国已研制的反导弹技术,并在下世纪初实施。英国之所以考虑建立弹道导弹防御网是因为在今后8年内利比亚、叙利亚和伊朗等北非和中东国家将掌握能打到英国本土的弹道导弹技术。

有关这一计划的可行性研究及框架设想正在进行之中。

七、日本对部署弹道导弹防御系统持积极态度

日本政府认为朝鲜可能会对其构成威胁,因此对部署弹道导弹防御系统一直持积极态度。

日本防卫厅以美国提供的资料为基础,利用计算机进行了模拟试验,测算了在高层空间、低层空间以及地面和海上配备的导弹组成的各种组合模式的效费比,完成了弹道导弹防御系统的可行性及效费比研究。但由于担心在国际上产生不良影响,更担心使数额不多的军事预算超支,加上一些国内因素,使得日本对美国推行的弹道导弹防御计划一直持谨慎态度。近来,在美国不断施加压力的情况下,日本已与美国就联合进行技术研究问题达成了协议。

日本政府倾向于以日本现有的武器装备为基础,加上采购美国的 PAC-3 爱国者等反导防御系统,较快地部署日本的弹道导弹防御力量。

日本已经采购了4艘装备宙斯盾系统的舰船,而且在今后5年内可能还要采购4艘。日本政府计划对原有装备宙斯盾系统的舰船进行改装,使其适合装备反导导弹。此外,日本已于1997年开始改进其 PAC-2 爱国者导弹和发射系统。

八、印度等国都在加强自己的导弹防御力量

1997年,印度、叙利亚、韩国、土耳其乃至塞浦路斯等诸多国家均在努力加强自身的导弹防御力量。

印度正在研制本国的反导防御系统,旨在保护主要的居民点和经济目标,使其免遭巴基斯坦弹道导弹的攻击。俄罗斯最新型的 S-300P 反导系统将是印度正在研制的反导防御系统的主要组成部分。据分析,S-300P 将与印度的

天空防空导弹协同作战。印度的反导防御系统将在 1998 年以前投入使用。有资料显示,该系统将部署在印度的某些地区以保卫核电站、石油开采区和大城市。目前,印度正致力于改善本国导弹探测系统的性能,以使其能在 1100km 的极限距离内截获导弹。此外,印度对以色列的箭反导系统颇感兴趣。

叙利亚和俄罗斯已就采购若干先进防空导弹的事宜重新开始谈判,其中包括 S-300P 反导武器系统。S-300P 将成为中东地区技术最先进的防空武器装备。

土耳其希望采购箭 2 反导武器系统,而且希望以色列帮助说服美国同意这一销售。土耳其军方希望这一防御系统能较好地保护土耳其,使其能较少地受到伊朗装有核和生化武器的导弹的攻击。

经过近两年的时间,以色列和韩国即将完成将以巴拉克海军防空和反导系统出售给韩国的谈判。巴拉克导弹是一种 360 度的舰船防御系统,拦截射程可达 10km,既可装备大型战舰,也可装备小型战舰,能对付掠海导弹和巡航导弹。

3. 如影随形——巡航导弹防御技术

巡航导弹类似于低飞的无人驾驶飞机,掺杂在地面雷达杂波中很难被探测,对其进行拦截是很困难的。由于巡航导弹的不断发展,特别是全球定位系统和喷气发动机的应用,使其威胁变得越来越大。对巡航导弹防御已经引起美国的高度重视。美国海军正在对使用一种改进的标准 2 导弹对付低空飞行的陆射巡航导弹的可能性进行评估,美国国防高级研究项目局也在对低经费巡航导弹防御进行方案研究。

长期以来,标准导弹一直是美国舰队的主要防空武器。它既可以装备老式巡洋舰、驱逐舰和护卫舰,也可以装备提康德罗加号导弹巡洋舰、阿利伯克号导弹驱逐舰。目前使用的是 4 型标准 2 导弹。为了对付巡航导弹,美国海军准备研制 4A 型标准 2。该弹将装备一种改进型红外/无线电频率双模导引头,与其他预警机等协同作战。

导弹防御先进技术的发展

一、美、英等国继续研制激光反导武器

1997 年,美、英、以色列等国继续开展激光反导武器的研制工作,并取得一些进展。

美国空军的机载激光器计划是由 TRW、洛马和波音三家公司联合实施的。

按计划,机载激光器系统应该在 21 世纪初完成实验准备工作。在 1997 年 4 月 17 日进行的模拟性试验中,美国空军的机载激光器击落了一枚飞毛腿型导弹。另外,用于摧毁远程弹道导弹的机载激光器也已取得进展。目前,美国空军正希望美国国防部批准机载激光器计划的天基后续计划,并已完成了一些天基激光武器系统所必需的化学激光器的研究工作。

以色列的战术高能激光防空系统研制计划始于 1995 年 5 月,旨在对付以北部的喀秋莎火箭,承包商是美国 TRW 公司,全部费用约 8900 万美元,其中的 2/3 由美国承担。该系统射程 7 ~ 10km,采用了 20 个独立的光学分系统,将氟化氘化学反应进行浓缩和扩大,从而产生强烈的高能定向激光束以摧毁目标。1997 年 2 月,在美国白沙导弹靶场成功地进行了两次试验。如果进展顺利,该系统将于 1998 年中期在以色列开始部署。

英国国防评估和研究局正在研制一种巨型激光炮,以装备改装的地平线护卫舰和其他未来战舰。这种武器可能被一种有小房间大小的电子聚光器驱动,能产生大约 300 个密集的激光脉冲,用以对付来袭目标。

二、美、以正在联合实施采用无人机

反导的莫维(MOAV)计划美国弹道导弹防御局已经与以色列沃尔斯公司签订了一项价值 3400 万美元、为期 24 个月的合同,进行莫维拦截器的研制试验。其中 50% 的经费将用于研制导弹拦截器,承包商为拉斐尔公司;另外 50% 将用于研制携带这种拦截器的无人飞行器,承包商为以色列飞机工业公司。以色列国防部将为这一计划投资 850 万美元。沃尔斯公司将负责该武器系统的总装、指挥、控制和战场管理。

莫维导弹是以色列助推段拦截系统计划的主要部分。目前以色列工业界已对一些部件的技术,如红外导引头和常规固体发动机进行了前期研究,并对导弹结构进行了大量的风洞试验。为了降低导弹成本,将采用类似于巨蟒 4 空空导弹所用的阵列扫描导引头。莫维导弹的飞行速度在 4 马赫以上,射程为 80km 左右。该弹的载机可在高空待机约 24 小时,可能装备红外跟踪、导引系统以及数据传输线路,以引导导弹攻击下降段的战区弹道导弹。

三、美国和澳大利亚实施邓迪系列试验计划

1997 年,美国、澳大利亚协调了代号为邓迪的导弹跟踪系列试验的有关问题。美澳根据该计划考察了金达利雷达样机探测导弹发射的能力,为澳、新地区早期预警试验做准备。

金达利雷达是澳金达利作战雷达网的核心。金达利雷达网包括两个设在澳内陆的超视距雷达站,用于探测和跟踪空中和海上 3000km 远的目标。雷达可从澳大利亚监测到南中国海地区。

试验目的是探测和跟踪发射后处于助推段的敌方弹道导弹。试验将演示一枚导弹发射和飞行的情况是怎样通过地基雷达和卫星之间的信息传递被跟踪的。澳大利亚的雷达将来可能成为更大型的美国导弹探测网的一部分,这一探测网包括卫星、地基高频雷达、微波、红外和光学传感器。

美国目前仍在继续研制先进的红外干扰系统和红外探测器,准备将其用于国家导弹防御系统。美国海军还在研制导弹模拟系统,以使导弹防御更加精确、可靠。此外,许多国家正在积极研制对付反舰巡航导弹的舰用干扰系统,如箔条、红外、波形匹配、声学等诱饵弹。

第四章 面向未来
——21世纪军事新技术

第一节 军情透视
——21世纪初日本海上自卫队的力量

1995年8月31日,日本防卫厅公开发表了1996年度的概算申请。所有的筹备工作需到21世纪初的2001年3月才能完成,因此,1996年度计划完成时,即预示着21世纪初期日本海上自卫队的力量。当然,计划被批准还需经大藏省和国会的认可。本文将在假设1996年度概算申请被批准的前提下,并根据已被批准的1995年度计划部分进行论述。

一、驱逐舰

1996年度计划中申请的"村雨"级驱逐舰第7号舰如被批准,驱逐舰的总数将达到42艘。其中,33艘分属护卫舰队旗下的4个护卫队群,剩下的9艘分属5个地方舰队。

直升机驱逐舰/导弹驱逐舰直升机驱逐舰的配置基本不变:"白根"级2艘、"榛名"级2艘,分属1~4护卫队群。"榛名"级舰即将到退役舰龄,目前还没有具体建造替代舰的计划。

导弹驱逐舰中,1993年度计划的"金刚"级宙斯盾舰的第4艘舰正在建造中,1997年以后将增加到9艘。这样,1个护卫队群配2艘导弹驱逐舰的体制将不会改变,而且由于每个护卫舰队取得1艘"金刚"级舰,与常规型导弹驱逐舰搭配,将大大提高护卫舰队整体的防空能力。

近来有关日本引进区域弹道导弹防御系统(TMD)的传闻一直受到人们的关注,如果真的把TMD引入日本,宙斯盾舰将是构成其系统的一个重要环节。但是,TMD系统从引入到完成需要10年时间,至少到2001年时,TMD系统能力是很难在"金刚"级舰上体现的。因此,更应该注意的是常规型导弹驱逐舰的现代化。目前,正在考虑按照美国海军的MTU改造标准改装2艘"旗风"级舰,赋予其实时多目标处理能力。如果成为现实,其防空能力将大大提高。

驱逐舰"村雨"级、"朝雾"级、"初雪"级三种级别的27艘舰加上1968年服役的"高月"级的最后 1 艘舰"菊月"号和 1978 年服役的"山云"级的最后 1 艘舰"夕云"号,构成了 21 世纪初期的通用驱逐舰的主力。

"村雨"级 7 艘、"朝雾"级 8 艘、"初雪"级 5 艘,共 20 艘属于护卫舰队,编成 8 个护卫队。其中,1996 年 3 月服役的"村雨"号和 1996 年底服役的第 2 艘"春雨"号舰,将划归新编第 1 护卫队群下属的第 11 护卫舰队。接着,该级的 3、4 号舰和 5、6 号舰预计将分别在 1998 年和 1999 年末开始服役。3、4 号舰将新组成第 12 护卫舰队,5、6 号舰新组成第 13 护卫舰队。若 1996 年度计划中申请的第 7 号舰得以建造的话,可能将于 2000 年末开始服役,将隶属于上述 3 个舰队中的一个。

"村雨"级的设计是以安装目前正处于开发中的 FCS－3 型射击指挥装置为前提,但截止到 7 号舰,还没有安装这套装置。据说,日本海上自卫队将在此中期防卫期间,建造"村雨"级的改型舰,性能将有所提高。果真如此,1997 年度计划中申请的 8 号舰将成为改良后的"村雨"级 1 号舰,它将以何种姿态出现,人们将拭目以待。

到 2001 年时,"朝雾"级同类型的 8 艘舰将全部属于护卫舰队,编成 3 个护卫舰队,"初雪"级将随着"村雨"级的服役被逐渐调往地方舰队。到那时,12 艘中就只有 5 艘留在护卫舰队。

1996 年 3 月开始,"初雪"级舰以及"菊月"、"夕云"号调往地方舰队,从而地方队的反潜战能力将大大提高。

二、护卫舰

目前正在服役的有 20 艘。其中,"筑后"级占多数,有 11 艘。"筑后"级的改装从 1996 年度以后开始,到 2001 年 3 月将减至 3 艘,护卫舰的总数则变为 12 艘。其中"阿武隈"级 6 艘、"夕张"级 2 艘、"石狩"级 1 艘、"筑后"级 3 艘。

占护卫舰半数的"阿武隈"级舰龄短、武器装备强,可以说是面向 21 世纪的地方舰队的最优秀的舰种。众所周知,这种舰的设计从一开始就考虑到了安装滚动弹体导弹的近程防御反舰导弹发射装置,但由于美国和德国共同进行的这项开发进展缓慢,日本也就迟迟没有引入。最近,此项开发终于成功地进入了实用化,并已开始在美国海军的两栖攻击舰上安装,因此,海上自卫队也开始考虑引进。

"夕张"级和"石狩"级由于舰体小,没什么富余空间,目前还没有考虑其现代化。

"筑后"级到 2001 年时就已经落后了,2004 年左右将全部被淘汰。

这些护卫舰加上前面提到的"初雪"级 7 艘和"菊月"号、"夕云"号一起编成 10 个护卫舰队,组成 5 个地方舰队,从地方队整体护卫舰数量来看,由现在的 26 艘减至 20 艘。

但由于"初雪"级的编入,其整体的反舰反潜能力将大大提高。

三、潜艇

1996 年度计划申请的第 4 艘 2700 吨潜艇若被批准建造,21 世纪初期的潜艇数量将维持在 16 艘,其中 2700 型 4 艘、"春潮"级 7 艘、"夕潮"级 5 艘,共组成 6 个潜艇编队,分属潜艇队的 2 个潜艇队群。潜艇数量和现在没什么变化,但由于 2700 吨潜艇的建造,其整体实力可能有质的提高。2700 吨型潜艇的 1、2 和 3 号艇是 1993、1994 和 1995 年度计划预算批准的,将分别在 1997、1998 和 1999 年度末建成服役,加上预计 2000 年度末服役的 1996 年度计划建造艇,到 2001 年,日本海上自卫队将拥有 4 艘该型艇。

该级潜艇以提高水下探测能力为主要目的,在艇的两舷侧均安装了共形声纳(comformalsonar),为确保声呐的精确度,在两舷的排列需要保持在一直线上,而在呈水滴型的"春潮"级上,要保持声呐排列的直线型是非常困难的。

这样,艇形就必然变成平行部分很长的卷叶型。而且,声呐最好安装在强度极高的耐压壳上,所以需要艇体中部相当一段范围内为单壳体结构。为确保潜艇的储备浮力,需在艇上设置相应大的空舱作为压载水舱。

所以要求在除艇体中部外的首尾段设计成双壳体结构,双壳体之间的空间也可作为油舱。

另外,鱼雷发射管的配置在"春潮"号以后发生了很大的变化,因为艇形呈卷叶型,鱼雷发射管很难像水滴型那样,靠近艇体中央,恐怕会集中装在艇的首部,若仍装备 6 具的话,会是上 2 下 4 的分层配置。虽然想让噪音发生源远离艇首声呐,但它与共形声呐相邻可能是不可避免的。考虑以上配置,2700 吨型潜艇的外形将和拥有同样装备的英国海军的"支持者"级潜艇非常相似。

四、水雷战舰艇

2001 年 3 月末的水雷战舰艇的总数有 27 艘左右。之所以这样说,是因为海上自卫队建造扫雷艇从开始到完成,需花 3 年时间(称 3 年线表),比如说,1996 年度计划中申请的 510 吨型扫雷艇,如果预算被批准了,从 1996 年起算的第 3 年,即 1998 年服役。所以,2001 年 3 月扫雷艇的数目有多少,要等到 1997 年度、1998 年度的预算决定后才能知晓。

据估计,1997 年度、1998 年度计划要建造的扫雷舰艇往多了估算,也就 4

艘左右。

扫雷舰到 2001 年时仍是"八重山"级 3 艘,没有增减,原打算建造 6 艘,装备成 2 个扫雷队,但由于冷战的结束,这种必要性减小,建造了 3 艘,装备了一个扫雷队之后,后续舰的建造就中断了,只要战略环境不发生剧变,就没有增加的可能性。

目前正考虑建造的扫雷艇,其数量多则 4 艘,少则 2 艘,都是 510 吨型的,这种舰级搭载了英国 GEC 公司开发的反水雷战系统,灭雷器则采用了法国制造的 PAP104 系列。目前正在开发的技术上更胜一筹的 S210 新型扫雷具如果进展顺利的话,或许 1998 年时会出现安装新型扫雷具的新型扫雷艇的申请计划。不管怎样,510 型的 1、2 号艇已经在 1995 年度计划中得到批准,预计 1997 年服役。如果 1996 年度的申请也得以批准,那将成为此类扫雷艇的第 3 艘。

"宇和岛"级是一种成熟的扫雷艇型,现有 7 艘在役,1994 年度计划的第 8、9 号艇于 1996 年服役,此种艇型以后将不再建造。

这两种艇型在 2001 年时仍在役,估计"初岛"级会有相当大的减少,其首艇已被改为辅助船,今后每年将有 2 艘从一线退役。所以,到 2001 年,现有的 22 艘将会减至 10 艘左右。

小型扫雷艇还只剩下 1973～1974 年入役的 7 号型 4 艘,均已老化,预计将在 1998 年全部退役。其后续方案虽然还没有具体化,但从波斯湾扫雷作业的经验中,人们重新认识到其必要性,在扫雷艇不能进入的浅海区,小型扫雷艇能够发挥其特长,这种发展动向将会受到人们关注。

在 1994 年度和 1995 年度计划中,分别确定建造 5600 吨型扫雷母舰各 1 艘,代替扫雷母舰"早濑"和布雷艇"宗谷"号,于 1996 年末与 1997 年末入役。这两艘扫雷母舰同时具有搭载飞机和布雷能力。在外形上,和后面将提到的 8900 吨大型登陆船一样,更注意其隐身性,并采用三角形的倾斜桅杆设计。

综上所述,21 世纪初期海上自卫队的水雷战部队的构成是 5600 吨的扫雷母舰,分别担任第 1、2 扫雷队群的旗舰;3 艘扫雷舰和 24～26 艘扫雷艇被编成 14 个扫雷队,分属 2 个扫雷队群和 5 个地方舰队。

五、两栖舰艇

到 2001 年 3 月,两栖舰艇包括 8900 吨大型登陆舰 1 艘,中型登陆舰 5 艘(其中"渥美"级 2 艘、"三浦"级 3 艘),小型运输舰"由良"级 2 艘、运输艇 2 艘,共计 10 艘。其中值得关注的是 1 艘 1993 年度计划的正在建造的 8900 吨大型登陆舰,它是"渥美"的替代舰种,预计 1997 年末入役。它与以往的登陆舰不同,以往的登陆舰是船头直接上滩,而这艘舰人员、车辆登陆运输靠的是舰上搭载的 2 艘气垫登陆艇和直升机,因此,该舰有贯通式甲板,和以往的登陆舰有很大不同。

海上自卫队计划将来多建造一些这个级别的舰艇,以加强海上运输力量。现在,只有 1993 年度计划的 1 艘正在建造,以后的计划还没有出台。因此,2001 年 3 月时的两栖舰艇的阵容是由 1972～1977 年入役的 5 艘普通型大型登陆舰和 1 艘最新的 8900 吨型构成,从整体上看似为过渡时期的产物,特别是 8900 吨型属于第 1 运输队,可能会和 2 艘"三浦"级舰组队,前者的速度是 22 节,后者的速度是 14 节,一起行动时要做到协调一致实属不易。

六、辅助船

1996 年度计划申请建造的 3 艘辅助船有 3300 吨的海洋观测船,它将作为 1969 年入役的"明石"级的替代舰,预计 1998 年入役。船体更趋大型化,是"明石"级的 2 倍以上,观测能力也大大地提高。

5400 吨的潜艇救助舰作为 1969 年入役的"伏见"级的替代舰,预定 1999 年入役,船体中央搭载有深潜救生艇,考虑到今后抢险救灾的需要,规划了医疗区。

980 吨多用途支援舰作为 1967 年入役的 81 号辅助舰的替代舰,预计 1997 年服役。除了为配合射击训练设有目标拖曳装置外,还配有执行救难任务的拖曳装置。

另外,有关人士认为 1969 年入役的训练支援舰"吾妻"号等也进入了更新换代期,估计将在 1997 年后申请预算。根据建造线表的设定将在 2000 年下水,目前情况还不明朗。

其他的辅助舰,除 1969 年入役的训练舰"香取"号外,其他的舰龄还比较短,到 2000 年末仍可在役。

七、飞机

以一线的反潜机为对象进行说明。第 1 架 P－3C 反潜巡逻机是在 1981 年入役的,如果飞机的寿命以 15 年为标准来计算,那么老化的机体应该退役了。但是,由于作为另一个退役标准的飞行时间还没有具体规定,所以退役日程表还是白纸一张。于是,加上 1995 年入役的 1 架,目前共有 98 架,将维持到 2000 年。有意见认为应当重新认识 100 架 P—3C 体制,其未来如何,1996 年度预算未确定时还不明朗。

SH—60J 反潜直升机在 1996 年度计划中申请了 8 架,如获批准,到 1999 年末将达到 67 架。另一方面,HSS—2B 反潜直升机正加紧退役,到 1999 年末将减至 26 架左右。这种倾向,可能将持续到 2000 年后,具体的增减计划,要到 1997 年度预算确定后才能知晓。

第二节 未来战士——21 世纪的数字化工程兵

新军事技术革命将使未来战争成为真正的技术大拼杀,"矛"与"盾"的较量将更趋激烈。工程兵在未来作战中必须具备情报信息的及时获取、分析、处理能力,快速反应及机动能力和中、高威胁环境下的全天时、全天候、全地形的工程行动能力以完成其任务。21 世纪初叶,用高技术武装起来的数字化工程兵将在战场上扮演重要角色。当前工程兵正在研究发展以下技术手段以提高这些能力,加速数字化工程兵的建设。

1. 陆地神盾——一体化综合防护技术

军事高技术的突飞猛进已使战争的天平向"矛"的一方倾斜,传统的工程防护概念和技术难以适应高技术战争的需要。例如,常规精确制导武器的命中率已达到 80% 以上,并还在继续提高,其打击力也达到了极高的程度,如美军的"斯拉姆"(SLAM)导弹对混凝土的侵彻厚度已达 6 米。正在研制的钻地型常规弹头可摧毁坚硬地层 50 米以下的永备防护工程,而正在研制的钻地型战术核弹头甚至可以摧毁地下数百米的防护工程,智能引信将保证其达到最佳破坏效果,传统的防护手段已难以与之抗衡。正在发展中并最有希望成功的防护手段是一体化综合防护技术,该技术强调对精确制导武器的主动防护,防护手段网络化、多样化、智能化,并由单独防护转向由伪装、障碍、拦截、干扰、欺骗、机动与工事结构综合提供整体抗力,由简单型防护转向复合型防护。一体化综合防护系统的基本单元组成如图所示,它可视不同的功能需要进行单元组合与配置,分别用于永备工程和野战条件下的集群目标,还可配置重点民用目标进行战时防护。

2. 战场"杀手"——新概念障碍

传统障碍的缺点是功能单一、机动性与时空效应差、智能化程度低。新概念障碍是指运用新概念、新原理和高新技术研制成功的新型障碍,其作战方式是在相对较广泛的地域内对敌方武器的全部或部分关键作战能力进行精确毁伤而使其不能发挥应有的作战效能;或对敌方人员的生理或心理机能进行干扰而降低其作战能力。新概念障碍的突出特点是:智能化、多功能、机动性强、打击范围广和可选择打击方式,并可实施精确打击。正在发展的新概念障碍有:智能雷、非致命性障碍武器、基于微机电技术的微型障碍武器等。新概念障碍体现了"结构化精确破坏、干扰与障碍"的作战思想,与传统障碍有本质的不同,是未来战场上的"杀手锏"之一,它将赋予工程兵真正意义上的"主动攻击"能力。目前,第一代智能雷已开始装备部队,非致命性障碍武器和微型障碍武器正在加速发展。可以预见,在不久的将来,新概念障碍群体将在一定程度上影响未来作战的方式。

3. 非线作战——智能化、组合型工程机器与装备

未来高技术战争将是非线式作战,强调"脱离接触,间接打击,分散配置,集中打击"。

这就对工程保障提出了更为苛刻的要求:除了定时定点的随伴保障、同步保障外,还要能进行超越保障;为此对工程机器要求高速、高效,由简单型向复杂精确型转化。传统的工程机械与装备具有目标大、综合及隐蔽作业能力弱、机动性差、自身防卫力弱等缺陷,而数字化工程兵的工程机器与装备将是智能化和组合型。智能化指可进行远距离遥控或具有较强的自主作业能力,因此可在一定程度的威胁环境中执行任务;组合型指各作业单元可根据实际情况灵活组合以完成多种工程作业,既可实现一套系统多点服务的保障方式,也可实现数套系统多点穿梭同步服务的保障方式。工程机器的智能化、模块化使其具备较强的全天候、全地形的作业能力,并使其空中机动成为可能,大大增强了工程保障的弹性。

在工程装备智能化方面正在研究与验证的两个初级的典型例子是:美国陆军的"海德雷"(Hydra)系统和加拿大陆军的"金格斯"(Jingoss)系统。前者是

可用于高威胁作战区域的遥控布雷系统,后者系遥控道路地雷探雷系统,它由四部分组成:作为系统遥控平台的名为"金格斯"的 8 轮两栖全地形车、装甲人员输送车(APC)、车载机械探测器(VMOD)的金属雷探头和名为 ANCAEUS 的远距离作战控制系统。"金格斯"系统清理道路的速度为 5 千米/小时,比用手持探雷器的一个工兵班的速度还快 4 倍。该系统还配备有 GPS 和地图显示器,操作员用手柄和键盘远距离遥控探雷车"阿格斯"(Argos),其上装有接收器、控制车辆的组件和传动装置,它用 VMOD 和扫雷链来探雷和扫雷。"金格斯"系统已初步具备了智能工程机器的基本要素。

4. 机动灵活——空中机动平台

空中机动平台将给工程兵提供全新的作战与机动手段,引起工程保障行动的革命性变化。

它可由工程兵专用直升机、地面效应飞行器以及无人驾驶的垂直起降式固定翼飞行器来担任。

直升机以其高度的机动灵活性而深受战场的青睐,现已得到长足发展,用它作为空中机动平台将使工程兵可在几乎不受地形限制的情况下高速机动,极大地增强了工程兵的作战能力。目前,工程兵部队已将其用于工程侦察与探测、布雷、扫雷、破障、空中吊装等工程行动,效果很好。如直升机装备探、扫雷系统后可直接进行空中探雷、扫雷。地面效应及垂直起降固定翼飞行器等也可作为工程兵的空中平台使用。与直升机相比,地面效应飞行器具有运载能力强、作战半径大、速度快、效率高、隐蔽性好等优点,更适合于海上登陆作战的工程保障行动。

随着隐身无人驾驶飞行器(SUAV)的研究与发展,结合 GPS 全球定位技术和数字化地图导航技术,在不久的将来,可研制出无人驾驶的可进行精确定位输送的"空中货车"型空中机动保障平台。这种空中平台将集诸多高新技术于一身,携载多种智能化、标准化的工程装备与器材进行多种类型的战场工程保障,并可执行诸如情报搜集与侦察、战场巡行、高威胁战场环境下的破障、非致命性攻击与障碍等特殊任务,其高速、高效与较强的隐蔽性将极大地提高工程兵的综合作战与保障能力。通过联合发展通用型空中平台,工程兵将由地面机动转为可部分空中机动,由二维兵种转变为三维兵种。

5. 数字化战场——战场环境侦察与监视系统

数字化战场是高度网络化、一体化的战场,工程兵战场环境侦察与监视系统的主要特色是:可以更为详尽准确地探测到工程行动所需的精确信息,例如:一些特殊地形地域的特种信息(如登陆作战中敌方岸滩的翔实地理特征信息,丛林地带的地面坚硬度、干湿度等)。

这些信息的侦察将为更准确地制定工程行动方案提供情报依据。战场环境侦察与监视系统是一个智能化的高技术传感器网络,它通过"数字化路标"作为传输工具,为工程兵各作战平台与单位提供"各取所需"的情报服务,使工程兵的情报侦察与获取能力产生质的飞跃。其系统组成为:撒布型微传感器网络系统,机载、车载型侦察与探测设备等。

数字化的 C3I 系统

工程兵的数字化将与合成军的数字化发展保持同步,同时又有其独到之处。工程兵的数字化,将使工程保障行动更准确、及时、有力。例如:通过智能化与自动化的阵地工程规划与管理系统,指挥人员可对整个作战地域的所有工程行动进行统筹规划与管理,生成工程方案并根据实际需要进行费、效、时的合理优化,选定最佳方案;通过数字化通信网络指导部队迅速完成任务,实现对部、分队,甚至单机、单人的指挥与控制。

6. 模拟仿真——工程兵作战实验室

工程兵作战实验室是工程兵面向 21 世纪建设的核心,其主要任务是:建设工程兵综合数据库;进行现有技术、装备与战术条件下的作战仿真与模拟,最大限度地发掘现有装备的能力,配合部队训练与作战;在上述基础上进行未来高技术作战条件下工程兵行动的综合仿真模拟,对工程兵的先进概念、技术、装备与战术进行预测、论证与仿真试验,确定工程兵总体发展战略和阶段发展策略,使工程兵在有限的资金与技术发展条件下,把握现实与未来的合理统一。工程兵作战实验室的主要宗旨是面向未来作战,它对工程兵的发展与建设将产生极其深远的影响。

除以上主要的综合技术集成外,21 世纪初叶的高技术工程兵还需要一系列的相关高技术,如新材料与智能结构技术、快速构筑与修复技术、全球定位系统

(GPS)及军事地理信息系统(MGIS)、微机电技术(MEMT)、数据融合技术(DFT)、计算机技术(包括多媒体技术、虚拟现实技术、网络技术等)、智能机器人技术、非致命武器技术、智能传感器技术、先进航空技术等。21世纪的数字化工程兵的装备将是先进技术优化组合、按需配置的系统化综合集成的产物。这些技术的非线性一体化集成将使工程兵向多维化、数字化和智能化发展,使其作战能力发生革命性的变化,并使其从战争的后台走上前台。

第三节 笨鸟先飞——21世纪韩国空军发展趋势

20世纪80年代末以来,随着美军的战略收缩,韩国吸取了海湾战争中伊拉克消极防御的教训,加快建立"自主国防"体制的步伐,明确提出"全方位防御战略",制定了"加强海空军建设,使三军协调发展"的军队建设方针,从而更加重视空军建设。迄今为止,韩国空军有55000多人,大约1300架飞机,是亚洲技术最先进的空军之一。展望未来,韩空军可能朝三个方向发展。

由联合防御向自主防御发展

长期以来,韩国的防空体制走的是韩美联合防御的道路。冷战结束后,旧的防御体制被打破,美军陆续从朝鲜半岛撤走,韩国随之抛出自主防御战略,制定了新的发展规划,大力加强空军建设,重点提高防空、侦察预警和空中攻击能力。

首先,完善早期预警系统。近几年,韩空军为加快发展高效能的早期预警系统,不惜花费巨资先后从美、德等国购进了先进的雷达(如AN/FPS－117远程预警雷达)、计算机终端等,并在北部和西部地区部署了远程搜索、警戒和预警雷达,把预警距离从400千米扩大到1000千米,可在来袭飞机进入领空前提供4至8分钟的预警时间,并能引导己方飞机进行拦截。还拟引进8套空中战术情报系统,购买4架E－2C预警机,目的是增强远距离监视能力,既能覆盖整个朝鲜半岛,自身又不受威胁;与海军联合购买160架无人侦察机,以及计划研制和发射"科学实验"侦察卫星,尽早建立自主的空中监视预警系统,引进C4I系统以实现战区指挥与控制自动化。

其次,更新完善通信设施,以提高情报信息的自动化处理能力和实时传递能力,加快情报信息的传输、处理速度,灵活反应,及早准备适时攻击。

由固守防御向攻势防御发展

韩空军认为,原来那种主要担负支援陆军固守防御作战任务的弱小空军力量已远远不能适应未来作战需要,再加上韩国特殊的地理环境条件,地形狭长,三面环海,纵深较浅,要抵挡住敌之进攻,必须采取攻势防御战略。为实现这一战略,韩国空军正采取以下措施,致力于发展空战武器、防空系统等。

技术改进

韩空军运用新技术对现装备的 F－4、F－5 等几种机型进行现代化改造,为 F－4 战斗机安装了 APG－68 型机载雷达、夜间低空导航设备、红外搜索设备,以及先进的武器投射系统等,可携带 AIM－7"麻雀"和 AIM－9L"响尾蛇"空空导弹,具有中远距攻击能力;为 F－5 战斗机换装了多功能火控雷达、激光测距器、平视显示器和惯性制导系统等,并加装了 AGM－65"小牛"电视制导导弹,使之具备了较强的空战和对地攻击能力。

自行生产

1991 年,韩空军决定生产 F－16 战斗机,目前已进入国产化阶段;由大宇重工集团研制生产的"天马"地空导弹系统目前已造出 2 台样机并开始试验,该系统携带韩自制的导弹。

积极引进

1986 年以来,韩国空军共引进各型飞机 207 架。主要有 F－16、F－4E、RF－4E(侦察型)等战斗机和 C－130、CN－235 运输机。还计划耗资数十亿美元购买美国的 F－15、俄罗斯的"苏－35"、法国的"狂风"以及 EF－2000 等各型战斗机 120 架,所购飞机预计 2002 年开始服役;另外,还打算从美国引进 80～100 架 UH－60P 直升机,从荷兰引进 12 架"福克－100"运输机。韩空军为加强防空力量建设,大量购进各种导弹系统。主要有 AIM－7E"麻雀"、AIM－9L"响尾蛇"和 980 余枚"西北风"等导弹系统。最新消息表明,韩国正在就准备从俄罗斯购买 S－300V 防空导弹系统问题谋求美国的同意。

寻求国际合作

由于经费比较紧张,韩国的 TKX－2 高级教练机和轻型攻击机计划延误了研制时间。

对此,韩国三星宇航公司已开始寻求国际合作来分担费用,以使该计划的研制费用控制在 20 亿美元以下。1997 年研制工作已全面展开,2000 年进行首次试飞,2003 年服役。另外,将在法国"新一代响尾蛇"防空导弹系统的基础上研制"柏枢索斯"低空近程地空导弹系统。韩国军方对这一做法给予了充分肯定,认为"研制这样的系统比购买这样的系统强",这对加快其空军建设将起到促进作用。因此,韩空军的攻势防御能力可望在 21 世纪得到大大加强。

由沿岸防御向远海防御发展

由于韩国与周边国家在大陆架划分、海洋权益等方面存在分歧,并与日本有领土之争。

为保卫领海领空不受侵犯,维护海上通道的安全,增强防御的弹性,韩空军提出远洋防御的作战指导思想,大力提高空军的远程作战能力,建设能适应未来多元化安保环境需要的"战略型空军"。尤其是近几年,韩国更加重视航空航天技术的开发和研究。1989 年,韩国成立了"韩国航空宇宙研究院",并在政府内设立了"航宇工业开发政策委员会",统一领导航空航天工业,到 2000 年达到世界第十二位的水平,最近决定投资 42 亿美元。

2 亿美元用于发展航空航天工业,此举为自行研制高性能作战飞机奠定了基础。韩空军利用这一契机,规定今后大力发展新型战斗机,其作战半径不少于 1000 千米,并积极谋求从国外引进空中加油技术,将进一步提高远海防御能力。目前,韩空军的防空系统能探测距离为 850～200 千米的高、中、低空目标,日指挥引导能力为 800 余批次飞机;其防空拦截能力可达朝鲜半岛全境和整个黄海空域,具备了远海作战的基本条件。

第四节 科学数据——21 世纪航天数据存储技术

航天工程需要采集大量数据。但航天飞行任务获取数据的能力,受地面站数量、分布或数据中继卫星可用性的限制,在许多场合需要星(船)上数据存储的支持。

为了解太阳系和宇宙的形成与演变、生命起源与进化以及地球环境的形成过程而进行的空间探测,需要收集大量科学数据。但由于飞船飞越行星的探测时间十分短促,与地球相距遥远,实时传输能力极其有限。在目标星处于飞船与地球之间受到遮挡的情况下,则无法实时传回数据。因此,空间探测器无不配备星(船)载记录器以存储和重放数据。

星(船)载记录器的故障可使任务数据损失 75%,甚至导致整个飞行任务失败。

对地观测卫星为了获取全球图像,星上数据存储能力至关重要。法国斯波特资源卫星是目前国际上最主要的遥感图像来源。据斯波特 24 计划主管让·皮埃尔·米丹称,如果没有星上数据存储能力,斯波特卫星只能完成其任务的

40％左右。

即使有数据中继卫星,在可以通过星－星－地传输方式获取数据的条件下,星(船)上数据存储能力仍是不可缺少的。首先,当飞行器处在地面站接收范围之外,或处于中继卫星的盲区或占线状态时,需要用星(船)载记录器作为缓冲器,暂存星上仪器产生的数据,待飞行器进入地面站接收范围或中继卫星线路可用时,重放数据传回地面。同时,星(船)载记录器还可作为数据率变换器,加速重放,缩短或减少中继卫星与地面站接触时间,以减轻中继卫星的高峰负荷,实现更有效的调度。

1. 精密价昂——航天数据存储技术的特点

航天数据存储技术具有不同于一般信息存储技术的鲜明特点:

一、体积、重量和功耗受到严格限制

二、长寿命、高可靠性——星载记录器一般要求工作寿命 3～5 年,每年开/关机 100000 次以上;寿命初期误码率 $5 \times 10 - 7$,寿命末期达到 $10 - 6$。

三、具有极强的生存能力——记录再入参数的导弹记录器和载人飞船应急记录器,要求在极端恶劣的力学环境下,保证记录结果完好无损。触地回收(通常称为硬回收)导弹记录器承受触地瞬间高达 200000～300000g 的冲击加速度和由巨大动能产生的高温、高压气流的强烈冲击。载人飞船应急记录器,要求能承受 1000g、5ms 的三向冲击,在 1000℃～1500℃火焰中可坚持 30 分钟,并能在海水中浸泡 30 天以上。

四、工作环境苛刻——星(船)载记录器不仅要承受发射阶段的强烈振动、冲击,还要长期工作在飞行轨道的真空、高低温环境中,承受空间的自然辐射,而且不能发生单粒子翻转、闩锁或性能下降。某些空间探测任务还提出了极富挑战性的要求。例如以确定火星上是否有生命为主要探测目的的海盗号计划,为了保证实验的完整性,保护火星环境不受污染,要求火星着陆器内部设备事先经过 110℃以上至少持续 54 小时的高温灭菌。要求船载记录器在白昼温度 -29.4℃,夜间低达 -87.2℃的火星表面存活 90 天以上。

五、开发费用巨大、售价昂贵——由于航天数据存储设备技术精密复杂,工作条件苛刻,市场狭小,因而研制周期长,开发费用很大,售价昂贵。20 世纪 70 年代初,美国为内行星和行星际空间探测器水星号和火星探测器海盗号着陆器研制船载磁记录器分别投入了 316.6 万和 20 万美元开发费,每台记录器价格分别为 25 万和 27.5 万美元。一台对地观测卫星记录器的价格约需 350～500 万美元。

存储容量 1～10 吉比特的固态记录器的售价目前约需 120～160 万美元。

2. 渐入佳境——航天数据存储技术现状

一、磁记录器

使用星载磁记录器存储数据的历史,可追溯到 20 世纪 50 年代末。1959 年 2 月 17 日发射的美国先驱者气象卫星装载了第一台回环式空间磁记录器,可记录 50 分钟红外观测系统采集的云图,在一分钟内重放完毕,轨道寿命 2 周。美国于 20 世纪 60 年代初发射的一系列电视红外观测卫星泰罗斯,大幅度改进了星载磁记录器的设计,要求轨道寿命达到 6 个月。泰罗斯 2 于 1960 年 11 月 23 日发射,到 1962 年 5 月在轨运行 17 个月,记录器工作正常。

陆地卫星 1～3 每颗星装载两台磁记录器,可录放 30 分钟 4 兆赫 RBV 模拟数据,或每秒 15 兆比特 MSS 数字数据,存储容量 30 吉比特,设计寿命为录/放循环 4000 次。

载人航天飞行从美国第一个载人飞船系列水手号(1961 年 5 月～1963 年 5 月),第二个载人航天器双子星座飞船(1965 年 3 月～1966 年 11 月),阿波罗登月飞行(1969 年 7 月～1972 年 12 月),欧洲第一个可重复使用的载人空间实验室,到美国航天飞机都广泛采用磁带记录器存储数据。挑战者号航天飞机 1984 年 10 月 5 日至 13 日的飞行任务共载有 10 台空间磁记录器。此次飞行的主要实验项目是用成像雷达 SIR2B 绘制地面图形,由高数据率磁记录器(HDRR)暂存,再经过跟踪与数据中继卫星(TDRS)传往约翰逊航天中心。但由于航天飞机的天线瞄准问题和后来 TDRS 的暂时性故障,HDRR 成为获取有效数据的重要来源。

1986 年 1 月 28 日失事的挑战者号航天飞机使用在正常环境工作的高密度数字磁记录器记录发动机工作参数、座舱环境及航天员的话音。失事后回收时,记录器已在 27.5 米深的海水中浸泡了 6 周,外壳破裂,磁带卷板结,已无法使记录层不受损伤地打开。经过复杂周密的特殊处理,读出了 90% 以上的数据和全部话音记录。

由于受技术发展水平的限制,早期的空间磁记录器曾是美国航天器中最易出故障的部件。据戈达德航天中心等 6 单位统计,1962～1972 年 10 年间,美国航宇局和美国空军共发射 10 家厂商生产的空间记录器 36 种 163 台,空间运行时间达 307435 小时,平均故障率 116.656/106 小时。基于旋转磁头记录技术的陆地卫星 1～3 星载磁记录器,曾先后出现故障。此后,固定磁头纵向记录技术兴起,不断改进完善,仅仅几年时间就使空间磁记录器成为美国航天器中最耐用、最可靠的部件。1971～1991 年,在无人飞行任务中共有 135 台记录器发射升空,有 54 台记录器随航天飞机及其有效载荷发射并返回地面,平均无故障间隔 >120000 小时。典型深空探测记录器的工作寿命可达到走带 32000 次,相当于磁带通过磁头运行 30000 千米,误码率不大于 10-6。

其中,恒张力弹簧的寿命可达循环 60000 次以上。用手表发条类比,相当于每天上紧一次,连续工作 164 年。海盗号着陆器磁记录器设计寿命为在火星表面存活 90 天。

实际上,在火星轨道器机动燃料耗尽,信号丢失 6 年之后,记录器仍在工作。

近年来,记录密度更高的旋转头螺旋扫描磁带记录技术发展成熟,开始进入航天工程领域,1993 年初,首次在美国航天飞机飞行任务中应用成功。1994 年 4 月 20 日,美国奋进号航天飞机开始为期 11 天、行程 724 万千米的飞行任务,机上装有多国天基成像雷达 SIR - C/X - SAR。飞行期间,成像雷达使用 3 台机载高密度数字旋转头磁记录器记录收集了覆盖 5000 万平方千米的地面图像数据。SIR - C 数据率为 180 兆比特/秒,X - SAR 数据率为 45 兆比特/秒,总数据率达 225 兆比特/秒,数据量约 32 × 1012 比特。航天飞机共携带了 160 盒磁带。

我国星载磁记录器的研制工作起步于 20 世纪 60 年代。装在返回式卫星回收舱内的星载磁记录器,用于记录返回段至触地段的全部工程参数及监测信号。1975 年 11 月 26 日发射的返回式卫星装载的磁记录器在接近硬回收的条件下,仍成功地回收了记录磁带,取得了宝贵的数据。

风云一号(01 批)气象卫星装载的磁记录器于 1990 年 9 月 3 日发射上天。两台星载磁记录器一台在轨工作,另一台在轨备份。一年后进行在轨测试,两台记录器工作正常。

由记录器记录/重放的延时云图清晰度接近美国泰罗斯 2N/诺阿卫星的数字化甚高分辨率实时传输云图的水平。经星载磁记录器记录回收得到的工程遥测数据,为分析卫星姿控系统故障原因提供了重要依据。

目前正在为资源一号卫星、风云一号(02 批)卫星等三种卫星研制星载磁记录器。

其中,资源一号星载记录器数据率 53 兆比特/秒,存储容量 47 吉比特,已转入初样生产。

风云一号(02 批)星载记录器目前已转入初样生产。

二、固态存储

以固态存储器件为基础的固态记录器进入空间应用领域大体上始于 20 世纪 70 年代末。1979 年,德国道尼尔公司为哈勃空间望远镜微光相机研制的图像/事件存储器,由 4KCMOSRAM 组成,存储容量 4 兆比特,数据率 10 兆比特/秒,功耗 15 瓦。1990 年开始在轨运行。

受器件存储密度的限制,早期固态记录器的容量很小,价格昂贵。随着固态器件存储密度的飞速提高,20 世纪 80 年代末在低地球轨道商业卫星成像系统对于数据存储不断增长的强烈要求驱使下,各厂家开始竞相研制星载大容量固态记录器。这些研制工作最初都以取代磁带记录器为目标,对用户完全透明,其外形、安装、功能与磁记录器完全相同。例如,美国费尔柴尔德空间公司以 256KCMOSRAM 为基础,为极轨地磁测量卫星 POGS(STPP8722)研制的固态记录器,存储容量 512 兆比特(最大 16.4 吉比特),1990 年 4 月发射。

该公司的固态记录器还用于戈达德航天中心的其他一些飞行计划。

我国从 20 世纪 70 年代末开始研制弹载、箭载和星载固态记录器。弹、箭载固态记录器主要用于级间分离、滑行段及再入段遥测信号的延时传输;星载固态记录器主要用于记忆重发地球背面参数。它们大多为遥测系统配套产品,容量较小。

实践四号卫星星上遥测设备中的固态记录器采用 256 千比特 CMOS 静态随机存取存贮器(SRAM)器件,存储容量 2 兆比特。星上配置两台,一台实时工作,另一台热备份。任务要求寿命 0.5 年,每天工作 24 小时。

1994 年 2 月 4 日发射,在半年工作期间,从未出现单粒子翻转或单粒子闩锁事件。实践四号在轨工作一年后,于 1995 年 2 月 17 日测试,固态记录器仍然工作正常。

三'磁盘与光盘

磁盘与光盘均为旋转式直接存取存储设备。在操作可靠性和介质寿命方面,光盘更具优势。磁光盘是主要的可擦写光盘。

1996 年 10 月 20 日发射升空,11 月 4 日返回地面的我国第 17 颗返回式科学探测和技术试验卫星,首次搭载了加固型 3.5 英寸(9 厘米)磁光盘机,数据率(连续)8~9兆比特/秒,存储容量1.84吉比特,误码率10-12。飞行期间对三类数据进行了4次读/写试验,取得了圆满成功。

3.前景广阔——航天数据存储技术发展趋势

一、数据率更高,数据量急剧增加

随着新型遥感器的发展,航天飞行的数据量将急剧增加。21世纪初,轨道科学仪器产生的数据预计将增加几个数量级。电子侦察系统的数据率将普遍超过100兆比特/秒,大型传输型侦察卫星的数据率将达300兆比特/秒,要求存储容量达1000吉比特。

二、传统磁记录技术进一步完善

传统的空间磁记录器,将进一步提高记录密度,提高可靠性,延长工作寿命。直至20世纪末,西方所有大型对地观测遥感平台,都将继续使用星载磁记录器存储数据。从我国国情出发,传统的固定磁头纵向记录格式长寿命星载磁记录器直至21世纪初叶将继续发挥重要作用。

三、旋转头磁记录技术崛起

19毫米ID21格式旋转头螺旋扫描盒带磁记录器将进入航天应用领域,成为新一代空间记录器。作为星上数据暂存器或通信线路缓冲器,为雷达成像卫星和传输型详查卫星服务的高数据率超大容量数据存储设备,在近期内,旋转头螺旋扫描磁带记录仍是唯一可行的技术途径。

四、固态记录技术方兴未艾

半导体存储器件的集成度大约每3年翻两番。1994年底日本三菱电子、日本电气、东芝、富士通和日立等公司平均月产16兆比特动态随机存取存储器(DRAM)50~100万片。1994年底出现64兆比特DRAM原型样品。日本、美国和德国公司正在试制256兆比特的DRAM。韩国三星公司已完成1吉比特同步DRAM(S2DRAM)原型样品,声称将于1997年推出工程样品,2000年后批量投产。这无疑将推动固态记录器向更大容量发展。固态存储记录技术方兴未艾,其空间应用前景广阔。

21世纪初星载固态记录器的大致轮廓如下:用户总容量200~500吉比特;数据率达300兆比特/秒;功耗30~100瓦;重量30~90千克;体积40~100升;4年可靠性0.95~0.98;误码率10-11~10-13;采用16/64兆比特耐辐照CMOSDRAM存储器件。

抗辐照强度总剂量 40 千拉德(Si),通过检测校正抗单粒子翻转,用过流检测与电源线路切换抗闩锁;工作温度范围 - 40℃ ~ + 80℃;可实现容量升级。届时,可能出现用户容量 1 ~ 8 吉比特;数据率≥100 兆比特/秒。

每板功耗 0.5 ~ 4 瓦;重量 1 ~ 2 千克,适合随机/顺序存取的单板固态记录器。

五、多种存储技术组成新格局

预计到 20 世纪末,随着波长 532 纳米的绿色固态激光器的问世,5125 英寸(13 厘米)磁光盘的容量可达 5 ~ 6 吉比特。采用多束激光二极管阵列,数据率将达 80 ~ 160 兆比特/秒。使用轻型光头,存取时间接近硬盘。

未来的载人航天飞行,将需要在飞船上存储控制程序、校准数据和为船上数据处理提供工作存储,以便在例行监视中减少下行线路带宽。自主能力更强的飞船,以及由机器人进行检测和维修时,还需要存储知识库、参考图和原理图。所有这些任务都需要具有直接存取能力的记录器来完成。它为磁盘、磁光盘等直接存取记录器提供了用武之地。

第五节　海上猎手——21 世纪美国海军的反潜装备

反潜战在美国海军的海上作战中占有十分重要的位置。特别是冷战结束以后,美海军对其海上战略进行了重大调整,将主要作战方式由在海上的远洋作战转变为从海上实施的联合作战,将主战场由远洋转变为沿海地带,这对美海军的反潜作战能力提出了新的挑战,要求所使用的反潜装备必须要能够在浅水及沿海区域环境噪声强烈、声学条件复杂的情况下有效地对付新一代"安静"型潜艇。

为此,近几年来,美海军十分重视发展先进的反潜战装备,并力争在 21 世纪保持在这一领域的技术优势。

1. 三大体系——反潜平台

美海军的反潜平台由空中、水面和水下三大部分构成。其中,空中平台和水下平台是反潜战的主体。

空中平台

1990 年 4 月,美海军接收了第 50 架也是最后一架 P – 3C 改进Ⅲ型"猎户座"岸基海上巡逻机。该型机引入了 IBM 公司的 AN/UYS – 1 型"变幻海神"声学处理器、新型的 AN/ARR – 78 声呐浮标信号接收机,使其反潜战能力得到了提高。从 1994 年起,美海军开始对现役的约 267 架 P – 3C 进行延长服役期的改进。

另外,美海军已计划从 2002 年起,对 P – 3C 进行进一步改进,主要内容是引入改进型增程回声测距/机载主动接收器(IEER/ADAR)系统、先进的磁异探测仪(MAD)及先进的潜望镜探测雷达。经此改进后,P – 3C 将明显增强在浅水区及沿海海域的反潜战能力,并将至少服役至 2015 年。

在美海军航母编队中实施远程反潜战的是 S – 3B"北欧海盗"航母载固定翼反潜机。该型机可部署在航母前方约 200 千米处进行反潜巡逻和对潜攻击。目前,美海军已考虑在该型机上装备 IEER/ADAR 系统、新型的合成孔径/逆合成孔径雷达(SAR/ISAR)、运动目标指示器(MTI)、高清晰度多功能前视红外/微光电视(LLLTV)和激光测距指示器,并将对联合海上信息系统(JMCIS)的机载设备进行改进。经上述改进后,该型机可服役至 2015 年。

舰载直升机是美海军航母编队重要的中程反潜力量。

目前,美海军航母上搭载的为 SH – 60F"海鹰"航母内区反潜直升机,其他水面舰艇搭载的是 SH – 60B"海鹰""拉姆普斯Ⅲ"直升机。为提高 SH – 60 系列直升机的浅水反潜战能力,美海军已开始实施一项名为"SH – 60R/60R(V)多功能直升机"的改进计划。计划的核心是在现有 SH – 60B/F 中加装机载低频声纳(ALFS)、具有 ISAR 和潜望镜探测功能的多模式雷达、电子支援措施(ESM)系统及综合自卫系统。改进后的直升机可服役至 2020 年。

水面平台

为了自卫以及对进入航母编队内部的敌方潜艇进行攻击,美海军十分重视水面舰艇的反潜战能力。目前,美海军可担负反潜战任务的有"提康德罗加"级导弹巡洋舰,"阿利·伯克"级、"斯普鲁恩斯"级导弹驱逐舰和"佩里"级导弹护卫舰。这些舰艇均搭载有 SH – 60B"拉姆普斯Ⅲ"反潜直升机,装备有美海军最先进的水面舰艇反潜战作战系统。它们的反潜战能力将随着舰载直升机及舰载反潜武器和电子设备的改进而不断得到增强。

另外,"阿利·伯克"级导弹驱逐舰已从该级的"奥斯卡·奥斯汀"号(DDG – 79)起搭载两架直升机,这将明显提高该级舰的反潜战能力。值得注意的是,美海军已正式启动了 SC – 21 水面舰艇计划,首舰将在 2008 年服役。随着各种先进技术在 SC – 21 上的应用,该型舰也将成为有效的反潜平台。

水下平台

为在 21 世纪代替"洛杉矶"级核动力攻击型潜艇,并提高浅水及沿海反潜作战能力,美海军已开始设计建造新一代攻击型核潜艇。新型攻击型核潜艇(NSSN)将装备先进的声学、信号处理及武器系统,除具有传统的远洋反潜战功能外,还将加强浅水及沿海作战能力,并能完成主/被动布雷、特种部队输送、战斗群支援、情报收集及监视、制海、对陆攻击等多种任务。在设计和建造中将采用先进的壳体吸波技术、电磁抑制及消声技术。

为提高反潜能力,将采用潜艇区域反潜战系统、轻型宽口径线列阵声纳、先进的鱼雷发射系统、水下遥控航行器、收发分置信号处理系统、被动测距/目标运动分析系统、非声学传感器、具有自适应波束形成及线列阵形状调整功能的多线拖曳线列阵声纳等当今世界最前沿的反潜技术和反潜设备。该级艇还将采用模块化设计,以使其能够快速进行改装以适应多种作战需要。基线型 NSSN 长约 113 米,排水量 7700 吨,动力装置为 S9G 核反应堆,水下航速 25 节,编制艇员 113 人,主要反潜武器为 24 条 MK48 ADCAP 重型鱼雷。

首艇的先期采购于 1996 年拨款,按目前的计划,2、3、4 号艇将分别在 1999、2001 和 2002 年拨款,总建造数量将达 30 艘。

2. 武器装备——反潜武器

美海军的反潜武器包括反潜导弹、反潜鱼雷和反潜水雷。

反潜导弹

美海军目前使用的反潜导弹有两个型号,一个是水面舰艇装备使用、90 年代初服役的垂直发射"阿斯洛克"反潜导弹,另一个是核潜艇使用、60 年代服役的"萨布洛克"反潜导弹。

这两型导弹自服役后即进行了多次改进,特别是"萨布洛克"70% 的组件已被更换或重新设计。由于美海军远程反潜武器(ASWSOW)的研制工作进展缓慢,这两型导弹将伴随美海军进入 21 世纪。

反潜鱼雷

美国国防部已考虑在 2020 年之前不再为美国海军研制生产新型鱼雷,将鱼雷的发展重点放在对现役鱼雷的技术改进上。

在 1995 年 12 月制造商向美国海军交付了最后一批 MK48ADCAP(先进能力)重型鱼雷后,美国海军即着手制定该型鱼雷的改进计划,以提高其对付深水及浅水目标的能力。主要措施是改进推进系统,引入消声设备来减小由奥托燃料驱动的旋转斜盘活塞式发动机的辐射噪声;改进制导及控制系统,引入商用成品(COTS)处理器和一种新的信号接收机。

MK – 48ADCAP 的软件也将被改进。

美海军的 MK50 先进型轻型鱼雷的生产在 1996 年结束。威斯汀豪斯公司和阿兰特技术系统公司通过 5 年的低速生产,共交付了 1063 条 MK50 鱼雷。

该型鱼雷采用 SCEPS(贮存化学能推进系统)发动机推进,装有定向爆炸战斗部,既可对付高航速、大潜深的目标,又可对付潜望深度目标。由于财政的限制及作战要求的变化,美国海军不准备再采购 MK50 鱼雷,转而对现役的 MK46 轻型鱼雷进行现代化改进。

1993 年,美国海军作战部长办公室决定实施一项费用和可行性研究,来评估将 MK46 和 MK50 的技术优势组合在一起来生产一种轻型复合鱼雷(LHT)的可行性。

经过充分论证后,1996 年 6 月,美国海军海上系统指挥部与阿兰特技术系统公司的海上系统分公司、休斯公司签订了一项价值 1320 万美元的合同,由这两家公司联合研制 LHT。

在研制合同下,将采购 31 条 LHT 用作工程发展模型,试验将于 2001 年结束,低速生产预计从 1999 年初开始,大规模生产将于 2002 年开始。LHT(正式名称为 MK46Mod8)将混合采用 MK46、MK48ADCAP 及 MK50 的先进技术,主要包括 MK50 的前部线列阵和发射机、MK46 的 MK103 战斗部和推进系统及 MK48 重型鱼雷的变速控制板。还将采用新型数字化接收机、深度传感器和运行 MK48ADCAP 及 MK50 战术软件的信号和战术处理器等 COTS 电子器件。

除此之外,LHT 还将采用新型的壳体及换能器。

反潜水雷

截至 1997 年,美海军的武器库中有两个型号的反潜水雷,即 MK60 反潜密封鱼雷(CAPTOR)和 MK67 潜艇布放自航式水雷(SLMM)。这两型水雷正在被阶段性退役。考虑到水雷在未来海上封锁作战中的重要作用,美海军水下战中心已提出将早期的 MK48 鱼雷(非 ADCAP 型鱼雷)改为双战斗部 SLMM。被称为 MK48 高级 SLMM 的这种水雷将比 MK67 具有更大的航行距离和更精确的制导精度,可在一个初始位置布放第一颗水雷,然后自动航行一段距离布放第二颗水雷。该型水雷中将采用先进的可编程多感应(声/磁/震动/压力)MK71目标探测仪,可对各种水中目标进行有效的探测、分类、识别及攻击。

3.神经中枢——发展先进的反潜战传感器及指控系统

水声监视系统

综合水下监听系统(IUSS)是美海军现役主要的固定式水声监视系统(SO-SUS),可为美海军的各种反潜战平台提供反潜信息。它充分利用了现役通信技术和计算机信号处理技术,可在远距离对水声监视系统的水听器基阵进行监听。为提高该系统的有效性和可靠性,美海军已决定在1998年结束之前,在该系统的岸上设备中加装海岸信息处理系统(SSIPS)和监视指示系统(SDS)。

为确保能在21世纪提供长期有效的水下监听能力,美海军已研制了一种固定式分布系统(FDS)。该系统由水下部分(主要是与光缆相连的水听器基阵)和SSIPS两大部分构成,海底水听器基阵可部署在远海、海峡或近海区域。FDS与研究中的高级可部署式系统(ADS)、SOSUS以及舰艇使用的拖曳线列阵声呐相结合,可以较好地为各种平台提供反潜战信息。

ADS是美海军正在研制中的一种可快速部署的高机动性水下监视系统,它采用了模块化设计方法,可随海上作战编队一道行动,对探测浅水区活动的核动力潜艇和安静型常规潜艇十分有效,能为编队指挥提供准确的威胁位置信息和可靠的海洋图像。按计划,ADS将在2003~2004年间进入舰队服役。

水面舰艇反潜战系统美海军从20世纪90年代初开始对其水面舰艇广泛装备的AN/SQQ-89水面反潜作战系统进行了改进,改进后的系统被称为"啸声(Squeaky)-89"。目前"啸声-89"已装备"提康德罗加"级导弹巡洋舰、"阿利·伯克"级、"斯普鲁恩斯"级导弹驱逐舰和"佩里"级导弹护卫舰。

该系统由七大部分组成,分别是:AN/SQS-53C/56主/被动舰壳声纳、SQR-19战术拖曳线列阵声呐、MK116反潜战火控系统、AN/SQQ-28声纳浮标处理器、AN/SQR-4SH-60B直升机数据链、AN/UYQ-25B声呐就位模式估计系统(SIMAS)和AN/USQ-132战术显示支援系统(TDSS)。为提高该系统的反潜战能力,美海军目前已着手对该系统作进一步的改进,改进的主要内容有:①用SH-60R直升机代替SH-60B直升机。②利用拖曳式主动接收分系统(TRAS)在SQS-53C/D舰壳声呐、SH-60R直升机载低频声纳和本系统之间进行双向或多向收发分置信息传递。③使用低频主动收发分置接收、处理和显示技术。④加装遥控猎雷处理及显示系统。⑤采用先进的回声跟踪分类仪（ETC）来提高主动分类能力。⑥采用轻型宽波段变深声呐（LBVDS）。⑦采用多传感器鱼雷识别及告警处理器。⑧采用可对来袭鱼雷进行欺骗的展开式声学诱饵。

改进后的系统被称为 SQQ‑89I，将装备新建造的"阿利·伯克"级驱逐舰及 SC‑21 水面舰艇。

4. 功能超强——潜艇作战系统

美海军的潜艇作战系统一直处在不断改进之中，并广泛吸收了当代最先进的信息处理技术。目前最先进的是安装在"海狼"级核动力攻击型潜艇上的AN/BSY‑2 潜艇作战系统。该系统综合了声呐跟踪、监听和发射 MK48 鱼雷和"战斧"巡航导弹的全部功能。它从 1996 年以来一直在进行海上试验，试验证明该系统具有良好的可操作性、可靠性和较短的响应时间，其总体性能明显优于"洛杉矶"级使用的 CCSMK‑1 和 MK‑2 潜艇作战系统。

为提高潜艇反潜战效能，美海军已开始实施一项在现有潜艇作战系统中采用市场现成设备的计划。整个计划完成后，可极大地提高"洛杉矶"级潜艇的反潜作战能力，并可为未来美海军潜艇作战系统的研制提供有益的帮助。

第六节 兵器新秀——21 世纪轻武器

本文介绍一种新型武器——理想班组支援武器。据国外多种杂志提供的信息，这是美国正在进行论证和研制的一种新的轻型支援武器。本文在介绍其基本情况的基础上，对理想班组支援武器系统进行一些初步分析。

1. 崭露头角——美国理想班组支援武器

理想班组支援武器，是一种双人使用的步兵轻型支援武器，也有的称其为榴弹机枪或榴弹发射器，现在研制中的初样机是一种采用导气式自动原理、闭膛待击、可选择射击的自动武器。主要用于杀伤生动目标或毁伤轻型装甲目标，也可用于对付低空目标，是美国理想轻武器族中的一个重要武器系统。该武器是 20 世纪 90 年代中期由美国三军轻武器发展规划委员会提出的,随后组成了以普莱梅克斯技术公司(即著名的前奥林军械公司)为首的研制小组,组员有奥利康·康特拉维斯公司、休斯飞机公司、戴龙公司、三军轻武器规划委员会、通用动力军械系统公司(即前马丁军械系统公司)等。具体分工是:普莱梅克斯技术公司负责武器总装、杀伤弹研制和弹药效果分析;康特拉维斯公司和休斯飞机公司负责火控系统的研制;戴龙公司负责新型引信研制。通用动力军械系统公司承担发射器和三脚架的工程设计与研制;三军轻武器规划委员会负责战术技术要求论证、总体规划和政府技术咨询。

1996 年之前是总体论证阶段,主要确定武器的战术使命、主要技术途径和口径等;1996 年开始进入初样机研制阶段;1997 年年中进行第一轮试验;总体论证阶段于 1998 年结束。

美国陆军规划委员会要求研制单位提供三挺发射器和 4000 发样弹,以便于 1998 年 2 月进行试验。

2.技术创新——战术与历史背景

一、不断求新是美国武器发展的特点

翻开美国的武器发展史,可以看出美国在武器的研制上总是不断求新,在各个历史时期,都有站在世界前列的先进武器,优秀的轻武器不胜枚举,如 MK19 自动榴弹发射器、勃朗宁机枪、M1 伽兰德步枪、M16 步枪等。这些武器因在战场上为美军立下赫赫战功而名噪全球。

进入 20 世纪 90 年代以后,尤其是海湾战争地面战的实践,对美军的步兵武器进行了一次实战考验,他们在战争中发现了自己武器的一些缺陷,通过战后总结,军方提出了改进现有班组支援武器的总体性能设想。经过几年探索,理想班组支援武器被列入美国三军规划办公室最近制订的“三军轻武器总规划”,并且是其中的一个重要武器系统。

二、理想班组支援武器是美军战术变化的产物

随着美国经济和科学技术的快速发展,各种高新技术在军事上的广泛应用,美军的战术也在不断改变,步兵战术改变的特征之一是“非接触式战术”,即充分利用己方武器优势,通过在远距离上摧毁敌方的火力系统,杀伤敌方的生动力量使敌人丧失战斗能力来实现己方的战术目的。这样就要求武器在威力、射程和精度等主要性能上占绝对压倒优势。

从美军现有步兵武器来看,还不可能达到这一点,美军现装备的步兵轻型支援武器(包括自动榴弹发射器、轻型反坦克反装甲武器和重机枪)在威力和射程等主要性能上都与俄罗斯、中国及西欧等主要国家基本相当,不具备压倒优势,因而在海湾战争中,美军主要依靠其空军、海军和战略战术导弹优势,对地面的军事和非军事目标进行地毯式轰炸,然后才敢进行步兵进攻。这样不仅消耗大(每天耗资高达五亿美元之巨),而且对目标的针对性很差,造成很多无辜伤亡,而在步兵进攻时仍旧顾虑重重,对敌方的实力损耗心中无底。假如海湾战争中伊拉克军队的士气高一点,组织得好一点,地面战的结果可能就完全不同了。

以理想班组支援武器为主的美国 21 世纪理想步兵武器族就是为适应美军这种"非接触式战术"的需要而产生的。

3.运用构成——主要战术任务及分析

一、主要战术任务

从理想班组支援武器的战术技术要求,可以推测出它的主要战术任务是:

1.毁伤 1000m 以内敌军的轻型装甲车。

2.压制 1500～2000m 之间的敌军各种火力点。

3.杀伤 2000m 内各种集团或零散生动目标。

4.毁坏 1000m 内的低空目标、海上目标,主要是低空飞机和轻型水上舰艇等。

二、组成

据现有国外资料分析,第一代理想班组支援武器系统主要由榴弹机枪、弹(含高精度近炸引信的高爆杀伤弹、训练和反器材弹、具有远距离搜索目标功能的自锻破片的破甲弹)和火控系统三大部分组成。

三、技术状况

据笔者掌握的资料分析,计划在武器系统上使用的高新技术主要有三项:微型高精度电子引信技术、微型末敏技术和微型激光火控系统。

1.高精度微型电子时间引信技术

在杀伤弹上使用的高精度微型电子时间引信,是一种可编程近炸引信,其主要特点是通过编程器对每发弹进行单独编程,编程器是火控系统与引信的接口部件,编程器利用自动装填机上的两个触点提供的电源激活引信的电子装置,装定引信的作用方式。火控系统提供给引信的各种信息,均以高频信号的形式发出,由引信头部的天线接收,收到信息后,编程器再进行引信的作用方式装定,如距离门的装定等。因此,引信在全弹道飞行过程中不受外界的干扰和影响,实际上是一种智能型电子引信。

2. 微型末敏技术

末敏技术是20世纪70年代才提出的新概念,80年代开始进行实质性研究,90年代进入工程研制阶段。目前进入工程研制的末敏弹主要有:美国的萨达姆、瑞典的博纳斯、德国的斯马特和法国的阿塞德末敏弹等几种大口径(如155、203、227等)弹药。

末敏技术是一种高新技术,国外弹药专家预测,将由此引发一场弹药(尤其是破甲技术)革命。据初步分析,美国理想班组支援武器配用的25聚能装药破甲弹就是一种配用末敏引信的聚能装药自锻破片穿甲弹,研制小组已要求军方于1999财政年度投资开始研制,但估计军方将会把这种小型破甲弹的研制放在最后,主要是因微型末敏技术的攻关比较艰难。

3. 微型火控系统

据资料分析,美国理想班组支援武器使用的火控系统是一种模块式综合瞄准具。这种系统是由微型热成像仪、微型激光测距仪、电子罗盘、红外照准器、微型计算机和显示系统组成。这种火控系统在综合性能上比美国已研制成功的轻武器通用火控系统萨玫克更好。萨玫克系统的测距范围90～3000m,可储存6种弹的射表,系统全重4.1kg,可配用于12.7M2式重机枪和40MK19式自动榴弹发射器等。

四、要求的战术技术性能和现已达到的水平

1. 要求的战术技术性能

根据外刊提供的资料分析,其主要战术技术性能是:口径25mm,武器单重10kg,弹重141g,有效射程2000m(人员)1000m(装甲),射速400rds/min,破甲深度51mm,配用弹种杀伤、训练和反器材、末敏自锻破片破甲弹。

2. 现已达到的水平

据1997年《国际防务评论》提供的信息,初样机阶段武器系统已达到的水平是:武器单重11kg,三脚架重3.6kg,火控系统重2.1kg,散布精度0.0012rad(1.2密位),弹重167g,射速260rds/min,初速425m/s,有效射程2000m(人员)1000m(装甲),配用弹种杀伤、训练和反器材弹。从现有水平看,与设想的要求有一定差距,但据报道,研制方对进一步减轻重量、提高精度和总体性能,持比较乐观态度,因样机采用的材料都是普通材料,如果采用高强度轻型材料,武器系统的全重可望进一步减轻。

五、计划取代的现有武器装备

据三军轻武器规划办公室的设想,该武器准备取代的武器系统有:12.7mmM2式重机枪、50(12.7mm)勃朗宁重机枪、7.62mmM60/M240式机枪和40mmMK19式自动榴弹发射器,部分取代5.56mmM249式机枪。

六、计划装备的部队和装备数量

按三军轻武器规划办公室的设想,理想班组支援武器研制成功后装备的部队有:陆军、空降兵、海军陆战队、海岸警卫队和特种作战部队等。三军轻武器规划办公室计划全军装备25000具,战时调整量50%。

4. 性能比拼——综合性能评估

理想班组支援武器是美国打算用长达14年(1994~2007)的时间研制的一种新型步兵支援武器系统,军方对它的期望值很高,从其所采用的一系列高新技术来看,它将是21世纪上半叶世界最先进的步兵武器。对这样一个武器系统,仅以目前所掌握的资料去进行定量的综合性能评价,显然是不可能的。因此,我们在这里只进行一些定性分析。

一、使用范围广

理想班组支援武器的装备使用范围比现装备的都广。该系统配用了杀伤弹、脱壳穿甲弹、自锻破片破甲弹等,因而可对付各种轻型装甲目标、生动目标、低空飞行目标和海上轻型目标等。

二、机动性大幅度提高

理想班组支援武器全重为10kg,是世界现装备的步兵支援武器所望尘莫及的,其重量为美国现装备的40mmMK19式榴弹发射器的28.7%,为50勃朗宁重机枪的26.3%。由此可见,其机动性的提高幅度是十分可观的。该系统操作使用和携行只需要两人即可,行军时一人带发射器,一人带三脚架和火控系统;使用时一人射击操作,一人负责供弹。如加装在武装直升机上,其优越性就更加突出了,美国现装在武装直升机上的M60C和M60D机枪的净重均为11kg。

三、减轻了单兵负荷,简化了后勤供应

按美国军方的设想,理想班组支援武器将取代多种现装备,这样,就大幅度减轻了单兵负荷,简化了后勤供应。从后勤供应看,现装备的几种武器,弹药供应就有40mm、12.7mm、7.62mm和5.56mm四种口径,装备理想班组支援武器系统后,只需供应一种口径的弹药,在弹药的储存、运输、发放和保管几个环节上,将节省很多人力和物力。

从单兵负荷看,与当前美军负荷最轻的M249轻机枪组比较,就可以说明问题了。M-49轻机枪组成员现在的个人负荷为9.3kg(其中机枪或三脚架约6.4kg,5.56mmM4式卡宾枪重2.9kg)。而根据美三军轻武器规划的计划,理想班组支援武器组成员单兵个人负荷不超过7.5kg(其中发射器10kg,三脚架重3.6kg,理想单兵自卫武器1.4kg),每人减轻1.8kg,减轻了20%左右,遇到紧急情况,可以多携带一个装31发弹的弹箱,而其单兵负荷与M60通用机枪组成员比较,减轻的幅度就更大了。

四、大幅度提高了作战效能

理想班组支援武器与美军现装备的轻型步兵支援武器比较,在精度、射程和威力三方面都有较大的提高。从射程看,其对生动目标的有效射程比40mmMK19式自动榴弹发射器提高了近500m,比M60通用机枪提高了200多米,提高的幅度分别为33%和11%;从威力看,40mmMK19自动榴弹发射器配用的M430杀伤/破甲弹的破甲深度为51mm,据我们计算,理想班组支援武器配用的直径10mm的脱壳穿甲弹,穿甲深度可达80～100mm,还不算配用的自锻破片破甲弹。

从精度看,使用前述三项高新技术后,预计首发命中率将提高到95%以上,更是现装备所不能比拟的。

5.技术核心——研究计划和关键技术

一、研究计划

按美国三军轻武器规划办公室的计划,1998年完成方案论证与研究,2001年完成工程研制,2006～2007年开始逐步装备部队。

二、需要攻关的关键技术

根据现有资料分析,美国在理想班组支援武器的研制过程中,需要组织攻关的关键技术主要有高精度电子时间引信、末敏技术和多功能火控系统微型化。

1. 末敏技术微型化

虽然末敏技术在弹上的应用是由美国首先搞起来的,但据情报分析,美国现有水平也只能在一些大口径弹药上使用,要在 25mm 的小弹上使用,还必须进一步微型化,其中的传感器、微处理机、螺旋机构的微型化是关键,比较容易解决的是自锻破片机构。

2. 高精度电子时间引信微型化

高精度电子时间引信是一种可大幅度提高弹的杀伤威力的引信,由于采用编程器,由火控系统指挥,不受外界干扰,可保证可靠作用,现用在瑞典博福斯 40mm3P－HV 杀伤榴弹上的高精度电子引信就可装定六种作用方式,已经是一种微型引信,但要用在 25mm 杀伤弹上,需要进一步微型化。

3. 火控系统微型化

按美国三军轻武器规划办公室的要求,将来配用于理想班组支援武器的火控系统全重只有 1kg,美军现装备的同类最新产品与其差距较大,美国现已研制成功的最先进的小型火控系统——轻武器通用火控系统重量为 4.1kg,新火控系统要保证与其相当的功能,重量减轻到 1kg,也还是有许多工作要做的。

几点结论

1. 美国正在进行论证研究的理想班组支援武器系统是一个性能先进的轻型步兵支援武器系统,是美军 21 世纪的换代武器装备。

2. 要全面达到设想的性能目标,还需要一个比较长的研究阶段,至少要到 2010 年才有可能首批装备部队,复杂弹种研制成功和装备部队的时间可能还要晚。

第七节 展翅鲲鹏——21 世纪的战斗机

1. 鹰击长空——法国"阵风"战斗机

"阵风"战斗机有明显技术优势,但会受计划拖延的影响。"阵风"战斗机是法国研制的一种双发、多用途战斗机,主要用于装备法国空军和海军。由于经费等问题,使其研制周期一再拖延。据目前计划,海军型要到 2000 年年中才能装备部队,比原计划晚了两三年之久;而空军型到 2003 年才可能交付。"阵风"将逐渐取代法国海军的"十字军战士"、"超军旗";法国空军的"幻影"F1、"美洲虎"以及老式的"幻影"2000 飞机。

目前,"阵风"在研制中出现了一些"出路"问题。一是法国军方现装备有相当数量较新型的战斗机(如"幻影"2000－5 和 2000D),因而对"阵风"的需求似乎不十分迫切;二是由于该计划研制进度一再推延,不仅使其丧失了一些出口机会,同时也使其技术先进性优势有所下降。例如,这已经成为"阵风"与第60批次 F-16 竞争阿联酋合同失败的根本原因。目前,法国有关方面都力图使"阵风"能按计划如期进行。

据称,目前"阵风"的研制工作进展还是"令人满意"的,其中包括电传操纵系统——这在其他一些飞机的研制过程中曾出现过严重的问题。有关人士称,与同类战斗机相比,"阵风"有其明显的技术和性能优势。例如,它的武器载量可达 8 吨,明显高于瑞典的 JAS39;它的多用途能力比"欧洲战斗机"的要好;其隐身性能和机载设备又优于 F-16 的 50/52 批次、甚至 60 批次。当然,它的性能确实不如 F-22,但 F-22 未必出口,而且这两种飞机本身就不属于同一类型和"代"级。

"阵风"飞机的机载电子设备非常先进,装有 RBE2 双轴、多功能雷达、"前扇区光学系统"(OSF)以及"防御辅助子系统"(DASS)。

RBE2 雷达是西欧第一种在大批生产战斗机上采用的电子扫描火控雷达,目前只有美国第四代战斗机 F-22 上采用了这类雷达(F-16 第 60 批次也许会采用)。RBE2 功能很强,具有不同的对空、对地、对海工作模式,并具有地形跟随/回避能力,而且能同时对不同的扇区进行扫描。

例如,它能在跟踪高空超音速喷气机的同时,搜索低空的直升机目标。"阵风"飞机有一个标准的空空和空地武器搭配方案,在空中能改变作战任务模式,或同时执行两项任务。

例如,对地实施精确攻击和超视距拦截。RBE2 雷达能实施雷达–导弹的数据传输,能为"米卡"EM 中距空空导弹提供目标指示数据,因而目标进入杀伤区前,导弹的导引头无需工作。RBE2 还具有多目标能力,在空空工作模式能同时跟踪 40 个目标,并能同时跟踪 8 个重要目标和同时攻击 4 个目标。

OSF 系统包括一个广角红外探测器和一台配有激光测距器的长焦距 CCD相机。这套设备装在座舱盖的前方,为飞行员提供一个广角视场。OSF 具有一些与雷达类似的功能,它不仅能在昼间和夜间探测敌方目标,并能在一个宽扇区范围进行目标跟踪,而且能进行目标识别和测距。

它的设计参数是与"米卡"导弹配套的,它能在 100~150 千米的范围发现目标,能在 50~70 千米的范围进行定位,在 40 千米进行精确测距。它能同时跟踪 10~20 个目标,并确定其中威胁最大的 8 个。OSF 还能与 RBE2 雷达、DASS 系统交联工作,以在保持其"低可探测性"的条件下,发挥各自的最大效能。有关人士宣称,上述三个系统数据的"融合"是"阵风"飞机的一个变革性的性能特点。虽然 OSF 主要是用于空对空任务的,但现也准备用于对地和对海任务。它能用于夜间导航,也能提供有限的侦察能力和有限的地面目标指示/测距能力。

DASS 系统具有良好的自防御能力,它包括:激光和雷达告警接收装置、红外导弹发射探测器、红外/光电/电磁诱饵投放器和一台数字式固态干扰机。它能向飞行员提供在空空和空地环境下的很精确的告警信息,而且无需发射雷达信号。

2. 空中轻骑——瑞典 JAS39"鹰狮"战机

JAS39"鹰狮"是瑞典研制的一种轻型多用途战斗机,它是西欧"三代半"战斗机中重量最轻、尺寸最小、最早投入使用的飞机。该机的总订购数为 204 架,现已交付的数量超过 50 架。去年年底瑞典空军司令宣布了第一个 JAS39A/B 战斗机中队已具备作战能力。这是瑞典空军 2000 年重整空中力量构想计划中的重要步骤。

瑞典自称 JAS39 是世界上第一种第四代战斗机,并相信该机将具有较强的出口潜力。为此萨伯公司和英国宇航公司(BAe)还专门成立了萨伯 – BAe"鹰狮"合资公司,专事该机的国际市场业务。该公司瞄准的是米格 – 21、米格 – 23、"幻影"F1、F – 5 和"龙"等第二代战斗机更新换代时的市场,并为此在出口型上采用了第三批次 C/D 型上的许多改进,包括:新型座舱(采用彩色多功能显示器)、改进的发动机和雷达以及可选红外搜索与跟踪系统。

另外,出口型上还将选装空中加油探管、北约式武器挂架及英语指令系统等。作为长远目标,萨伯公司还正在为争夺 2010 ~ 2020 年世界战斗机市场作长远的准备。

届时 F – 16、F/A – 18、"幻影"2000、米格 – 29 等第三代战斗机将到寿。为了能与美国的 JSF 竞争,公司正计划对 JAS39 进行一系列重大的改进。正在研究中的改进项目包括:采用推力矢量系统,以提高飞机的机动性和作战效能;选用推力更大的发动机;减少雷达和其他外部特征值,增强飞机的隐身性能;改装一部主动式相控阵雷达、下一代红外搜索与跟踪系统、电子支援系统及数据链。有关方面还在投资进行先进的电子扫描雷达的研制工作,最终将取代 PS – 05/A 多模式脉冲多普勒雷达;将具备挂装下一代超视距空空导弹的能力;采用下一代座舱人机界面,包括采用大屏幕显示器和先进头盔显示器;降低维护和使用费用。目前,瑞典有关方面还正在强调对该机进行提高其信息战能力的改进。

由于 JAS39 是在 20 世纪 80 年代初开始研制的,当时并没有刻意考虑隐身问题,所以现在也只能采用"折中"的隐身措施;主要是在进气口、座舱盖和雷达天线等部位做一些修改,以达到一定程度的隐身能力。目前公司还在研究如何进一步降低该机的雷达信号特征值问题,采用武器内挂方案也在研究之列。但这不仅会导致该机的尺寸和重量增加,价格也会随之提高。由于 JAS39 的机体尺寸较小,因而从隐身角度来讲是有利的。JAS39 在设计上对减轻飞机重量是相当重视的,机体的 25% 由碳纤维复合材料制成。

JAS39 飞机采用三角翼鸭式布局,利于提高飞机的机动性和敏捷性,该机机头指向能力颇受重视。机上装有全权限数字式飞行控制系统和先进的武器系统。JAS39 良好的多用途能力,使之适用于执行空战、对地攻击和侦察多种任务,并能在执行某种任务的过程中更改任务模式。

这对于提高部队的快速反应能力是十分有利的。JAS39 装有空对空战术信息数据传输系统,它能在飞机间以及飞机与海基、地基的探测装置间进行实时的信息传输。

瑞典有关人士指出,该系统对于提高 JAS39 机队的作战能力和快速反应能力有重要作用。机上还装有一套任务计划系统,可由飞机探测系统收集到的信息自动对数据库进行修正,还可通过利用与其他飞机相连的数据链来提高其效能。飞机的信息收集能力利于缩短任务周期时间,以提高飞机出动架次数。JAS39 在研制改进中还十分重视提高该机的再次出动率。

JAS39 执行空战任务的再次出动时间缩短为 10 分钟,执行对地攻击任务的再次出动时间缩短为 20 分钟。JAS39 在研制中充分考虑了瑞典空军在战时的疏散使用原则,能在数量众多的公路跑道上起降。瑞典有关人士称,军方计划对将于 2003～2007 年交付的第三批 JAS39 飞机进行较大范围的改进,其中包括加装 GPS 系统、数字化任务记录系统,降低了飞机信号特征,提高飞机挂载能力。这将涉及飞机的结构改变,起飞重量和着陆重量的增大。新型内装式电子战干扰系统正在研制中,它既可用于第三批飞机,也可装在早期的型号中。另一项重大改进是,座舱内将装 3 台 16 厘米×21 厘米(6.2×8.3 英寸)的大型彩色多功能显示器,使总显示面积达到 967 平方厘米(150 平方英寸)左右,这在战斗机中是少见的。目前,用于 JAS39 的头盔瞄准具也在研制之中。第三批

JAS39 的改进还包括:采用新型信号和数据处理计算机和全权限数字式发动机控制系统。

3. 自以为豪——日本 F－2 战机

F－2 是日美以第 40 批次 F－16C 为基础联合研制的,装备日本航空自卫队的近距空中支援战斗机。日本空中自卫队计划采购 130 架左右,其中单、双座分别为 83 和 47 架。

日本三菱重工和美国洛克希德－马丁公司为该计划的主要承包商。首架 F－2 原型机于 1995 年上半年开始试飞,第二架和第三、四架原型机也分别在 1995 年底和 1996 年进行了试飞,另外还有两架原型机用于进行地面静力和结构疲劳试验。该机原计划于 2000 年前开始装备部队,但由于该机在试验时发现了一系列诸如机翼裂缝、在低高度高速飞行试验中出现高频振动、机翼表面孔周应力集中、连接件损坏、飞机电机的某些传感器系统非正常启动以及备用电机损坏等问题,将导致该机的试验计划难以在原计划的 1999 年间完成,从而使该机的生产和交付时间有较大的推迟。按现在的计划,首架飞机将于 2000 年 3 月交付使用(原定于 1999 年)。目前公司正在针对上述问题进行各项改进工作。

无论如何,F－2 战斗机的研制成功使日本军方和军工部门受到了很大的鼓舞。在此基础上,日本已经酝酿研制他们的下一代战斗机。

所以,尽管近年来日本国防预算短缺,但 F－2 研制计划始终享有重要的优先地位。

F－2 虽然是以第 40 批次 F－16C 为基础研制的,但该机的新研部分占一半左右。根据合同,美方得到 40% 的工作份额。该机是一种多用途战斗机,能挂装各种武器,执行多种任务。其中包括:空中遮断,支援陆、海军作战以及进行对空作战等。F－2 战斗机将取代日本的 F－1 轻型支援战斗机,并与 F－4J、F－15J 协同使用。为满足日本的需求,F－2 在 F－16C 的基础上主要作了如下改动:机身加长 40 厘米,以增加载油量。

机翼和尾翼面积增大,采用新型复合材料,提高了飞机的隐身性能。

换装推力更大的 F110－GE－129 发动机;采用了日本自行研制的先进的火控雷达和电子战系统,机上先进的随控布局技术和四余度数字式电传操纵系统,使之具有更好的稳定性、操纵性和机动性;能挂装日本研制的各种空空和对舰、对地武器。

F-2采用了最先进的有源相控阵雷达,与F-22飞机上装的雷达属同一类。它的每个天线都可单独发射电波进行电子扫描,不需要转动天线,其搜索范围大、处理速度快、可靠性高,对海上驱逐舰大小的目标的作用距离为148～185千米。F-2的座舱相当先进,舱内装有一个大型多功能液晶显示器和一个平视显示器,取消了很多备用仪表。座舱采用了两片式强化风挡,提高了抗鸟撞性能。

F-2机载武器系统的毁伤威力较强,机上装一门20毫米的六管航炮,有13个外挂点(可同时使用11个)。机上可挂载各种空对面武器,其中包括:反舰导弹、反舰炸弹、常规炸弹、集束炸弹和火箭弹舱等。空空武器除航炮外,可挂装AAM-3和各型AIM-9"响尾蛇"导弹、AIM-7"麻雀"半主动雷达制导导弹和AAM-4发射后不管导弹。AAM-3和AAM-4是日本自行研制的。据称,前者的性能优于AIM-9L,后者与AIM-120相似。

F-2全长15.52米,机高4.96米,翼展11.13米,正常起飞重量约12吨,最大起飞重量22.1吨,均比F-16有所增加。它的最大平飞速度约M2.0,作战半径约450海里。据称,其空战能力和对地攻击能力,特别是海上打击能力,比F-16有较大提高。

4. 国家机密
——美国 F-22 战机上的 F-119-PW-100 发动机

F-119-PW-100的性能是美国空军高度保守的秘密。在Jane's及PrattWhitney公司的公开网址上除了最大加力推力35000磅的参数外,其他一律不得而知。

不过对于美国这样的国家来说,高度保密的东西一般说来是因为它没有什么优势可言。

大家记得在20世纪七八十年代F-100的性能是公开大吹特吹的。F-16上的AN/APG-66、F-15上的AN/APG-63、F-14上的AN/AWG-9、F-18上的AN/APG-65的探测,跟踪距离是见诸各杂志的。那时美国以为它保险地拥有对苏联20年的技术差距,所以发动机、雷达上的性能介绍都毫无保留。

但是20世纪80年代末苏联公开化后公开的发动机如D-30、D-90、AL-31,雷达如N001、Zhuk系列使美国意识到美俄技术差距根本没那么大。很多地方如 AL－31 的涡轮进口温度、耗油率指标、N001 探测距离等比美国同类产品要高,就逐渐地也学会了保密。

首先涵道比。根据文献(1),F－119－PW－100的涵道比是 0.2。与 Jane's 报道的 0.48 大不相同。我们认为 0.2 比较可信。这和超音速巡航对发动机的要求一致。

超音速巡航一般要求小涵道比发动机或者干脆涡喷发动机。小涵道比发动机非加力油耗较高,但加力油耗较低,这一点可以清楚地从 PW－1120 与 PW－1129 的比较中看出。

这也与 F－22 所要求的非加力超音速巡航一致,因为如果涵道比大,在相同的总推力下非加力推力就得减小。而这与非加力超音速巡航相抵触。所以其涵道比应该小于 F－100－PW－129A 的 0.36。而 0.2 我想是个非常适合的数字。这个数字也与公布的 F－119 的剖视图接近。

其次非加力推力。我估计在 115 到 125 千牛之间。道理比较简单。涵道比为 0.36 的 F－100－PW－129A 来说其最大干推力尚能达到 98 千牛,涵道比为 0.2 的 F－119 的最大干推力就应该为 110 千牛,因为两者的最大加力推力一样,同为 156 千牛。这是因为核心机的单位流量推力大大于外涵道的。另外文献(1)提到 F－119 的核心机流量是 F－100－PW－100 的两倍左右。这样的话最大干推力就应为 120 千牛左右。还有,F－22 不开加力,而仅仅使用最大干推力就能飞 M1.6,这一点也说明其推力应至少到 115 千牛量级。

第三油耗。作为小涵道比发动机,最大非加力油耗应该比同等技术的涵道比 0.7 到 1 左右的涡扇机高,而加力油耗较低。对比与 F－119 技术最接近的 F－100PW－129,参考 PW－1120 的加力油耗,并考虑到 F－119 涡轮进口温度会适当提高,我们估计非加力油耗 0.75－0.8Kg/小时 Kg 力,而加力油耗 1.8Kg/小时 Kg 力。这个数字 0.75－0.8Kg/小时 Kg 比 AL－31 的 0.67 高出 15%,部分解释了为何 F－22 机内载油多 SU－27 的 20%,作战半径却少 100 千米。

第四涡轮前温。由于 F－119 较 F－100－PW－220 等新近采用了单晶叶片和气膜冷却,估计应为 1700－1750K。

第五最大流量。以核心机流量两倍于 F－100－PW－100 的核心机为基准,参考两者涵道比,最大流量为 145Kg/秒,这与 156 千牛的最大加力推力匹配很好,同时加深了我们对前面几组数据推测的信心。

第六重量。表面上看,F－119 采用了级数很少的压气机、涡轮,采用了合金

C 钛压气机静子、喷管,并且风扇、压气机采用了整体式的叶片盘结构,减轻了重量,所以重量应该不大。但是该机有一个我认为败笔的喷管设计,既不能两维运动,也大大增加重量,还导致推力损失。F－100－PW－129A 的重量是1860 千克,F－119 核心机在其基础上因为减少的压气机涡轮级数会减重 40%,但加大的约 25% 的流量会加重 25%,整体盘叶设计减重 5%,合计核心机减重约 20%,也就是说若非因为喷管,整机应该减重约 13%,使 F－119 推重比从F－100－PW－129A的 8.56 提高到 9.8 或 10,正好是欧洲采用同等技术的EJ－200的推重比。但是这个累赘的"二元"喷管设计将增加重量估计140200Kg,使 F－119 的重量恢复到约 1800－1860Kg,推重比降为 8.6－8.7。

第八节 长缨在手——新型步枪

1. 日新月异——步枪的快速发展

步枪是步兵的基本武器,在 20 世纪初甚至是战争中的主要武器。20 世纪步枪的发展,大致经历了非自动步枪、半自动步枪、中间口径自动步枪到小口径自动步枪这样一个发展过程。

20 世纪的步枪与 19 世纪相比,发生了巨大的变化:

口径由 11～15mm 减小到 5～6mm。

枪全长由 1200～1300mm 缩短到 800～1000mm 以下;容弹 3～5 发的弹仓变为 20～30 发的弹匣;发射方式由单发射击变为半自动、全自动射击或 3 发点射,射速提高,火力密度加大;随着战术地位的变化,有效射程由 1200m 降至400m 以内;并具备一枪多用功能,既能发射枪榴弹,又能下挂榴弹发射器,等等,不一而足。

20 世纪初步枪发展的主要特点

在 19 世纪的下半叶,步枪出现三个明显的发展动向:由于弹道学的发展,1900 年前后普遍采用空气阻力小的流线型尖头锥底弹头,弹道性能显著提高;由于 19 世纪六七十年代发明的新发射药的应用,军用枪弹弹头直径逐渐减小;闭锁机构得到了改进。到 20 世纪初,各国普遍装备了弹仓式步枪,同时出现了半自动步枪甚至全自动步枪。这个时期步枪发展主要有以下 4 个特点。

一、无烟火药的采用使枪弹口径减小

步枪设计经过1870~1900年间的大变革以后,到20世纪初,逐渐在世界范围内趋向统一,普遍地采用了7.92mm左右大的威力枪弹。

枪弹口径得以减小,应归功于无烟火药的发明。金属弹壳枪弹虽是一个重大突破,但由于当时仍然装黑火药,弹壳尺寸不免很大,发射后,枪管内膛和枪机机构污染严重,因此步枪进一步改进仍然受到不少限制。

无烟火药的发明是枪炮史上的一个决定性突破,它的意义在于在较小的容积内装药,可以产生较大的能量,使弹头获得较高的初速,因此弹头和弹壳的直径均可相应减小。

据粗略统计,19世纪末到20世纪初,枪弹口径减小约25%。枪弹口径减小,弹头减轻,初速增大,弹道性能大为提高。

二、弹仓式步枪的发展如火如荼

这里所说的弹仓式步枪,是指带有弹仓的单发装填步枪,早期也叫连珠枪。19世纪后期和20世纪初期是军用弹仓步枪的开发与装备的高潮时期。较之19世纪的连珠枪,弹仓式步枪的作战使用性能有了空前的提高。特别是德国毛瑟弹仓步枪的问世,奠定了现代步枪的基础。

不过,在此期间各种型号的弹仓式步枪很难分出高低。不同的评论家有不同的着眼点,有的强调威力,有的强调机动性,有的强调生产经济性,等等。

当时,英国的恩菲尔弹仓步枪最重,但是发射的都是比较轻的弹药,它的弹道性能良好,如果把柯达无烟药换成性能更佳的发射药,它的弹道性能还会进一步提高。但该枪生产成本高,而且使用了10发装、交错排列、可拆卸式弹仓,在当时有不少专家对此大摇其头。而对俄国装备的7.62mm莫辛一纳甘新型弹仓步枪及美国装备的新7.62mm斯普林菲尔德弹仓步枪,赞赏者则大有人在。

三、半自动步枪走上历史舞台

虽然弹仓步枪比起以前的步枪有很大进步,可它还是非自动步枪,射击一次要向弹膛里装一发子弹,尽管有弹仓,但要用手推弹入膛。

1884年首先发明了利用火药燃气实现武器自动化以后,19世纪末与20世纪初,许多枪械设计师都在探索和研究利用燃气能量研制半自动步枪,其中包括德国的毛瑟、美国的勃朗宁、俄国的费德洛夫等等。

半自动步枪是一种可以自动装填枪弹并自动待击但不能自动发射的步枪,在射击过程中必须松开扳机,然后再扣扳机才能发射次发弹。又称自动装填步枪。这样的步枪可以提高射击精度和单兵火力。

据说第一支半自动步枪是蒙德拉贡(墨西哥的一位将军)设计的。1908年墨西哥军队正式装备了蒙德拉贡6.5mm半自动步枪。此外,这个时期研制的半自动步枪还有:德国的毛瑟7.92mm98式和伯格曼式步枪,美国的M1903式、M1917式和M1式伽兰德步枪,瑞典的6.5mm步枪,法国的M1918式8mm步枪,苏联的西蒙诺夫式等。

另外,为了适应骑兵作战的需要,还出现了一些骑枪。

四、反坦克步枪昙花一现

反坦克步枪,顾名思义,是专门用于对付装甲目标的枪械,但它也可以有效地对付800~1000m距离的机枪、火炮、土木工事及永久性火力点。过去曾称战防枪,其特点是:口径大多在6.5~15mm之间,以大口径居多;枪管及全枪较长,枪管长可达1200mm甚至2000mm;通常发射穿甲燃烧弹,弹头由硬质合金材料制造,穿甲厚度不超过35mm;一般配两脚架,枪口装有制退器;发射方式一般为单发。

反坦克步枪诞生在第一次世界大战中。英军在索姆河战役中首次使用坦克向德军阵地冲击,使德军蒙受了重大伤亡。德军很快意识到,在手榴弹和火炮之间应当有一种步兵使用的近程反坦克武器——反坦克步枪,于是于1917年底下令研制13mm反坦克步枪。

毛瑟兵工厂的设计师参照98式步枪将枪口径放大,并加装两脚架,设计成功了世界上第一支1981年式13mm反坦克步枪。

2. 层出不穷——20世纪初典型步枪选介

20世纪初的步枪,以下五种可以说是代表了当时的世界水平。

一、德国的毛瑟98式步枪

该枪是在1888年式单发步枪的基础上研制而成的,口径7.92mm,枪全长1250mm,全枪质量4.1kg,表尺射程2000m,初速870m/s。该枪是当时优秀步枪的代表,其基本原理体现了当时步枪技术所能达到的最高水平:凸轮待击,枪机前端可容纳弹壳底部并直接封闭弹膛,弹性拉壳钩,预抽壳(使弹壳与膛壁脱离以免产生贴膛),抛壳挺,手控保险和改进的闭锁凸笋等。毛瑟98式步枪不仅是第一次世界大战中德国的制式武器,也是第二次世界大战中德军大量使用的步枪之一。

毛瑟98式步枪除基本型外,还有卡宾枪型,称毛瑟98K,1935年装备德军,并成为德军二战中的主要步兵武器。毛瑟98K的基本结构同毛瑟98式步枪一样,只是全枪长由1250mm缩短为1107mm,这样便于骑兵使用,故它又被称为骑枪。

毛瑟98式步枪问世后,立即受到了普遍欢迎,比利时、波兰、西班牙、南斯拉夫等国竞相仿制,有些国家还在此基础上进行改进,从而产生了多种型号的毛瑟步枪。

二、英国的罘恩菲尔德步枪

罘恩菲尔德步枪有多种型号,英军于1888年12月2日开始装备最初的型号。该枪的枪机上有防尘盖,枪管里刻有梅特福膛线。所谓梅特福膛线,即稍带圆角的浅膛线,在黑火药时代广泛应用于英造步枪上。膛线深仅0.1mm,导程254mm。机匣右侧有挡板,将挡板推进时,弹仓关闭,将挡板拉出,就可由弹仓供弹。英国于1891年8月正式将该枪命名为"李范鞣KⅠ型弹仓式步枪"。该枪全长1257mm,枪管长767mm,全枪质量4.31kg,弹仓容量8发,初速564m/s。

1901年,公司又研制了罘恩菲尔德MKⅠ型骑枪,1907年改进为Ⅱ型。

因为其制造复杂,1916年,公司又将其结构简化改进为MKⅢ型。该枪发射0.303英寸枪弹,全枪长1130mm,全枪质量3.71kg,枪管长635mm,初速738m/s,表尺射程1830m。

罘恩菲尔德步枪的表尺和英国以前的迥异,方向修正是螺纹式的,射角装定位游标式,U形缺口代替V形缺口,带护圈的准星由刀刃式取代了大麦粒式。使用全包木托,并减小了全枪质量和枪管长。

三、美国M1903式斯普林菲尔德步枪

该枪也是20世纪初世界上的一支优秀步枪。它不仅造型漂亮,而且生产质量和总体结构也都是一流的,可以与当时的世界名枪毛瑟步枪媲美。实际上,它就是98式毛瑟步枪的变型枪。

M1903式斯普林菲尔德步枪有一个容弹量为5发的弹仓。

M1918式勃朗宁自动步枪可用一个5发分离式弹夹装弹,也可用手直接往弹仓里装弹。

该枪还有一个形状漂亮的胡桃木枪托,一个造型优美的扳机和一个刻度为2605mm的梯形表尺。早期的M1903式斯普林菲尔德步枪还配有一把杆式刺刀,后因罗斯福总统认为那种刺刀竖立时容易损坏,改用了一把常规刺刀。

M1903 式步枪的配用弹药首先是斯普林菲尔德公司研制的毛瑟式无凸缘弹。此弹采用的是 220 格令（14g）的铜镍合金圆弹头，弹头初速约 878m/s。1905 年以后开始使用德国一种质量为 10g 的尖头弹，初速也是 878m/s。直到 1906 年，美国兵工界才考虑为 M1903 式步枪研制一种新弹。新弹是在毛瑟式无凸缘弹的基础上改进的，采用了质量 9.88g 的尖弹头，弹头初速 823m/s，型号为 M1906 年式枪弹（或称 0.30 – 06 弹）。该弹的弹壳比原弹壳短，因而也比原弹更接近军用弹。该弹现已成为世界著名比赛用弹。

四、日本三十年式步枪及其改进型"三八大盖"

19 世纪末叶出现的无烟火药，促进了枪械的小口径化，1897 年（日本明治三十年）日本东京炮兵工厂厂长友坂成章大佐，研制成功一支 6.5mm 口径的弹仓式步枪，因是明治三十年定型出品，遂定型为三十年式，俗称"金钩步枪"。同年被日军采用为制式武器。

该枪曾在 1904 ~ 1905 年间的日俄战争中大量使用。

三十年式步枪采用改进了的毛瑟枪机，保险机在枪机的尾端，呈一钩状，"金钩步枪"的名称也是由此而来。发射 6.5mm 友坂圆头弹，弹头初速为 762m/s，表尺射程为 2000m，由 5 发弹仓供弹，膛线右旋 6 条，枪全长为 1270mm（不连刺刀），枪管长为 790mm，全枪质量为 3.86kg（不连刺刀）。

三十年式马枪和三十年式步枪结构相同，不同之处是稍短一些，只有 971mm。该枪发射 6.5mm 友坂圆头弹，初速为 743m/s，表尺射程为 1500m，由 5 发弹仓供弹，枪全长为 971mm（不连刺刀），全枪质量为 3.495kg（不连刺刀）。

三八式步枪，俗称"三八大盖"，它是日本步兵在侵华战争中使用的主要步枪之一，也是我国缴获的最多的一种步枪。三八步枪明治三十八年（1905 年）定型生产，所以定为三八式。于同年装备日军，以取代三十年式步枪。它是三十年式步枪的改进型，其主要特点是：在枪机上有防尘盖，能随枪机前进和后退，枪的保险机构在枪机的尾部，可用手掌按而转动，表尺式样为直立框式，其分划为 4 – 24，枪的射击精度良好，但侵彻力较小。

该枪发射 6.5mm 友坂尖头弹和圆头弹，弹头初速为 762m/s，表尺射程为 2400m，由 4 发弹仓供弹，膛线右旋 4 条，导程为 200mm，枪全长为 1280mm（不连刺刀），枪管长 769mm，瞄准基线长为 685mm，全枪质量为 3.9kg（不连刺刀），该枪配单刃偏锋刺刀，刀长为 500mm，刀的质量为 0.5kg。

三八式马（骑）枪亦是明治三十八年制造，该枪与三八式步枪结构相同，所不同的是枪管缩短，质量减小。

五、美国 M1918 式 7.62mm 勃朗宁自动步枪

这是勃朗宁 1917 年设计的一种自动步枪,以便在一战中应用。国外军事图书中有的将该枪归为步枪类,也有的归为机枪类,本文权且以前一种归类。

勃朗宁自动步枪有 4 种型号,除 M1918A2 仅能连发射击外,其余都能实施单、连发射击,这在以弹仓式步枪为主的时代,能有这样先进的设计思想,的确不简单。

M1918 式设有两脚架,可单连发,总质量 7.27kg,弹匣容量 20 发,采用简单的筒式消焰器,枪托底部设有托肩板,理论射速 550 发/分。

M1918A1 式枪托底部有托肩板,导气箍处安装有两脚架,筒式消焰器,单连发,总质量 8.4kg,射速与 M1918 相同,1937 年开始装备。

M1918A2 式托肩板较短,滑橇式两脚架(后改为尖锥式),前护木减短,有一水平防护板(可隔热,保护复进簧导杆和弹匣不致过热),只可连发,有两种理论射速:快速 500 ~ 650 发/分,慢速(备有减速装置)300 ~ 450 发/分,二战前夕列装。朝鲜战争中又大量使用,在此期间生产 61000 挺。

M1922 式产量不大,主要是配发给 20 世纪 20 年代的骑兵部队,重枪管备有径向散热片,枪托部有单杆支架。该枪质量 28.73kg,理论射速 550 发/分。

3. 龙行天下——中国新 5.8 毫米自动步枪

第二次世界大战以后,世界步枪经历了两次大换装,一次是 20 世纪 50 年代换装 7.62 毫米口径,一次是 60 年代开始换装 5.56 毫米或 5.45 毫米小口径。到 80 年代末,世界上大约有 100 来个国家的军队换装了小口径步枪。

进入 20 世纪 90 年代以后,步枪的发展虽然大多未脱常规,但其总体性能比过去又有所改进。

早在 20 世纪 60 年代,几乎在美国研制小口径步枪的同时,我国轻武器专家就曾提出过小口径的问题,并初步认为步枪口径以 5.8 毫米为宜。到 1971 年,我国正式开始探索和研制小口径步枪。1987 年,搞出了第一代 5.8 毫米步枪,称为 87 式。随后,又继续开展了新一代小口径步枪的研制。1997 年 7 月 1 日,新 5.8 毫米自动步枪正式装备我驻港部队。

新 5.8 毫米自动步枪虽然出世较晚,但它与目前国内外同类产品相比,具有体积最小、重量最轻、直射距离最远和威力最大等特点,处于世界先进水平。其具体特点表现在:

威力大,功能全

威力大主要表现在射程和精度上。新 5.8 毫米普通弹同北约 5.56 毫米 SS109 弹相比,弹头重 0.15 克,枪口动能达 41 焦耳,中远距离存速能力强。新 5.8 毫米自动步枪充分利用了此种枪弹的优势,尽量增加枪管长度,外弹道的直射距离达 375 米,这在目前的小口径步枪中是最远的。100 米单发精度与国外同类步枪相比处于先进水平。

功能齐全表现在:枪上有白光瞄准镜的微光夜视瞄具,瞄准功能全,能实施全天候作战;必要时可发射 5.8 毫米机枪弹;能发射 40 毫米枪榴弹系列和下挂 35 毫米榴弹发射器;能安装多功能刺刀,它不光能装在枪上作为枪刺使用,而且还能砍、剪、锯、锉、开罐头、拧螺丝等。

可靠性和机动性好

新 5.8 毫米步枪系统的可靠性设计和可靠性增长技术相当成功。它采用导气式活塞短行程使自动机获取后坐能量,机头回转开闭锁,自动动作非常可靠。在寒区、风沙、泥浆和海水试验中,该枪都表现出极好的射击可靠性。

在国外同类武器中,苏联 AK 系列的可靠性最好,故障率小于 0.35%;而新 5.8 毫米步枪的故障率仅为 0.4‰~0.6‰。

机动性主要由全枪重量和尺寸来体现。该枪重仅 3.25 千克,是目前世界现装备步枪中重量最轻者。全枪长 746 毫米,比国外现装备最短的步枪"法玛斯"(FAMAS)还短 9 毫米。

噪声低,防腐力强

同 56 式冲锋枪相比,新 5.8 毫米自动步枪全长 128 毫米,射击时,射手耳朵明显靠近枪口。56 式 7.62 毫米枪弹是单基药,5.8 毫米枪弹是双基药,枪口压力相当于 56 式冲锋枪的 2 倍。但由于新 5.8 毫米步枪上的枪口装置具有综合作用,故枪口处及射手耳朵处噪声值低于 56 式冲锋枪。

枪的下机匣采用铝合金,钢件采用化学复合成膜黑磷化处理,铝合金零件用硬质阳极氧化处理,再加之上、下护手及上机匣等件采用工程塑料,故全枪的防腐能力比老式步枪有明显提高。

通用件比例大

新 5.8 毫米步枪和轻机枪一起被通称为新 5.8 毫米枪族,它们之间的通用组件有机头、机框、枪机、复进簧、击发机、发射机、弹匣和弹鼓,以及带杠杆缓冲装置的枪托。通用件的比例之高和通用组件之多,在国内外同类武器中名列前茅。

4. 老虎出更——俄罗斯 AN94 式 5.45 毫米突击步枪

早在 20 世纪 80 年代初,当时的苏军总火箭炮兵部就开始实施一项新步枪的研制招标工作,工作代号为"阿巴甘"。那时,参加投标的有两种样枪,分别称为"AL"和"ACM",后者的主设计师是坚纳基·尼克诺夫,又称尼克诺夫步枪。

经过 7 年多的工厂试验和不断改进后,尼克诺夫步枪在各个方面都完全满足了战术技术要求,最后被正式命名为"AN94",即 AN94 步枪。据了解,俄罗斯已经进行小批量生产,并且在参加车臣战争的部分部队中实战使用。

与卡拉什尼科夫突击步枪比较,尼克诺夫步枪的突出优点是命中概率的明显提高。它使射手在不稳定持枪姿势射击时,射弹密集度得到突破性提高。它采用"自动混合后坐冲量装置",可以设定射速和点射长度,连发时头两发射速达 800 发/分,余下的各发射速 600 发/分,这样,头两发射弹在射手还没感觉后坐之前已经飞离枪口,命中率极高。

该枪外形类似 AK 步枪,但前护木较大,内装缓冲机构。射击有效性比AK74 提高了一倍,比 M16 步枪提高了半倍;刺刀装在枪的侧面,而不是上方。

它尽管保留了 5.45 毫米口径,但成功地将有效射程提高到 500 米,被轻武器界视为 20 世纪 90 年代的又一颗新星。

德国联邦国防军一直缺少真正的狙击步枪,为此,联邦国防部于前几年开始招标,决定挑选出专用的狙击步枪。经过两轮选型以后,先前呼声最高的毛瑟公司的 SR93 及颇具竞争力的埃尔玛公司的 SR100 狙击步枪终被淘汰,而英国国际精密仪器公司的"SM"型狙击步枪却不声不响地一举中标。联邦国防军将其命名为 G22 狙击步枪并开始装备部队。

基本特征

G22 狙击步枪是一支 7.62 毫米口径的重复装填步枪。枪上装有标准的光学瞄准镜,对有生目标的射程为 800 米。通过安装夜视瞄具,该枪完全适合于夜战。它既可用于自卫和反击,也可用于进攻。驻波斯尼亚的 SFOR 维和部队中的联邦国防军装备了该枪(名为 G23)。

结构特点

·枪机抗冻防污,拉机柄稍微向后弯,枪的侧面显得平滑。

·扳机力可通过一个调整螺丝加以调整,也可用套筒扳手调整。

·采用 7.62×67 毫米枪弹,其弹道性能大大优于 7.62×51 毫米弹(即北约弹),能在较远距离上进行精确射击,便狙击手能最好地执行其承担的任务。

·枪管上刻有纵槽,使全枪重量不致过大;有利于散热,射击数发弹后不会出现弹着点位移。另外,枪管完全可以自由摆动,使射手可提高射击精确度。

·枪口装置功能多样,其后部作为备用瞄具的准星座,中部作为补偿器。枪口装置上前后有两排气孔,灼热火药气体向上和向侧面排出,因此枪管在射击时跳动不大,后坐力小。

另外,通过火药气体的排泄,可以防止灰尘进入枪口。安装消音器的螺纹正好作为枪口装置盖。

·采用由两部分组成的塑料枪手,后面有可折叠的肩托。

瞄准装置光学瞄准镜放大倍率介于 3 - 12 倍之间,对于军用狙击步枪非常适用。在防御中,快速射击单个的重要目标,利用小放大倍率很有效,而射击远距离上的高价值目标利用 12 倍瞄准镜最理想。在瞄镜的光学部件上连接有新研制的激光防护装置(激光防护级别为 L5),以防射手被敌主的激光射线刺激而眩目甚至失明。这个新激光防护装置的透光度极高,明显优于迄今人们熟悉的 L5 级的激光防护滤光镜。

夜间使用的增强器(NSV80 II 型)安排在标准的光学瞄准镜前面特制的韦弗(Weaver)式导轨上,射手可随意确定眼睛和瞄具的距离,随意调整分划,不改变瞄准点位置,在数秒钟后又可实施射击。

夜视仪的电源是 2 节 1.5V 的镍铬电池,可以连续使用 90 分钟。由于 NSV80 II 型像增强器采用了二代半像增强管,像增强功能强,即使在漆黑的夜晚也能清楚地发现目标。

弹药和射击性能联邦国防军要求狙击步枪 1000 米以上的首发命中率至少达到 90%,侵彻深度 300 毫米。

还要求所使用的枪弹要符合海牙公约。为此,MEN 金属公司进行了充分的试验,按要求研制了两种型号的枪弹。

第一种弹采用的是 11.7 克全被甲铅心弹头,常规弹形(尖头船尾形),弹头被甲为一种有顿巴黄铜镀层和镀锡的钢被甲。600 米射程上弹头飞行时间 0.817 秒,散布圆直径 22 厘米。

第二种弹采用重 1.1 克全被甲硬心弹头(穿甲弹)。这种弹的侵彻性能好,在 100 米距离上穿透布氏硬度值(HB)为 420～450 的 20 毫米装甲钢板,600 米距离上穿透 15 毫米。

两种弹都满足联邦国防军的一切要求。从 G22 发射两种弹的弹道数据来看,能确保有非常高的首发命中率和对目标的杀伤效果。

美国"21世纪陆地勇士"中的武器子系统"21世纪陆地勇士"是美军的一个远期计划,其武器子系统是理想单兵战斗武器(OICW)。美军研制该武器旨在取代现役5.56毫米M4卡宾枪、5.56毫米M16A2自动步枪、部分5.56毫米M249班用机枪和40毫米M203式榴弹发射器,装备美国陆军、空军、海军、海军陆战队、海岸警卫队和特种作战部队,成为美国21世纪部队步兵的核心武器。

战技指标

1993年12月,美国陆军军械研究、发展与工程中心对理想单兵战斗武器进行了技术论证招标。招标书规定:包括光电瞄准具和实弹匣在内的武器总重不超过5.45千克(目标是4.45千克);在500米距离上对点目标的命中概率达到50%(力争90%);在1000米距离上对面目标的命中概率达到30%(力争50%)。1996年,美国陆军又拟定了新的发展计划,对理想单兵战斗武器的招标要求做了如下修改:500米的命中概率达90%,1000米达50%。

大批生产的OICW每件成本不超过15000美元,最终能降到9000~13000美元,每发空爆弹成本在25美元以下。

设计思想

对步兵而言,最具有摧毁力的武器是榴弹,因此20世纪60年代以来,枪挂榴弹发射器得到迅速发展,成为步兵打击目标的有效武器之一。20世纪90年代后,在大量应用高新技术武器的局部战争和地区冲突中,枪挂榴弹发射器的射速、射程、精度和威力都远远不能满足作战要求。为此,美陆军军械研究、发展与工程中心要求OICW是一种全新设计的步榴合一武器系统,既能发射高爆榴弹,又能发射动能弹。可以说OICW是M16/M203武器系统概念逻辑发展的产物。此外,要满足OICW的高命中精度要求,必须为武器加装火控系统。

总之,理想单兵战斗武器是一种综合了各种前沿技术、集动能弹和空炸弹为一体的、革命性的战斗武器系统,可为士兵提供足够的杀伤力和压制能力,在可靠性、生存力和适应性等方面比现有轻武器有质的提高。

设计方案

目前,OICW的研制工作由阿连特(Alliant)技术公司和AAI公司牵头的两个小组分别进行。在对武器系统的4个主要领域(弹药、火控、引信和武器)进行了可行性试验之后,他们分别拿出了不同结构的设计方案。从目前看,美军基本倾向采用AAI小组的方案。

一、武器总体

（1）阿连特小组的方案中,标准突击步枪为无托结构;枪管上下排列,20毫米榴弹发射管位于5.56毫米枪管上方。动能武器部分采用德国最新装备的G36式突击步枪,弹匣位于引扳机前方、前护木后方。20毫米榴弹弹盒位于扳机和小握把后方。武器只有一个机械扳机,扳动选择开关实现从发射动能弹向发射榴弹的转换。据阿连特公司称,改进后的武器重量减至6.35千克,后坐能量减小到4焦耳,与M16A2突击步枪差不多。

（2）AAI小组设计的OICW也为无托结构,两支枪管上下排列,口径与阿连特技术公司的方案相同。但动能武器部分采用容弹量为30发的M4式5.56毫米卡宾枪,弹匣位于枪身下方,容弹量为30发。可拆卸式榴弹弹匣位于枪托内,容弹量为6发。该武器也只有一个机械扳机,扳动选择开关实现发射动能弹向发射榴弹的转换。榴弹的发射方式为单发,动能弹可进行连发射击和点射。武器系统的重量为5.45千克。

二、火控系统

为了满足OICW的高命中率要求,两个设计小组均采用了以往在大型武器系统上才使用的复杂的火控系统,由激光测距机、弹道计算机和光电瞄准具组成。这是火控系统在轻武器上的首次应用,代表了未来轻武器瞄准装置的发展方向。

1.阿连特小组的火控系统采用带非制冷红外瞄准具的电子图像处理器和标准锂电池,目前的武器设有一个与士兵系统的双向接口。透视光学系统具有传统外形,但性能十分先进。它具有菜单功能,射手可以在瞄准镜内观看菜单。射手一旦识别并捕获目标,只要按下一个按钮就能知道目标距离数据,此数据同时还显示在"21世纪陆地勇士"的头盔平板显示器上,然后射手即可选择榴弹引信碰炸或空炸功能。

2.AAI小组的火控系统采用了整体式激光测距机,该系统把激光测距机同弹道计算、十字线瞄准和引信装定技术融合在一起,以提高首发命中率。该系统允许射手在1秒钟内瞄准并向目标发射激光,使射手暴露在敌方火力下的时间不超过5秒。据该公司称,只要射手将武器大致对向目标方向,火控系统就能提供精确信息。

即使最好的激光测距机也不可避免出现误差,加上不可能绝对准确地测量和计算弹道上的空气密度、气温、气压和风等因素的瞬时变化,因此有可能导致榴弹起爆过早或过晚。为此,未来的火控系统将增加辅助传感器,以进一步提高射击精度。

三、榴弹

1. 阿连特公司在榴弹设计上采用了电子旋转计数技术,射手确定目标距离后,将数据输入弹道计算机。计算机计算出榴弹飞到目标所转的圈数。榴弹发射后,引信计算榴弹飞行中所转的圈数,使榴弹旋转到指定数值时起爆。此外,还有一个供地面碰炸用的弹头起爆引信,以保证万一空炸失败后起爆。

2. AAI 公司在引信设计方面具有丰富的实践经验,他们为 20 毫米榴弹设计了具有弹头触发功能的电子引信。

四、一体化瞄具

"21 世纪陆地勇士"使用的武器瞄具是一个真正的一体化瞄具,除包含上述的武器火控系统功能外,它还是一个昼夜通用观察系统,所观察的景象能实时转换成数字信号传输给头盔显示器或通过通讯装置进行无线传输。

目前美国阿连特技术系统公司和得克萨斯公司提供的热成像瞄准镜 LO - CUSP(低成本非制冷型瞄具探测器样机)采用硅焦平面阵列,可以识别 0.1℃ 的温度变化。

识别装置可能采用激光询问或无线电频率回应技术。

五、其他装置

1. 远距离听力装置有两种安装方式:一种是安装在头盔两侧的人造耳,可以提供方向信息,并可以过滤掉类似爆炸的枪噪声,同时根据所处环境可以调整音量。另一种装在步枪的顶部、前托后。

2. 避地雷装置通过热像仪和计算机探测,可避开金属或非金属地雷。

5. 傲视枪林——俄罗斯 AK - 74 系列突击步枪

5.45 毫米 AK - 74 突击步枪

该枪是由苏联枪械设计师卡拉斯尼科夫在 AKM 突击步枪的基础上改进而成的,由苏联国家兵工厂制造,是世界六大名枪之一,1974 年定型生产,1977 年列装。

该枪采用小口径,发射专门研制的 5.45 毫米枪弹,对枪管的长度和膛线缠度及弹膛形状、自动机和供弹机构均作了改进,其中一部分零件仍能与 AKM 互相通用。AK - 74 步枪有两种枪托:固定枪托,称之为 AK - 74;折叠枪托,称之为 AKC - 74(配装于精锐部队)。AK - 74 的木托枪与 AKM 很相似,不同的是

AK-74 枪托两侧各有一条水平手指槽,以示区别。AK-74 结构简单、轻便、坚固,使用方便,动作可靠,火力猛,故障少,是世界上生产和装备数量最多的步枪之一,数量达5000万之多,40 多个国家的军队采用。苏联的军队大量装备,并在阿富汗战场上投入使用。苏联解体后,俄罗斯军队仍作为主要制式装备,独联体各国部队也装备使用。AK-74 还配有 40 毫米榴弹发射器,可发射杀伤榴弹;枪口安装了具有制退、消焰、防跳作用的装备,采用导气式自动方式,枪机回转式闭锁。全枪重3.6千克,全枪长930毫米,枪管长400毫米,4 条右旋膛线;供弹具 30 发弧形塑料弹匣;弹头初速900 米/秒,理论射速650 发/分,战斗射速40～100 发/分,有效射程400 米。

5.45 毫米 AKS-74U 短突击步枪

该步枪是在 AK-74 步枪的基础上设计的缩短型,枪管较短,配有折叠金属枪托。

由于其枪管较短,枪口处安装了一个消焰/气体膨胀室装置,瞄具也改为简单的两位置翻转瞄具。该枪有效射程 250 米。全枪重量轻、外形小,便于携带,适合炮兵、驾驶员等作为自卫武器使用。

5.45 毫米 AKR 短突击步枪

这是 AKS-74 的派生型枪,系由苏联枪械设计大师卡拉斯尼科夫于 20 世纪 70 年代末 80 年代初研制而成的,由苏联国家兵工厂制造。其机匣制造工艺与内部结构以及枪机框后半部分和枪机均与 AK-74 完全一样,只是缩短了活塞杆和活塞。最大特点是枪管很短,只有 AK-74 的一半,比美国的 XM177(385 毫米)还短。它采用金属折叠枪托,结构十分紧凑。作为一种自卫用的近战武器,威力远远大于手枪。1982 年,苏联空降部队使用,主要配发给当时在阿富汗的米格战斗机飞行员。1983 年下半年,又大量装备苏联陆军和武装直升机部队,替代了原来的手枪。在苏联和阿富汗的交战中,苏联的坦克兵、装甲车乘员、直升机驾驶员以及前线指挥官都使用了这种武器。阿富汗抵抗组织在战斗中也用缴获来的该枪武装自己,进行战斗。到目前为止,该枪仍在独联体各国政府军中使用。该枪自动方式为导气式,枪机回转式闭锁,全枪长 720 毫米/480 毫米(托伸/托折),全枪重 2.7 千克,枪管长 200 毫米(装消焰器为 265 毫米),供弹具 30 发弹匣,4 条右旋膛线,弹头初速 900 米/秒,理论射速 600 发/分。

5.45 毫米 AK-74M 突击步枪

AK-74M 是苏联枪械设计大师卡拉斯尼科夫设计的 AK-74 步枪的改进

型,1991 年在伊热夫斯克机器制造厂开始生产。它继承了 AK－74 步枪的全部优点,并增加了一些新的战斗使用功能,对部分结构进行了改进。主要变化是采用折叠式塑料枪托,折叠后的枪长与 AKS－74 步枪相当,上下护木、握把全部由塑料制成,提高了冲击强度和耐磨性,消除了气体、护木、握把常出现的断裂现象。枪口上装有改进后的防跳、消焰、制退器,加强了射击时的稳定性。枪上可装配 40 毫米枪榴弹发射器,简单方便,牢固耐用。可装白光和夜视瞄准镜等,能实施单、连发射击,发射使用 5.45 毫米枪弹,全枪重 3.4 千克,全枪长 940 毫米/700 毫米(托伸/托折),枪管长 415 毫米,弹头初速 900 米/秒,供弹具 30/40 发弹匣,战斗射速 40～100 发/分,有效射程 700 米。

第九节　利刃随身——新型手枪

手枪作为军官和特种部队的随身武器,无论战争如何现代化,都是必不可少的。为了适应现代战争的需要,许多结构独特、性能优良的新型手枪纷纷亮相,现选介 4 种,以飨读者。

一枝双葩——比利时 5.7 毫米枪族

比利时 FN 公司在 20 世纪 90 年代初成功地推出 5.7×28 毫米枪弹,继而研制成同口径的冲锋手枪——P90 单兵自卫武器。为了减少弹药口径种类,该公司于 1996 年又研制出同口径的手枪,命名为五·七(FiveSeven)手枪,与 P90 共同组成了 5.7×28 毫米枪族。

P90 单兵自卫武器由机匣、弹匣、枪管与瞄具、枪机和复进簧系统 4 个部件组成。全枪总共只有 69 个零部件,除枪管、枪机和一些弹簧等少量零件由钢制成外,其机匣、弹匣、击发机构等零部件均由高强度工程塑料制造而成。该枪有以下几个创新之处:

一、采用非常规的外形设计。P90 的枪托为无托结构,呈直线形。这种结构能将后坐力直接沿枪管轴线传递到射手肩部,有助于控制武器,减少枪口的跳动。机匣和击发机构装在枪托里。没有采用传统的小握把,而是在机匣的前端设计了一个可伸进大拇指的带孔握把,握持时枪托与射手的前臂成一直线。另一只手的拇指伸到扳机护圈里,整个手握住了扳机护圈的底座。在带孔握把的前面还有一个垂直的安全挡块,以防止射手将手指伸到枪口处。此外,由于枪身外表无高低不平或突出棱角,加之枪背带的设计十分合理,使得 P90 的携行得心应手,不论肩挎、背挂,还是胸挎均不影响执行任务。

二、非同寻常的弹匣安装方式。P90 的弹匣由透明的聚碳酸酯制成,射手可随时检查弹匣内的存弹数,为防反光,表面经过闷光处理。弹匣容量为 50 发。弹匣安装在枪管轴线之上的机匣顶部,且与枪管轴线平行。采用这种安装方法不会增大武器的外形尺寸,而是使武器的结构更加紧凑,不仅携行方便,且便于卧姿射击。

三、独特的抛壳机构。由于武器本身是按两面都能操作的要求设计的,故射击完的空弹壳直接向下抛出。抛壳窗位于弹膛后部、机匣下方中央处,在带孔握把的后面。因此,抛壳不会影响左右手的使用,灼热的弹壳也不会危及射手的脸部。再者,弹壳经过抛壳窗的侧壁抛出,这样就减小了弹壳的冲量,射手卧姿射击时也不成问题。

五·七手枪采用非闭锁枪管和枪机后坐式工作原理。

该手枪结构简单,易于维修。全枪由握把、套筒、枪管及弹簧 4 部分组成。枪上没有外露的杠杆和保险装置,只有扳机护圈前端的拆卸滑竿及后端的弹匣卡笋两个外露零件。由于固定件和活动件数量已减少到最低限度,因此只要扳动拆卸滑竿就可以迅速分解全枪。它的新颖之处在于:

一、击发机构为经过重大改进的平移式击针。5.7 毫米手枪与常用的单动或联动手枪不同,在射击过程中,所有的枪弹击发都以同样的阻力和同样的扳机行程发射出膛。当扣动扳机时,待击击针和击针推杆上的主簧被击发阻铁压向后方。在扳机行程最后几毫米内,解脱击针向前,撞击底火,完成击发——开膛——抽壳——上膛——闭锁——待击循环过程。在完成循环过程后,击针通过回动弹簧恢复到后方位置。

二、套筒用两种材料组合制造而成。套筒的主要部分用钢制作,钢制部分的外部附以高强度复合材料制成的外套,拉套筒时手感好。

三、大量采用复合材料。弹匣由高强度复合材料制成,坚固耐用,且不会变形,容量 20 发。握把中除部分由金属制造外,大部分也由复合材料制作,其宽度仅有 31 毫米,便于握持。

四、采用人机工效颇佳的弧形扳机,射手戴手套也能毫不费劲地扣动扳机,扳机扣力大约在 5 千克以下。

五、打破传统设计格局,采用一个新式制动笋。它是该枪的重要部件,可以缓冲后坐,使弹的后坐能量进一步减小。

另外,该枪隐蔽性能好,火力猛,便于携带,特别适于快速射击。

射速可调的 9 毫米 PDW 单兵自卫武器实际上是 20 世纪 80 年代末期 9 毫米"布希曼 MKI"微型冲锋枪的改进型,由美国人乔治·埃洛维卡(George Ealovega)和他的英国伙伴皮特·韦斯特(PeterWest)共同设计,英国布希曼有限公司研制。其主要用途是杀伤 150 米近距离内的有生目标,供特种兵、后勤人员和警察使用。它具有结构紧凑、可调射速、平衡性较好等特点。

9 毫米 PDW 单兵自卫武器采用自由枪机式工作原理,可连发射击。枪管和机匣用不锈钢制成,枪管上装有新型散热套筒,枪口处可配用 LEI 型消声器。折叠式枪托上设有备用弹匣座,以安装备用弹匣。该枪还可配用装卸方便的可调式两脚架,构成轻型支援武器。

该枪装有 4 个保险装置:拇指操纵杆,起手控保险卡笋和快慢机作用;握把保险,可锁定阻铁,并防止武器走火;弹匣保险,只有将弹匣推入第二止动位置,武器才能正常装填;枪机闭锁保险,可使枪机在未扣动扳机前保持闭锁状态,因而能防止武器跌落时发生意外走火。即使在握把保险、手控保险和阻铁都失效时,枪机闭锁仍可防止武器偶发。

PDW 单兵自卫武器最突出的特点是采用电子技术来降低射速,以提高命中率。这种方法在武器设计上的确是首创。原设计的射速高达 1400 发/分,影响了射击精度。于是设计者利用放置在握把内的射速调节器来调节射速,使之达到 450 发/分的最佳值。这种射速调节器的使用寿命可达 3 万发。射速调节器的电池能量耗尽时,该枪可能采用半自动射击方式。如果采用较长的枪管,射击精度更佳。

目前,PDW 单兵自卫武器以其独到的特点受到特种部队和警察的青睐。

没有击锤的 9 毫米瓦尔特 P99 手枪由世界闻名的德国瓦尔特(Walther)公司从 1994 年开始设计,经过两年的努力,于 1996 年年底正式生产。

P99 手枪是一种闭膛待击、枪管短后坐式半自动武器,采用塑料握把、击针式击发机构和单/双动扳机机构,以及经改进的勃朗宁闭锁系统。它不仅吸收了其他成功使用塑料套筒座的手枪的经验,而且还具备一系列独到的、有别于现代其他手枪的特点。

第一个特点是该枪采用了由 12 号聚合物模压成型的套筒座。与金属套筒座相比,聚合物套筒座易于制造、成本低廉、强度高、弹性好、不变形、重量轻、抗腐耐磨。套筒座上的扳机护圈较大,适合戴手套射击,套筒座正面呈锯齿形,适合双手持枪。套筒设计得也很新颖,由整块高强度合金钢铣削而成,呈梯形斜坡,前部略细些,外部涂一层本公司特有的"特尼氟"(Tenifer)涂层。

第二个特点是有 3 种可更换的握把后板以满足不同手型的需要。握把后板用柔韧的、能吸收后坐力的材料做成,更换简单。握把由 12 号聚合物加玻璃纤维填料制成,握持角度和基本造型与 P38 手枪相似,最大厚度达 29 毫米。

第三个特点是枪管与套筒之间的锁定通过枪管弹膛部分与抛壳口的正面啮合来完成。射击时,枪管和套筒一起后坐,直到套筒座里的闭锁卡铁与枪管下凸起内的一个斜槽啮合,枪管向下,离开继续后坐的套筒。在枪管回转过程中,套筒推其向前、向上与闭锁卡铁相撞,使套筒和枪管再次闭锁。

第四个特点是双/单动机构由扳机组件、扳机杆、单动阻铁、单动阻铁驱动簧以及两个小弹簧组成。在双动状态时,扣动扳机,使扳机杆推击针体向后移动,压缩击针簧。临近扳机行程终点时,扳机杆开始向下运动,释放击针,击发枪弹。第一发弹双动射击后,其他射击都是单动击发。在单动状态时,扳机杆将手指的压力传递给一个从下面能将击发阻铁卡住或释放的套筒卡铁上。击发阻铁在释放瞬间向下,从侧面释放击针。只要取下两个零件,就可以在数秒钟内将手枪转换成双动状态。装上这两个零件便又回到单动状态。

第五个特点是虽然没有常规的人工保险机构,但设有扳机保险机构、被动式击针体保险机构和待击指示保险机构。由于枪膛内装有有弹指示与击针待击指示机构,因此,射手只要用射击的那只手从右下方抓住套筒,同时将套筒后拉 9.5 毫米就可使击针待击。

第六个特点是备有 4.2 毫米、4.4 毫米、4.8 毫米和 5.1 毫米共 4 种不同高度的准星,根据需要安装其中的一种。准星与套筒螺接在一起,安装时拧紧即可。此外,该手枪也可使用自动发光的夜瞄具。套筒座前部的凹槽里可以安装激光瞄具或战术闪光灯之类的光电辅助瞄具。

瓦尔特公司目前仅提供 9×18 毫米口径的 P99 手枪,据悉不久将有 10 毫米史密斯·韦森(S&W)口径的变型枪问世。

上述 4 种新式手枪除采用机械瞄具和光学瞄具外,均可根据需要安装辅助瞄具,如激光瞄具、氚光源夜视瞄具。

这不仅增强了士兵的夜间作战能力,而且提高了武器的射击精度。

第十节 枪林弹雨——冲锋枪

冲锋枪是一种现代单兵近战武器,它短小精悍、火力猛烈、使用灵活,非常适合冲锋或反冲锋、山岳丛林、阵地堑壕、城市巷战等短兵相接的遭遇战和破袭战等。是轻武器家族中年轻的却不可缺少的重要成员之一。

最早的冲锋枪是从 19 世纪 90 年代起开始设计的,但直至第一次世界大战开始后才出现了几支样枪。被誉为冲锋枪之父的意大利人艾比尔贝特尔肺列里于 1915 年设计成功的意大利维拉佩罗萨 1915 式 9mm 冲锋枪是世界上第一支发射手枪弹的自动武器,被公认为是冲锋枪的鼻祖。而世界上第一支真正实用的冲锋枪却是德国伯格曼 MP18I 式 9mm 冲锋枪。意大利人称冲锋枪为“轻机枪”,首创“冲锋枪”这一名称的人则是美国主管轻武器研究的约翰托利·汤姆逊将军。纵观冲锋枪的发展历程,已经过了四个不同的发展阶段,本文仅对第二次世界大战之前的冲锋枪发展作一回顾。

1. 百炼成钢——意大利冲锋枪

堪称冲锋枪鼻祖的维拉佩罗萨 1915 式冲锋枪是世界上第一支使用手枪弹的双管连发武器,它的出现不仅给人们耳目一新的感觉,而且开创了单兵连发武器的新纪元。该枪采用半自由枪机自动方式;配有各种不同的两脚架和三脚架,或者固定在一个特殊的金属挡板上;供弹方式为 25 发弹匣的上方供弹。意大利陆军为填补步枪和重机枪之间的空白,将其作为轻机枪使用,但手枪弹的威力却不能满足轻机枪射程的要求,结果事与愿违。第一次世界大战一结束,维拉佩罗萨冲锋枪就被打入“冷宫”。

1918 年,意大利政府要求当时的维拉佩罗萨和伯莱塔两家兵工厂对 9mm 维拉佩罗萨冲锋枪进行改进。根据这一要求,维拉佩罗萨冲锋枪设计了 9mmOVP 冲锋枪,而伯莱塔工厂则由意大利著名的多产设计师图利奥仿恩戈尼在原维拉冲锋枪的基础上设计了他的第一支冲锋枪——9mm 伯莱塔 M1918 式冲锋枪。此后,他又设计了一些冲锋枪,其中最成功的一支是伯莱塔 M1938A 式 9mm 冲锋枪,该枪分Ⅰ、Ⅱ、Ⅲ型,Ⅰ型是原型,装有一把折叠式刺刀。

Ⅱ型将散热孔改为圆孔,在扳机护圈内增加了一个连发射击扳机保险;

Ⅲ型取消了刺刀,设计了新的枪口防跳器,并将活动式击针改为固定式;双扳机机构分别控制单发和连发;在机匣左侧设有保险,右侧是拉机柄。该枪被公认为是当时世界上最优秀的冲锋枪之一。最早认识到需要一种轻型自动武器来填补手枪与步枪之间空白的是德国人,他们的 7.63mm 和 9mm 毛瑟手枪的枪套还兼具枪托的双重作用,使其成为我们现在常说的冲锋手枪而大量装备。另外,德国人还采用了加长的 P08 手枪枪管、弧形表尺、可调整枪托、专门设计的 32 发弹鼓等构件以适应冲锋枪基本要求。1916 年,德国著名武器设计师雨果希买司开始了他的佩罗萨一支冲锋枪的设计工作。德国人把从卡波特战斗中缴获的维拉佩罗萨冲锋枪送回国内进行分析研究,并从中受到启示,加速了德国冲锋枪的设计工作。1918 年,9mm 伯格曼 MP18 式冲锋枪完成了设计,同年改型为 MP18I 式冲锋枪,成为世界上第一支真正实用的冲锋枪,并装备前线部队。

一、德国 MP18I 式 9mm 冲锋枪是采用开膛待击的自由枪

机式自动方式:结构简单,加工简便,只能连发射击,设有专门的保险机构;采用了缺点较多的"蜗牛"式弹鼓供弹。1920 年改为直弹匣,在表尺前方增加了一个保险机构;该枪分解结合简单,不需任何工具。MP18I 式之后又进一步改型为 MP28Ⅱ式 9mm 冲锋枪、MP35/I 式冲锋枪和沃尔默(厄玛)9mm 冲锋枪等。

二、德国 9mm 沃尔默(厄玛)冲锋枪

该枪有两种型号:长枪管型在握把下方有一个伸缩式单管支架,卧姿射击时用以稳定枪身;短枪管型没有伸缩式支架。该枪最先应用了叠套式复进簧结构;有些零件直接采用无缝钢管制成;拉机柄位于右侧,快慢机位于扳机护圈的右上方。该枪加工精良,表面粗糙度较小。

瑞士冲锋枪根据《凡尔赛条约》的要求,禁止战败国德国军队装备 9mmMP18I 式冲锋枪,于是德国不得不暂时停止该枪的生产。在《凡尔赛条约》生效的 1920 年,德国伯格曼兵工厂将其生产权转卖给瑞士工业公司(简称 SIG)。

SIG 公司在 1920～1927 年期间,将原 9mm 口径改为 7.65mm(巴拉贝鲁姆手枪弹)和 7.63mm(毛瑟手枪弹)两种口径,并命名为 SIGM1920 式冲锋枪,出口芬兰、西班牙、中国和日本等国家。1930 年 SIG 公司又研制了改进型 SIGM1930 式冲锋枪。30 年代的 SIG 公司还生产了 MKMO 等系列冲锋枪。

瑞士 MKMO 式冲锋枪的突出特点是首创了折叠式弹匣舱,结构紧凑、携行方便,被后来许多国家有名的冲锋枪采纳。该枪有四种型号,分别发射

7.63mm、9mm 毛瑟手枪弹和 7.65mm、9mm 巴拉贝鲁姆手枪弹;采用开膛待击,半自由枪机式原理,枪机由机头和机体两部分组成;后期生产的产品准星略微后移,并在准星座下方增加了一个刺刀挂耳等。

德国的莱茵金属公司也于 1929 年 4 月将所有武器研制、生产、销售权转卖给了瑞士苏罗通武器公司,1930 年该公司生产了瑞士斯太尔 - 苏罗通 SI100 式冲锋枪,广泛销往世界各地。

2. 轻巧灵活——美国冲锋枪

当时的美国同样感到需要一种具有压倒集中火力能力的步兵便携武器,于是首创冲锋枪名称的约翰托利·汤姆逊于 1917 年开始了他的冲锋枪系列设计,1918 年美国最早的汤姆逊样枪问世,1919 年 M1919 式汤姆逊冲锋枪研制成功,1921 年推出最早的生产型号 M1921 式汤姆逊冲锋枪。之后,美国又相继设计了 M1923 式汤姆逊冲锋枪、M1927 式汤姆逊冲锋枪、M1928A1 式汤姆逊冲锋枪等。

美国 0.45 英寸 M1928A1 式汤姆逊冲锋枪结构与早期的 M1921 式冲锋枪基本相同;采用一个结构比较复杂的"H"形延迟开锁机构;枪管上有环形散热槽,枪口有一个锯齿形减振器;击针为活动式,击铁呈三棱形;手动保险在握把左侧上方,快慢机靠近手动保险;供弹具为 20/30 发弹匣或 50/100 发弹鼓。

3. 独树一帜——芬兰冲锋枪

芬兰自行设计与生产的第一支冲锋枪是由著名武器设计师艾莫莱迪设计的 7.65mm 苏米 M1926 式冲锋枪,它具有许多与众不同的特点,是当时世界上最著名的冲锋枪之一。该枪最突出的特点是使用了一个弧度较大的 36 发弹匣。

枪管易于拆卸;有一个手控调节射速的特殊缓冲器;拉机柄位于机匣下方的枪托内。

快慢机在枪托右侧,可控制单发、连发和保险;早期产品为活动式击针,到 20 年代末改为固定击针。该枪后来又演变为 9mm 苏米 M1931 式冲锋枪,但只保留了 M1926 式冲锋枪的可卸枪管和拉机柄,枪机基本上是全新的设计,酷似汤姆逊和苏罗通的枪机。

4. 师夷长技——苏联冲锋枪

起初,苏联仿照德国希买司专利(主要是 MP18I 式冲锋枪)设计了 9mm 塔林 M1923 式冲锋枪;接着自行设计了 7.62mm 托卡列夫 M1926 式冲锋枪,终因不满意其性能而未被采用,改为生产德国 MP28 II 式冲锋枪,但以 7.62mm 取代了 9mm 口径;之后,轻武器设计师瓦西里·捷格加廖夫取芬兰和德国冲锋枪的特点,设计了 7.62mmPPD1934/38 式冲锋枪等。

PPD1934/38 式冲锋枪有三种型号:I 型抛壳窗在照门前方,比较狭窄,II 型加宽了抛壳窗,III 型将枪管护筒散热孔由每排 8 个改为 3 个。该枪采用开膛待击,自由枪机式自动方式,发射 7.62mm 托卡列夫和 7.63mm 毛瑟手枪弹;采用 25 发弹匣和 71 发(早期 73 发)弹鼓;快慢机在扳机护圈内扳机的前方。

5. 传统典范——西班牙冲锋枪

由于内战中冲锋枪的出色表现,西班牙才认识到冲锋枪的重要作用,由戈拉特设计了 9mmMX1935 式冲锋枪;西班牙博尼法西奥埃切维利亚"星"牌有限公司生产了"星"牌 SI35、RU35、TN35 式 9mm 冲锋枪,统称 35 系列冲锋枪。

一、西班牙 9mmMX1935 式冲锋枪

总体设计与德国伯格曼 MP34/I 式长枪管型冲锋枪相似,但内部结构不同,属传统设计;独特之处是瞄准基线长。

二、西班牙 9mm"星"牌 35 系列冲锋枪

35 系列 SI35、RU35 和 TN35 式冲锋枪结构基本相同,只是理论射速不同;半自由枪机结构与众不同,由机体、闭锁块、升降块和平移击锤组成。但发射机构与枪机较为复杂。

6. 匠心独具——法国冲锋枪

1924 年法国陆军炮兵技术装备局设计了一支 9mmSTA1924 式冲锋枪,但实际上是德国 MP18I 式冲锋枪的仿制品。30 年代中期研制成功的 7.65mmETVS 式冲锋枪,虽然结构性能一般,却是世界上最早采用折叠式木托的冲锋枪。

7. 发展缓慢——其他国家的冲锋枪

20 世纪初,由于其他一些国家对冲锋枪的战术地位认识不足,致使这一时期的冲锋枪发展比较缓慢,无论从使用范围还是从装备数量上说都是非常有限的。尤其是英国人对冲锋枪的战术作用反应迟钝,直到 1940 年面临德军大举进攻的危险时才如梦初醒。

而 1936～1938 年爆发的西班牙内战更点燃了冲锋枪使用的"导火索",大多国家从中认识到使用冲锋枪的作用,从而揭开了第二次世界大战中大量使用冲锋枪的序幕。

20 世纪初叶冲锋枪的几个特点

一、发展缓慢。冲锋枪诞生初期,多数国家还没有认识到这类武器的潜力,所以试制和试验费始终保持在最低水平,影响其发展。

二、结构复杂。结构复杂是第一代冲锋枪的缺点之一,如西班牙 35 系列冲锋枪发射机构和枪机的复杂化,美国 M1928A1 式冲锋枪的"H"形延迟开锁机构、芬兰 M1926 式冲锋枪的活动式击针、德国 MP18I 式冲锋枪的"蜗牛"式弹鼓和意大利 M1918 式冲锋枪的抛壳漏斗以及冲锋枪配三脚架等等。

三、尺寸偏大。第一代冲锋枪都存在着尺寸偏大的缺点,如瑞士 MKMO 式冲锋枪不带枪刺全长为 1025mm,若带枪刺长达 1295mm,比现代冲锋枪的尺寸大得多。

四、比较笨重。如意大利佩罗萨冲锋枪质量 6.5kg,若装弹则为 7.4kg;就连最著名的美国 M1928A1 式冲锋枪空枪质量也达 4.9kg,比现代步枪还重。

五、成本高昂。这一代冲锋枪的零部件多采用切削加工,且结构复杂,必然造成费工费时成本高。

六、装拆不便、可靠性差。虽然也有个别冲锋枪分解结合简单(如德 MP18I式),但就总体来看,多数冲锋枪存在着装拆不便的缺点;而且结构越复杂、零部件越多,可靠性就越差。

七、为以后的冲锋枪研制奠定了基础。冲锋枪虽然在第二次世界大战以前发展比较缓慢,但从其结构特点来看,不仅出现了一些优秀而著名的冲锋枪,而且还设计了一些新颖巧妙的结构,为以后的冲锋枪研制提供了非常有价值的参考。尤其是德国 MP18I 式冲锋枪,20 世纪以来世界上出现的形形色色的冲锋枪都或多或少地留有它的影子。

T-72 的新发展

T-72 是苏联在 20 世纪 80 年代的主要出口坦克,由于它的服役数量庞大加上有许多国家有能力生产该坦克,堪称是目前衍生发展最繁复的坦克。在本届陆军展出现了三种 T-72 的改进型:

乌克兰的 T-72MP、捷克的 T-72CZ 和俄罗斯的 T-72 动力改进型。

俄罗斯 T-72S/T-90S

俄罗斯这次参展低调,又展出一辆换装西方动力系统的 T-72S,这套动力系统是由 1000 匹马力的法制 V8X-1000 型柴油引擎、德国制 ESM350 型自动变速箱和冷却系统组成,可大幅增强 T-72 坦克的机动能力,但与其他国家展出的 T-72 改进型相比,俄罗斯所展出的这辆 T-72S 在技术上可以说是逊色不少。

俄罗斯的 T-72S 以动力系统改进为主

由 T-72BM 衍生发展出来的 T-90S 虽然以模型展出,但从俄罗斯先后送去中东地区和中国内地展示来看,T-90 是以 T-72 为基础,结合 T-80U 的诸多先进技术研制出来,它的战斗重量比 T-72S 重两吨、比 T-72M 轻 5 吨,但因为装备功率较强的 840 匹马力的柴油引擎,所以仍保持与同类坦克的机动性能。这次陈列的 T-90 模型不同于以往公布的坦克,首先是炮塔两侧的 KNO-TAKT-5 型主动反应装甲采取了不同于以往的环形排列配置,第二个就是炮塔顶部加装了 ARENA 主动防护系统,这套系统最早是在 T-80U-MIBARS,它是以散弹的形式来拦反坦克导弹。

乌克兰 T-72MP

T-72MP 是乌克兰的马榭夫坦克工厂推出,这座结合了坦克设计和制造的著名坦克厂,从 20 世纪 30 年代至今总计生产超过 10 万辆以上的各型坦克。T-72MP 是该厂根据 T-84 的新技术所发展的最新 T-72 改进型,它在装甲、火控和火力三大部分都进行改进,由于利用了许多 T-80UD 甚至 T-84 的新技术,使得 T-72MP 的外型与后两种坦克非常相似,一眼看去很难识别。

T-72MP 的改进重点包括:具有最先进反应装甲的装甲套件,可选用 1000 匹马力的 6TD-1 型或 1200 匹马力的 6TD-2 型柴油引擎、新型冷却系统、对动力室上层甲板进行热讯号抑制处理、配备具内建测试装置的数字化火控系统、法国 SAGEM 公司的 SAVAN15MP 型整合式炮手瞄准仪、SFIM 公司的 VS580 型车长顶置稳定式全方位瞄仪和 SHTORA-S 型车辆防护系统,其中 SHTORA-S 型也就是眼盲式光电反制装备。此外该坦克还有两种不同倍径炮身长度的 125

毫米滑膛炮可供选用。

T-72MP 的激光警告装置

此外,乌克兰还展出了 T-72-120 的比例模型,该坦克是换装西方 120 毫米滑膛炮,并保留原来的自动装填,但技术细节仍不清楚。

捷克 T-72CZ

捷克的 T-72CZ 是由第 25 军需修理厂推出,这种改进型坦克根据客户的要求目前有两种规格,分别是 T-72M3CZ 和 T-72M4CZ。与前述的 T-72MP 相似,T-72CZ 也是全面进行了性能提高,例如在增加坦克的战场生存能力方面,就采用了外挂新型反应装甲和加装激光警告装置之类的被动防护设备 T-72CZ炮塔两侧的反应装甲,被布包着的就是激光警告器。在火力提高方面,则是换装西方的电脑化火控系统和夜视装置,增加车长和炮手的日、夜间作战能力、火炮的第一发命中率。此外,T-72CZ 还会加装地面导航系统、新型通信装置和德制的灭火抑爆系统。

T-72CZ 两种改进型的细节装备如下:M3 型装有 TURMST 电脑化火控系统,车长和炮手的顶置稳定式日/夜间瞄准仪(其中炮手瞄准仪与激光测距仪相连,车长瞄准仪为全向式系统,使车长也能作猎杀目标)、配备 PCOSSC-1 激光警告系统、地面导航系统、新型灭火系统、新型反应装甲套件、新型通信系统和供驾驶员使用的被动夜视装置。M4 型是在 M3 型的基础上再更换动力系统的改进型,换装以色列的 NIMDA 发展的动力套件,包括皮金斯 CV-12 型 1000 匹马力柴油引擎、艾力森 XTG-4116 型自动变速箱和新型冷却系统。

捷克陆军目前正对两种 T-72CZ 进行性能评估,未来至少有 250 辆的装备需求。根据捷克陆军的初步测试结果,T-72CZ 的日、夜间的最大火力射程比 T-72增加 30% 以上,夜视距离增加一倍,M4 型由于更换了动力系统,从静止加速到 32 千米/小时所需的时间是 T-72 或 M3 型的一半。

波兰 T-72M

在前华约组织中,波兰是除苏联外的另一个坦克主要生产国家,曾生产过 11500 辆 T-34/85、T-54/55 和 T-72,绝大部分都是供应盟国使用。波兰目前除了仍在生产 T-72M1 改进型外,甚至还与南非合作改进出 T-72M1Z 供出口,在本届欧洲陆军展中展出了 T-72M1 的改进套件、火控和防护套件,包括:TIFCSDrawaT 热成像火控装置、SSC-1OBRA 型掩蔽暨激光警告系统、PNK-72 型驾驶被动夜视装置、POD-72 型车长被动夜视瞄准仪和波兰自制的 ERAWA -1 反应装甲等装备。

此外,波兰还从 T–72 进一步发展出 PT–91,算是 T–72 系列的一个精进版本。PT–91 的车体和炮塔大量铺设 ERAWA–1 反应装甲,是其外形的最大特色,它的火控系统大幅改进,装有电脑化射击系统和热成像夜视装置,动力系统可选择换装最大功率 850 马力或 1000 马力的柴油引擎。其他的改进还包括激光警告系统、新型履带和火源侦测暨抑制系统等。

PT–91 目前已进入波兰陆军服役。

第十一节　陆战之王——世界主战坦克排行榜

最近,国际武器评估预测小组评出了 1998 年度世界"十佳"主战坦克。

选择标准只有一个,即到 1998 年初为止候选坦克必须在生产。评估标准包括:机动性,最重要的是单位功率(发动机输出功率与坦克战斗全重之比);杀伤力,包括火力(主炮的尺寸和性能)和火控(目标瞄准,捕获及测距,以及产生火控方案和赋予主炮首发命中的相关计算);战斗力,包括人机工程和适应性;生存力,包括装甲防护的类型和数量,总体设计(包括内部和轮廓)以及最新研制的主动防护系统。

在 1997 年度的排名中,外界知之甚少的日本 90 式坦克一举夺冠,成为最大的"黑马"。那么在今年的排行榜中,90 式是否依然稳坐头把交椅? 有没有另外一匹黑马出现? 下面我们就来揭晓"98 世界主战坦克排行榜"的榜单。

1. 钢甲猛兽——德国"豹"式坦克

豹是一种猛兽,身手矫健,反应敏捷,奔跑速度快,捕杀能力强。

德国"豹"式坦克不仅坐拥其名,更兼具其实。"豹"2A5 是"豹"2 坦克的最新改进型,最初是为英国陆军"挑战者"坦克的替代计划研制的,但却败在新型"挑战者"2 的手下。不过失之东隅,收之桑榆,该坦克经过进一步改进后在瑞典新型坦克竞争中赢得了胜利。

"豹"2A5 的炮塔经重新设计后,防护水平更高,而且安装了全电动火炮控制和稳定装置。随着炮塔内部布局的改变,新型火控组件使"豹"2 坦克已经非常优秀的战斗力水平再上一个新阶。在成功的坦克作战中相当重要的"猎杀"战术,对"豹"2A5 来说易如反掌。改进后的"豹"2A5 重量增大,使得机动性有所损失,但其单位功率仍可以接受。该坦克采用的 MB873KA501 柴油机是目前世界上最好的发动机之一,且还有相当的改进余地。

绝大多数观察家普遍认为,"豹"2A5 是全世界数一数二的坦克。到目前为止,生产商德国克劳斯·玛菲公司也坚信他们拥有世界上最好的坦克,可以在公平竞争中击败其他任何坦克——"豹"2A5 重新跃居榜首便是最有力的证据。

2. 虎兄豹弟——美国"艾布拉姆斯"坦克

具备与"豹"2 坦克相同的水平,再加上车长独立热像仪,美国"艾布拉姆斯"坦克最终能够参与"猎杀"战斗模式的所有重要竞争。M1A2 大量采用数字化电子设备和微处理器控制,数字化电子设备所占比重高达 90%,其车际信息系统增加了一个定位导航系统,该系统通过一体式显示器向车长和驾驶员显示车辆位置和航向参数,极大地改善了总体态势把握。实际上,在通信方面 M1A2 无疑胜过"豹"2。此外,M1A2 的防护也属世界一流。

在全球现生产的坦克中,M1 是唯一采用车载燃气轮机作为主发动机的坦克。尽管在理论上和实验室里,车载燃气轮机具有优良的燃料消耗率,但现实中柴油机这方面的性能更佳。在海湾战争中,其实没有一辆 M1 坦克耗尽燃料,不过请别忘了跟在其后的加油车队。

M1 坦克发动机的性能毋庸置疑,只是采用车载燃气轮机相应的支援费用太高。

虽然今年"豹"2A5 再次排在 M1A2 之前,不过二者之间的差距非常小。"艾布拉姆斯"坦克在海湾战争中货真价实的性能为其排名添加了一个最重的砝码,但同样是实践出真知,燃气轮机却使其屈居"豹"2A5 之后。看来"艾布拉姆斯"还得加把劲儿,不然就只能"永远争第一了"。

3. 电光四射——日本 90 式坦克

在 1997 年的排行榜中,90 式坦克一举夺冠而名声大噪。全电动 90 式坦克是完全现代化而且尖端的,在火控和车辆电子系统方面,它比久负盛名法国"勒克莱尔"、德国"豹"2A5 和美国 M1A2 还要先进。90 式坦克采用的 1119 千瓦三菱 10ZG 柴油机也相当先进,尽管该坦克重 50 吨,但其单位功率仍名列第一。"电光四射"的 90 式理当位居三甲之列。

尽管没有官方或公司资料对其进行说明,但是长期以来军界和工业界传言

90式大量采用了德国技术——特别是先进的"豹"2。90式坦克看起来的确非常像"豹"2,而且其主炮也是"豹"2的RH120式120毫米加农炮,与"豹"2不同的是90式坦克有一部自动装弹机,而且乘员为3人。

90式坦克的火控系统具备自动目标跟踪能力,而且长期以来传闻该系统具有某种目标识别、排序以及将威胁按优先顺序排列的功能。有分析家认为,90式坦克内部受限制——这是具有日本特色的设计,可能基于人体模拟研究。

该坦克的防护水平高度机密,但凭借先进的陶瓷和复合装甲组成的装甲组,绝大多数观察家均认为可跻身世界最佳之列。最新消息显示,90式的实际防护水平对于已知威胁是最佳的,但尚未达到用于在西欧作战的坦克水平。

4.地面铁骑——法国"勒克莱尔"坦克

尽管英国新型"挑战者"2在自动化及其他方面更为久经考验,但法国"勒克莱尔"坦克高级的电子系统使其排名在英国坦克之上。此外,实际作战记录以及在竞争方面的性能也使这一款坦克的排名稍好于"挑战者"2。"勒克莱尔"坦克曾在阿联酋的竞争中击败了"挑战者"2和M1A2。

全电动"勒克莱尔"坦克的主要优点有:先进的电子系统,包括先进的火控系统和数据总线;乘员为3人;用于CN120式120毫米加农炮的自动装填系统;带有整体燃气轮机的先进SACMV8X1500柴油机。"勒克莱尔"坦克还具有模块式装甲,可根据威胁情况进行改变。

5.挑战自我——英国"挑战者2"坦克

"挑战者"2比原来的"挑战者"先进得多,因此可谓是一种新型坦克。其火控及其他部件均已彻底重新设计,新的布局能最大限度发挥乘员的效能。"挑战者"2采用了TN54传动装置、1533数据总线、新型电子部件及新型火控部件(有些与"勒克莱尔"和M1坦克中的基本相同)。

尽管新型L30高膛压坦克炮仍是线膛炮,但它能对付任何移动目标。弹药均储存在炮塔底圈下面。"挑战者"2装有第二代"乔巴姆"装甲,是世界上防护最好的坦克之一,在这方面体现了英国陆军注重高防护水平的原则。

6. 陆上雄鹰——俄罗斯"黑鹰"坦克

在 1998 年的排行榜中,俄罗斯"黑鹰"坦克是唯一一张新面孔。1997 年 9 月 6 日,"黑鹰"坦克在俄罗斯鄂木斯克武器展览会上首次亮相,不过却"犹抱琵琶半遮面",它的炮塔和火炮都被遮盖起来。看起来"黑鹰"坦克采用了类似于 M1 的带棱角炮塔,一改俄罗斯坦克采用半球形双人炮塔的惯例,这将增大炮塔内部的空间。不过,由于"黑鹰"坦克具有更低的轮廓,也有可能采用的是无人炮塔。

据可靠消息,"黑鹰"坦克装备有一门 140 毫米坦克炮,取代了长期服役的 2A46 式 125 毫米滑膛炮。这是该坦克能够夺得第六名的主要原因,也是排名领先 T－90 的决定性因素。有了"黑鹰",俄罗斯仍然可以宣称拥有世界上口径最大的坦克炮。与新型坦克炮相适应,采用了新型底圈安装式自动装填系统,代替没有与乘员舱隔离的老式炮塔系统。"黑鹰"坦克几乎肯定保持了发射反坦克和反直升机导弹的能力,从而使俄罗斯继续保持在这一军事技术领域中的领先地位。

在最近俄罗斯与其敌对部队的作战中,T－80 因制造工艺和控制性能差而遭到强烈批评,而其采用的车载燃气轮机技术也再次受到批评。由于"黑鹰"坦克是 T－80U 的一种改进型,而且仍采用车载燃气轮机,所以受到牵连,排名也因此未能再创新高。即使面对多种尚不完善的武器时,T－80 也容易损伤,这是对整个 T－80 的最大批评。采用最新一代重型"康塔克特"5 型爆炸式反应装甲的"黑鹰"坦克改善了这方面的性能。但是如果给出敌方的战斗水平,批评者们就该对 T－80 是如何对付装备精良的顽抗之敌感到惊讶了。一旦这些问题和"黑鹰"的其他细节(包括火控系统)公布于众,这种坦克将有可能得到更好的评价。

7. 宝刀未老——俄罗斯 T－90 坦克

俄罗斯已将 T－90 坦克标准化,该坦克本质上是 T－72BM 的改进型,但极大的不同使其成为一种新的方案。该坦克采用 V－84－1 柴油机、"康塔克特"5 型爆炸式反应装甲、带有 1A45T 计算机化火控系统的昼夜热成像系统、激光报警装置以及可有效对抗红外制导系统的新型"施托拉"－1 电子对抗系统。其 2A46M1 式 125 毫米加农炮可发射所有弹药,包括 9M119 式激光制导导弹。但是,T-90 在战斗中的生存力、内部受限制以及与整体控制性能有关的问题使其排名落在了后头。

8.师出名门——韩国"迷你"型 M1 坦克

韩国88式坦克被看做一种"迷你"型 M1 坦克,实际上该坦克也是由 M1 的设计者设计的。但88式采用了柴油机和不同的火控部件,其中一些与 M1 所用的部件水平相当甚至更好。

88式的主炮为 M68 式 105 毫米坦克炮,与排行榜的其他 9 种坦克相比,它的口径是最小的。然而就韩国面临的威胁来说,M68 足以胜任。发射最新型穿甲弹时,M68 的反装甲性能与 Rh120M256 式 120 毫米坦克炮反装甲性能的下限基本相当。韩国现代公司已为88式改装了 M256 式 120 毫米坦克炮,这种新型88式坦克很快将投产。有了改进的火控系统和口径更大的火炮,新型88式坦克有可能在下一次排名中获得更好的席位。

9.老牌劲旅——俄罗斯 T-72 坦克

最新型 T-72 采用与 T-80、T-90 相同的 2A46 式 125 毫米坦克炮,可发射 9K120 式"斯维尔"激光制导反坦克导弹。虽然采用了自动装填系统,但由于安装在炮塔下面,所以降低了在生存力方面的排名。与一些排名靠前的坦克相比,新型 T-72 在某些方面是出色的,但归根结底 T-72 是一种只能改进到目前水平的 60 年代早期方案。即使采用大肆宣扬的爆炸式反应装甲,其防护也达不到排名靠前坦克的水平。而且与绝大多数西方坦克相比,其内部更受限制,这降低了战斗力水平。不过由于其单价低廉,所以在市场上它仍是一种很有竞争力的坦克。

10.王者风范——以色列"梅卡瓦"Mark Ⅲ 型坦克

以色列"梅卡瓦"MarkⅢ 型无疑是一种难以对付的坦克。该坦克装备有 MG251 式 120 毫米主炮,还具有相当先进的车辆电子系统和含有威胁警告系统的火控系统。采用独特的设计和先进的模块式装甲,其整体防护水平可能是世界上最好的。由于单位功率太低,所以"梅卡瓦"坦克的野战机动性很差。

总的来说,"梅卡瓦"反映出以色列独特的要求和原则。对于以色列而言,"梅卡瓦"体现了本文开头列举诸因素的最佳平衡。MarkⅢ现正提供给土耳其,而"梅卡瓦"以前从未在出口市场上销售过。尽管以色列的政治和地理位置是造成出口乏力的主要原因,但根本原因是由于"梅卡瓦"脱离了世界坦克发展的主流。如果放弃某些不合乎潮流的以色列特色,"梅卡瓦"的表现应该更加出色。

需要说明的是,上述排名完全建立在技术指标、用户意见和研制国理论的基础上,但是还有一些其他因素也很重要,例如勤补养——如果不补充弹药和燃料,技术再先进的坦克也都会变成一堆废铜烂铁。此外,乘员素质也是一个难以计算但却非常重要的因素,不过最重要的因素恐怕要算训练水平了。即使是一辆普通的坦克,训练有素的乘员也可令其在战斗中有出色表现,最好的例子便是海湾战争中的"挑战者"坦克。这种坦克的整体性能虽然很差,但在海湾战争中表现不逊色。

在1998年的排行榜中,俄罗斯坦克几乎三分天下,从一个侧面反映出俄罗斯的总体水平确实高人一等。长期以来,俄罗斯一直拥有世界上口径最大的坦克炮,而且还保持着用坦克炮发射反坦克导弹的领先地位,"黑鹰"坦克即是最新的代表作。西方的坦克炮在口径方面始终略逊一筹,因此一直处于追赶俄罗斯的境地。据最新消息,美国已停止140毫米坦克炮的研制工作——看来是更注重坦克优良的综合性能之实,而并不一味追求口径最大之名。

衡量战斗力的一个越来越重要的因素是自动装填系统。采用自动装填系统不仅能够减少乘员数量,而且可以减小炮塔尺寸并提高炮塔的防护水平。早在20世纪60年代,俄罗斯就已成功地将自动装填系统引入主战坦克,但由于待发弹储存在炮塔乘员座位下面的转盘式弹仓内,一旦发生爆炸,不仅会造成人员伤害,而且有可能掀翻整个炮塔。虽然战斗力得到提高,但却是以牺牲生存力为代价,这是俄罗斯坦克排名并不突出的原因之一。法国"勒克莱尔"同样采用了自动装填系统,但它的待发弹存放在炮塔尾舱的弹仓内。在车载弹药被侵彻弹药引爆时,这种方案能够将爆炸气浪通过预先设计的泄压板排出密闭炮塔,乘员可免遭伤害。俄罗斯"黑鹰"坦克也采用了类似的隔离设计。

随着科学技术的日新月异,坦克也在不断发展。一种省时省力的好办法是"拿来主义",日本的"豹"、韩国的M1都是成功的典范;再加上顺应时代发展的本国特色,定会涌现出更多优秀之作。

第十二节 地球阴霾——导弹

1. 多管齐下——多国研究的 MLRS 火箭系统

M270 多管火箭炮系统(缩写为 MLRS)是由美国陆军牵头,美、英、法、德、意多国参与研制的一种压制武器,主要用以填补单管火炮和战术导弹之间的火力空白,1983 年正式交付美军,现已作为制式武器装备北约部队。由于 MLRS 具备众多优异性能,所以它堪称为当今世界上最先进的火箭炮。

整个 MLRS 都装在履带式底盘上,具有良好的机动性。利用极完善的计算机化火控系统,MLRS 最适宜于运用"打了就跑"的灵活战术。铝合金装甲车体为乘员提供了防核、生、化的"三防"功能。MLRS 的乘员仅有 3 人,其操作高度自动化,装填方便快捷,据称在紧急情况下 1 人即可完成大部分任务。

每门 M270 多管火箭炮装有两组共 12 发火箭弹以海湾战中所用的 M77 式双用途子母弹为例,该弹口径 227 毫米,长 3.97 米,重 310 千克,射程达 32 千米。每发火箭母弹内装 M77 式反装甲杀伤子弹 644 枚,配用遥控装置电子引信,可在目标上空 762 米处抛射出 M77 式子弹。每枚子弹重 0.23 千克,具有穿透 100 毫米厚装甲钢板和杀伤人员的双重能力。

多管火箭炮系统的弹药种类繁多,除了前述的 M77 式双用途子弹母弹外,还有布雷弹(一次齐射可撒布 AT-2 反坦克地雷 336 枚,形成长 1000 米、宽 400 米的雷场),以及"萨达姆"(SADARM)末端制导弹药和二元化学弹。相信在不久的将来,这个弹药家族还会增加更多成员。

其实,MLRS 不单是火箭发射车,它还可以发射导弹——"陆军战术导弹系统"(ATACMS)。这是一种短程地对地弹道导弹,射程 150 千米,每枚导弹携带 956 枚 M74 式子弹药。MLRS 只要稍加改装就可以用 2 枚导弹代替 12 枚火箭弹,借此大幅度提升射程及准确度。

在海湾战争中,共有 201 辆 MLRS 投入使用(美军 189 辆,英军 12 辆),共发射 9660 枚 M77 火箭,这些火箭共对伊拉克目标射出约 622 万枚致命的次弹药。一位英军 MLRS 炮兵连(拥有 12 辆发射车)连长称这种发射系统是"方格终结者",因为,MLRS 有能力将标准军用地图上的一个方格地区(1 平方千米)内的有生力量完全摧毁。

在海湾战争初期,MLRS 主要被用于攻击向联军部队开炮的伊拉克火炮,也就是执行反炮击任务。一旦伊拉克火炮开火,美军部署在前沿的 Q-37 炮火追踪雷达即可迅速地把敌军的发炮位置计算出来,当敌人第一发炮弹尚未落地之际,其位置资料已在美军数据网络中传至 MLRS 系统的火控系统里,几秒钟之后,报复的火箭弹就会划破天空,准确地向敌人飞去。

战争末段,MLRS 则被经常用于杀伤溃逃的伊军人员或车队,当美军侦察飞机发现目标后,就会立即将资料向联军指挥中心报告。只需一分钟不到的时间,MLRS 发射的火箭弹就会在毫无掩护的伊军人员或车队上空抛洒出大量子弹药。一门多管火箭炮一次齐射耗时约 50 秒即可以将总共 7728 枚子弹洒向目标区域,覆盖面积 60000 平方米(相当于 6 个足球场大小),火力极其可观。难怪死里逃生的伊拉克士兵将 MLRS 的火力空袭形容为铺天盖地的"钢铁雨"。

2. 核俱乐部新贵——巴基斯坦的弹道导弹

巴基斯坦的弹道导弹发展计划始于 20 世纪 80 年代初,由巴空间与高层大气研究机构负责实施。目前已研制成功并装备部队的有"哈塔夫-1"、"哈塔夫1A"和"哈塔夫-2"三种近程导弹,正在研制的有"哈塔夫-3"近程导弹和"高里"(Ghauri)中程导弹。"哈塔夫-1"和"哈塔夫-1A"导弹均为单级固体火箭发动机推进的导弹,采用车载机动发射,后者是前者的增程型。导弹长 6 米,直径 0.56 米,有效载荷 500 千克,发射重量 1500 千克,可携带常规弹头、化学弹头或核弹头,采用惯性制导,射程 80 千米。"哈塔夫-1"导弹于 1992 年开始装备部队;"哈塔夫-1A"导弹最大射程可达 100 千米,1995 年开始装备部队。

"哈塔夫-2"导弹采用两级固体火箭发动机推进,惯性制导。导弹长 9.75 米,直径 0.56 米,有效载荷 500 千克,发射重量 3000 千克,可携带常规弹头、化学弹头或核弹头,最大射程 300 千米,采用车载机动发射,1996 年开始装备部队。"哈塔夫-3"导弹采用两级固体火箭发动机推进,惯性制导。导弹长 10 米,第一级发动机直径 1 米,第二级发动机直径 0.56 米,有效载荷 500 千克,发射重量 6500 千克,可携带常规弹头、化学弹头或核弹头,最大射程 600~800 千米,采用车载机动发射,预计 1998 年开始装备部队。"高里"(又名"哈塔夫-5")中程弹道导弹于 1998 年 5 月 6 日试射成功,巴方公布的导弹主要性能:有效载荷 700 千克,发射重量 16000 千克,最大射程 1500 千米。据外刊分析,这是一种两级液体火箭发动机推进的导弹,长 15~17 米,最大直径 1.2~1.5 米,采用车载机动发射,具有投掷常规弹头和核弹头的能力。

韩国于 1998 年 6 月 11 日当地时间上午 10 时发射一枚探空火箭。这枚火箭长 11.1 米,重量 2.02 吨,有效载荷 150 千克,飞行时间 362 秒钟,最大飞行高度 138.4 千米,旨在测定朝鲜半岛上空的臭氧量、电离层的密度和温度以及天体 X 射线等。该火箭发射成功,将有助于韩国掌握低地球轨道卫星发射技术。

巴基斯坦的核能力引人注目

1998 今年 5 月 28 日和 30 日,巴基斯坦进行了两组 6 次试验,此举距印度 5 月 11 日和 13 日进行的两组 5 次核试验只有半个多月,巴基斯坦的核能力引人注目。

基础核设施巴基斯坦从 20 世纪 60 年代初开始研究与发展原子能的和平利用,相继从美国引进一座研究堆(热功率为 10 兆瓦),从加拿大引进一座重水堆电站(电功率为 125 兆瓦)和一座重水厂(年产 13 吨重水),并依靠本国力量建设铀矿开采、水冶和燃料元件制造等基础核设施。

1971 年印巴战争结束后,巴基斯坦便开始秘密实施核武器发展计划,重点发展铀浓缩和后处理能力,以便为核武器生产必要的核装料。经过 40 年努力,到目前为止,巴基斯坦已拥有一个核科技研究所,一座核电站,两座研究堆,三座铀浓缩设备,两座后处理实验设施,两座铀矿,两座铀水冶厂(生产八氧化三铀),一座铀转化厂(生产六氟化铀),一座燃料元件制造厂,两座重水厂,及一座氚纯化厂。此外,巴还正在建造一座轻水堆核电站,一座产钚堆和一座后处理厂。这些基础核设施的运行为巴基斯坦发展核武器创造了必要的条件。

核装料生产

核武器需要用武器级铀(含 90% 以上铀 - 235)或武器级钚(含 93% 以上钚 -239)和氚作弹芯装料,因此设法获取核武器装料是发展核武器的前提条件。通常,武器级铀是利用天然铀(含 0.71% 铀 - 235)作供料经过同位素分离过程而生产的;武器级钚是利用核反应堆辐照天然铀燃料中的铀 - 238,使之转变成钚 - 239,再经后处理从反应堆卸出的乏燃料中分离出所生成的钚而生产的;氚是利用核反应堆辐照锂 - 6 靶,使之转变成氚,再经分离和纯化过程而生产的。

已拥有相当数量的武器级铀

1971 年巴基斯坦开始秘密发展核武器时,只有从美国引进一座研究核(PARR - 1)和从加拿大引进的一座民站重水堆(KANUPP)在运行,但这两座反应堆都受到国际原子能机构(IAEA)的保障监督,不可能转用于生产武器级钚,更何况巴又没有后处理能力。巴选择了优先发展铀浓缩技术的路线,并利用巴科学家 A. Q. 汗从 1972 ~ 1975 年曾在欧洲铀浓缩公司所属荷兰阿尔默洛离心浓缩中间工厂工作过的有利条件,从 1975 年开始秘密进入该公司所属的英国、西德、荷兰、美国和瑞士获取离心浓缩技术,采购离心机的部件、材料等制造设备,同时着手在卡胡塔建造一座离心浓缩厂,在戈尔拉建造一座离心机试验设施,研制先进的心机,在锡哈拉建造一座离心机级联试验与培训设施。经过大约 10 年的努力,1984 年巴定理布它有能力生产低浓铀(含 20% 以下铀 – 235),这标志着卡胡塔离心浓缩厂已建成投产。

该厂从 1986 年开始生产武器级铀,而且逐年增加生产能力,到 1991 年巴宣布暂停生产武器级铀时,该厂安装了约 3000 台离心机,若用于然铀作供料,贫料为含 0.5% 铀 – 235 的贫化铀,则可年产 55 ~ 95 千克武器级铀。据此估计,巴基斯坦从 1986 年到 1991 年总计生产了 157 ~ 263 千克武器级铀,如果每枚核弹需用 20 千克武器级铀,则可供制造 8 ~ 13 枚核弹。

1991 年以后,卡胡塔离心浓缩厂继续生产含 20% 以下铀 – 235 的低浓铀,若用至今已生产的低浓铀作供料,贫料含 1% 铀 – 235,则需 1 年时间就能生产出 308 ~ 516 千克武器级铀,可供制造 15 ~ 25 枚核弹。可见,巴基斯坦已拥有可以满足建立小规模核加所需的武器级铀。这 6 次核试验使用的核裂变装置都是用武器级铀作装料。

正在建立后处理能力

巴基斯坦在发展低浓铀的同时,还兼顾发展后处理能力。1976 年法国开始帮助巴建造一座后处理厂,但在美国施压下,1978 年法国终止援助,停止向巴提供有关技术和设备。但是,巴依靠本国力量继续进行后处理厂的建造工程,只是放慢了进度和缩小了规模(仅为原规模的 1/10),并选建造一座后处理实验室和一座小型后处理中间工厂。据美、俄、法情报部门报道,巴还在后处理厂附近建造一座产钚堆,估计热功率为 50 ~ 70 兆瓦。

预计到 20 世纪末后处理厂和产钚堆都建成投产后,可年产 10 ~ 14 千克武器级钚,若按每枚核弹需用 8 千克武器级钚计算,可供制造 1 ~ 2 枚核弹。

已有产氚能力

氚是氢弹和增强原子弹的重要装料。1987 年巴基斯坦从西德引进一座氚纯化与生产设施,并曾利用 PARR – 1 研究堆辐照的锂 – 6 靶进行了分离与纯化试验。这表明巴基斯坦已有生产氚的能力,从而为发展增强原子弹和氢弹奠定了物质基础。

武器化与核试验

巴基斯坦可能在瓦赫的军械工厂、托西拉的重型机械综合企业制造核装置的引爆系统(扳机)和其他非核部件。巴在西南部查盖丘陵地区建有一个核试验场,前陆军参谋长 M. A. 拜格声称,1986 年巴曾在此成功地进行过一次核爆炸装置的"冷试验",试验中用高能炸药代替核装料,目的是试验内爆系统的设计。1998 年 5 月进行的两组 6 次核试验也都是在该试验场进行的,全都是裂变装置。第一组 5 次核试验中,两个核装置的爆炸当量为 2.5 万吨和 1.2 万吨(梯恩梯),另 3 个核装置的爆炸当量都在 1 千吨以下。第 2 组一次核试验的爆炸当量为 1.8 万吨。这次试验后,巴总理谢里夫声称,如果巴选择核试验的话,20 年前就可以进行地下核试验。这一声称可能言过其实,却也说明巴基斯已具有核试验的能力。

运载工具

20 世纪 80 年代初期,巴基斯坦开始研制地地弹道导弹"哈塔夫 1"和"哈塔夫 2",其射程分别为 80 千米和 300 千米,有效载荷均为 500 千克,到 1989 年进行试验,现已装备部队。从 20 世纪 90 年代初开始研制改进型"哈格夫 1A"和"哈塔夫 3",其射程分别为 100 千米和 800 千米,有效载荷仍均为 500 千克。1997 年 7 月进行了"哈塔夫 3"导弹试验。1998 年初开始研制"高里"(Ghauri)中程弹道导弹,射程为 1500 千米,有效载荷为 700 千克,并于 4 月中旬进行了试验。这次核试验后,巴官方声称,"高里"导弹具有运载核武器的能力。

此外,巴基斯坦还有几种战斗轰炸机具有运载核武器的能力,例如美国供应的 F – 16 战斗机,经改装后就能携带核武器。

综上所述,巴基斯坦在不长的时间里就准备好并成功地进行了两组 6 次地下核试验,这一事实表明,巴已有制造核武器的能力,尽管还没有证据说明巴已部署了核武器,但很可能已制造好核武器部件,并能很快组装成核武器。巴现有的武器级铀可供制造 8 ~ 13 枚核武器,必要时还可以在短时间(半年到 1 年)里利用现有库存的低浓铀作供料生产相当数量的武器级铀,又可供制造 15 ~ 25 枚核武器。巴基斯坦的核能力不容低估。

3. 军事联盟——北约战区导弹防御作战系统

一提起 1991 年的海湾战争,人们最难以忘却的事情,恐怕要数美国的"爱国者"导弹与伊拉克的"飞毛腿"型弹道导弹的较量了。在那次战争中,美国第一次在实战中利用 PAC－2"爱国者"导弹防御系统,拦截伊拉克向沙特阿拉伯和以色列发射的"飞毛腿"弹道导弹,并取得了一定的成功,从而开创了弹道导弹攻防作战的先河。借助于发达的电视转播手段,全世界的男女老少亲眼目睹了现代战争中弹道导弹攻防作战的壮观场面。海湾战争以后,越来越多的国家和地区,特别是以美国为首的北约国家,把发展中国家的战区弹道导弹看做是未来地区冲突中的主要威胁,极力强调在未来的地区冲突中保护城市和重要的军事设施免遭战区弹道导弹攻击的重要性,积极谋求获得防御战区弹道导弹的能力,并把战区弹道导弹的攻防对抗作战看成是未来局部地区高技术战争的重要组成部分之一。

为了演示和试验各种先进的战区导弹防御技术,检验所制定的联合作战计划和战术原则,培养未来参与战区弹道导弹攻防作战的指挥官和士兵,从 1994 年以来,以美国为首的北约国家的作战部队,每年都要在美国和欧洲地区进行陆、海、空军联合的或多国部队联合的战区导弹防御演习:1994 年,美国和北约国家先后在美国和欧洲举行了代号为"联合特遣部队"(JTF－95)和"有力的防卫－94"导弹防御演习;1995 年,美国和北约的部队又先后在美国和欧洲举行了代号为"流沙"和"冷火"的战区导弹防御演习;1996 年和 1997 年,也都进行了类似的战区导弹防御演习。这些演习充分说明,美国和北约国家正在为迎接未来弹道导弹攻防对抗的高技术战争而做好了准备。

我们着重介绍美国、德国和荷兰的部队于 1996 年 4 月 15～19 日期间,在欧洲地区举行的代号为"96 光学风车联合计划"(JPOW'96)演习。这场演习是以保卫荷兰最重要的城市、世界上吞吐量最大的海港鹿特丹免遭弹道导弹的攻击而展开的。按照预先制定的作战方案,演习是伴随着发现 6 枚模拟的战区弹道导弹正朝着鹿特丹市飞来开始的。为了保卫这座城市,包括荷兰、德国和美国在内的北约防御部队紧急行动,全力以赴,展开了一场"拦截来袭弹道导弹"的"防御作战"。

在荷兰东部的一片森林之中,隐藏着一座秘密的钢筋水泥建筑物。这便是北约组织设在荷兰的指挥、控制和通信中心。根据美国"国防支援计划"(DSP)预警卫星提供的"信息",在这座坚固的指挥、控制、通信中心里,军官们已经在计算机的屏幕上看到,射程为 300～900 千米不等的 6 枚战区弹道导弹正划过几条弧线向着鹿特丹疾速飞来,再过 4～7 分钟的时间就将落在鹿特丹市内。依据导弹的飞行轨迹,他们确定,导弹的落点是鹿特丹市的炼油厂和市中心的商业区。与此同时,导弹的发射点也被确定出来了,由于时间紧迫,"时间就是胜利",指挥中心的官员不敢有一刻的延误,及时地向所有的有关部门发出预警,并开始部署和指挥防御来袭战区弹道导弹的战斗行动。

根据指挥部的命令,荷兰皇家空军在地面待命的战斗机群紧急起飞,在空中担负战斗巡逻的 F－16 战斗机群也立即调转航向,分头朝敌方发射战区弹道导弹的区域飞去,以便摧毁敌方的导弹发射车。

在鹿特丹附近,"爱国者"防空导弹系统的雷达立即按照探测战区弹道导弹的模式工作,把雷达波束的能量集中在一个仰角为 89.5°的垂直平面内,根据预警卫星提供的引导信息,在指定的方向搜索来袭的弹道导弹。当来袭的战区弹道导弹出现在"爱国者"导弹系统指挥控制车内的显示屏上的时候,荷兰和德国空军的"爱国者"导弹系统立即开始防御作战,自动地向每一枚来袭的目标发射两枚"爱国者"导弹,转瞬之间便"发射了"11 枚"爱国者"导弹,拦截并摧毁了所有的 6 枚"来袭"弹道导弹,鹿特丹也得救了。

演练中的战区导弹防御"四大支柱"

自海湾战争以来,美国军方便认识到,在未来的高技术局部战争中,要想挫败敌方的战区弹道导弹攻击,最关键的是需要一种"联合战区导弹防御"(JT－MD)能力,包括陆、海、空军与多国部队联合,地基、海基、空基和天基设施联合,攻击作战与防御作战联合,主动防御与被动防御联合。为此,美国参谋长联席会议于 1994 年 3 月公布了联合战区导弹防御的作战原则,并把"攻击作战"、"主动防御"、"被动防御"及"作战管理指挥、控制、通信、计算机与情报"(BM/C4I)作为联合战区导弹防御的"四大支柱"。

"96 光学风车联合计划"演习最突出的特点,是强调联合战区导弹防御的所有方面,不仅包括多国和多兵种的联合作战,也包括打击敌方导弹发射车的"攻击作战",利用现有的陆基、海基、空基、天基和特种设施,实施纵深的"主动防御",即利用现有的防御武器系统拦截飞行中的来袭战区弹道导弹,实施包括预警与核生化防护、伪装与电子战在内的被动防御,以及试验作为战区导弹防御"四大支柱"基础的作战管理指挥、控制、通信、计算机和情报系统。

BM/C4I

"96 光学风车联合计划"演习的主角,是美国欧洲司令部(USEUCOM)的战区导弹防御协调单元,其任务就是协调被动防御、主动防御和攻击作战。据该设备的操作官、美国空军少校格雷格·杨说,美国欧洲司令部战区导弹防御协调单元,是现有的用于战区导弹防御的最先进的 BM/C4I 系统之一,它把各种机载的、空间的和地基的情报获取设备,各联合司令部,联合的 BM/C4I 系统和各种战区导弹防御的主动防御装备,如美国海军的"宙斯盾"武器系统和美国陆军或盟国的"爱国者"导弹系统等等,连通起来。

被动防御

为了实施被动防御,演习中,利用美国的 DSP 预警卫星和"波音 757"空中监视试验台飞机,探测模拟的战区弹道导弹发射,并通过卫星把预警信息传送给美国欧洲司令部战区导弹防御协调单元。在探测到导弹发射后的 60 秒钟内,就向参加演习的部队和将受到威胁的城市发布话音警报,使受到威胁的人员有足够的时间戴好防御面具,进入隐蔽所,作好被动防御。

主动防御

在这次演习中,用于主动防御的"爱国者"导弹系统实际上并未部署在鹿特丹附近,而是把荷兰和德国的 5 个"爱国者"导弹发射排部署在德波尔空军基地已经不用的公路上。这些"爱国者"导弹发射排及它们的作战指挥中心接到了执行防御任务的命令后,按照它们好像已部署到鹿特丹附近的阵地上一样,进行模拟的主动防御作战。

攻击作战

打击导弹发射车的攻击作战是演习中最复杂的部分。战区导弹防御协调单元首先要利用各种类型的情报数据和数据库程序,预测敌方导弹运输——起竖——发射车离开发射点的运动情况,一旦导弹运输——起竖——发射车已开始移动了,还要试图确定出它已经移动到哪里了,并要求预测的位置精度在半径为 300 米的范围之内,这项工作完成得越快,发现和摧毁导弹运输——起竖——发射车的机会就越大。演习中,实施打击敌方导弹发射车的"攻击作战"任务,由荷兰皇家空军的 F-16 战斗机完成,这些飞机或者已在空中处于警戒状态,或者处于准备起飞状态。通过"北约防空地面环境"(NADGE)警戒系统,飞机驾驶员利用话音通信系统,得到战区弹道导弹发射点位置的通报。

计算机仿真是战区导弹防御演习的主要工具之一

弹道导弹的攻防作战是非常复杂的高技术作战,它不仅涉及各种复杂的高技术,也涉及复杂的作战环境,以及攻防双方为了赢得胜利而采取的各种对抗与反对抗技术。因此,无论是研制成功的弹道导弹国家,还是准备研制防御弹道导弹系统的国家,也无论是在研制阶段,还是在装备部队的使用阶段,攻防双方都不可能完全按照真实的作战条件去检验自己系统的性能和训练部队,即使能在一定程度上按照实际的作战条件进行试验和训练,由于动用的人员和设备多,在经费上也是负担不起的。例如,美国为了进行一次 PAC-3 型"爱国者"

导弹的拦截试验,即便试验中仅仅使用一枚靶弹和一枚 PAC－3 型"爱国者"导弹,整个试验也要耗费大约 2000 万美元。因此,为了研制和试验弹道导弹防御系统,美国国防部不得不转向主要依靠省时、省钱的计算机仿真技术,不仅建立了各种先进的弹道导弹攻防仿真研究设施,而且开展了大量的攻防仿真研究,包括论证、检验和鉴定弹道导弹防御系统方案和各种突防手段的方案,论证和鉴定指挥控制软件,高度逼真地研制弹道导弹攻防对抗的整个交战过程,确定有效的战法等。据称,有关防御系统性能的 60%～70% 的数据要靠计算机仿真来获得。除了美国之外,法国、英国和以色列等国,出于发展弹道导弹防御系统和反弹道导弹防御系统的不同需要,也都把开展弹道导弹攻防仿真研究摆在十分重要的地位。现在,美国与北约在战区导弹防御军事演习中,也大量地采用了计算机仿真。在"96 光学风车联合计划"演习中,实际上既没有发射一枚"进攻"鹿特丹的弹道导弹,也没有发射一枚防御用的"爱国者"导弹,而是在计算机上模拟来袭弹道导弹的"攻击"和"爱国者"导弹的"防御"过程,是一场真正的"有惊无险"、"没有硝烟"的弹道导弹攻防对抗高技术战争。

4. 推波助澜——冲压喷气发动机在导弹上的应用

对于重量相同的导弹,采用冲压喷气发动机比采用固体火箭发动机攻击力要大出一倍多。因此,在导弹设计中采用冲压喷气发动机有着很大的吸引力。但是,在过去很长一段时间里,由于冲压喷气发动机尺寸太大,难以用在空空导弹上,因此空空导弹很少采用这种动力装置。目前冲压喷气发动机的发展已经取得了重大突破,可以研制出适用于超视距空空导弹的小型冲压喷气发动机。

英国国防部目前正在为英国皇家空军的欧洲战斗机 2000 招标研制超视距空空导弹。

超视距空空导弹具有较高的峰值速度,而冲压喷气发动机则有较高的巡航速度。在使用空空导弹作战时,能量多就意味着生存力强。

英国宇航公司的一位军事顾问认为,目前的中程武器由于总能量不够,无法完成杀伤高度机动灵活目标所需的机动动作,因此,这些武器的有效杀伤区相对较小。根据经验,在超视距作战中,导弹需要至少有 3 倍于目标的机动能量,才能杀伤目标。也就是说,如果目标以 10g 的加速度过载跃升进行规避机动时,导弹需进行 30g 的加速度过载转弯机动方能杀伤目标。

有消息表明,在英国皇家空军进行的苏 227 飞机及其导弹与携带 AIM－

120B 导弹的欧洲战斗机 2000 的对抗模拟中,后者明显处于下风。

这也说明,需要为欧洲战斗机装备一种在超视距上有更大有效杀伤区的导弹。一般来讲,超视距作战的距离在 40 千米左右。下一代超视距空空导弹的作战距离将可能在 100 千米左右。

除了绝对射程增加外,更重要的是采用火箭助推器/冲压喷气主发动机可以扩大有效杀伤区。采用冲压喷气主发动机的空空导弹有可能使有效杀伤空域增大两倍,并在这一空域仍有很高的杀伤概率。

采用冲压喷气发动机后,导弹性能虽然提高了,但成本也要加大,约是固体火箭发动机方案的两倍。但是,由于火箭/冲压喷气型导弹在超视距作战中有很多优点,因此成本的增加显得并不重要。因为多花点钱改进动力装置以提高导弹的攻击力总比在空战中损失一架价值 4000 多万美元的战斗机要合算。

参加英国超视距空空导弹竞争的两大阵营已经形成。一个以英国宇航公司(现为马特拉·英国宇航动力公司)为首,包括意大利的阿列尼亚公司、德国的戴姆勒·奔驰宇航公司、英国的 GEC 马可尼公司和瑞典的萨伯公司,推出流星导弹参加投标;另一个由休斯英国公司牵头,用 AIM2120 先进中程空空导弹的冲压喷气发动机型(未来中程空空导弹)参与竞争,合作伙伴有法国宇航公司、福克公司、肖特公司和汤姆逊·肖恩公司。

冲压喷气发动机的优点之一是设计简单,仅有进气道、燃烧室、燃料喷嘴和燃料贮箱几个主要部分,不需要活动部件。由于冲压喷气发动机在开始工作前需加速到约 2 马赫,这需要与固体助推器一起使用。助推器目前一般采用整体式无喷管方案。

冲压喷气发动机总的设计原则都是一样的,但具体设计方案依据所选用的燃料和燃烧过程而定。未来中程空空导弹采用直接喷射冲压发动机,而流星导弹则准备采用掺硼的固体冲压喷气发动机方案。

冲压喷气发动机的一个主要优点是它燃烧时使用的是大气中的氧而不是自带的氧化剂。

需解决的问题是要随着气压变化,亦即根据高度对燃烧过程进行控制。

对这一问题最简单的解决方案就是不进行调节,南非的肯特隆和索姆切姆公司最初采用的就是这种办法。这种办法大大简化了设计问题,但要使冲压喷气发动机在最佳状态工作时,导弹就要在极为有限的高度范围内飞行。肯特隆公司的最初方案是使空空导弹先在特定的高度走廊飞行,将高度问题留在末段,此时冲压喷气发动机的性能已显得不太重要。鉴于该方案的缺点,索姆切姆公司已开始研制一种主动机械阀装置作为节门使用。

法国宇航公司确定了 4 种冲压喷气发动机基本设计方案,即自调节固体推进剂冲压喷气发动机,掺硼固体推进剂冲压喷气发动机,直接喷射冲压喷气发动机以及可调液体冲压喷气发动机。在休斯公司牵头的投标阵营中,法国宇航公司负责研制推进系统。

法国宇航公司在为休斯公司的未来中程空空导弹研制推进系统的过程中进行了几项研究工作。20 世纪 80 年代末 90 年代初,该公司完成了适于空空导弹的小口径冲压喷气发动机(SPC)研究工作。该公司还是马特拉公司等于 1990 年到 1995 年间实施的拉斯第克(Rustique)自调节冲压喷气发动机项目的分包商。在 1988 年到 1990 年间,法国宇航公司在 SPC1 计划中研究了将 ASMP 导弹的冲压喷气发动机改小后用于空空导弹的可行性。

在这一方案中,两个进气道相差 90° 而不是 180°。尽管这一方案从技术上讲是可行的,但从费用上来讲,将小型的 ASMP 发动机用于战术空空导弹是行不通的。

在 SPC2 计划中,法国宇航公司研究了改变燃料喷射结构的可行性,将燃料喷嘴从 ASMP 进气道的弯管处移到燃烧室的前部。这一方案在技术上同样是可行的,但调节所用的电磁阀太重而且费用太高。

继 SPC 项目之后,法国宇航公司对冲压喷气发动机采用复合材料进行了研究,以降低费用。另外还研究了一种简化的燃料贮箱、费用低廉的增压系统和一种紧凑的直接喷射系统。后来,这一项目并入了 1994 年开始实施的简单调节冲压喷气发动机(SRS)项目中,目的是充分利用法国宇航公司近年来在小口径冲压喷气发动机研究方面的成果。

通过研究,法国宇航公司倾向于液体直接喷射冲压喷气发动机方案和在 SRS 项目中研究的调节技术。该公司认为可调式固体冲压喷气发动机之所以不适合,是因为其技术风险以及研制和生产费用都很高。自调节冲压喷气发动机适用于反辐射导弹,但不适用于空空导弹。这是由其固有的高度制约因素决定的。马特拉公司更主张采用在 MPSR 计划中开发出来的“自调节”方案。MPSR 计划的试验弹的调节是通过对大气压力变化敏感的流率来实现的。

用在 ASMP 导弹可调液体冲压喷气发动机,从技术上来讲是可行的,但从经济上却是不可行的。

法国宇航公司的直接喷射冲压喷气发动机方案,是在燃料贮箱内使用了一个弹性叶片。

该叶片与一个减压阀相连,燃料通过一个四喷嘴组件送入燃烧室。

在选择推进方案时,法国宇航公司也曾考虑过采用掺硼或铝等金属添加剂的固体推进剂,然而这样一来便存在着容易被敌方探测到的危险。因为未燃烧的金属粒子具有良好的雷达散射特性,排出的羽烟容易被雷达探测到。此外,在导弹飞行中段,羽烟中未耗尽的金属粒子会影响发射载机与导弹之间的制导数据传输。因此,使用掺硼推进剂的动力装置有很高的技术风险。

德国宇航公司下属的动力装置制造商贝恩切米公司负责为流星导弹研制冲压喷气巡航发动机。该公司不赞成法国宇航公司的主张,并已给德国国防部写信表示反对法国宇航公司对掺硼固体冲压喷气发动机所持的观点。

贝恩切米公司声称,对于掺硼固体冲压喷气发动机面临的技术风险,该公司已进行过几次技术验证,证明是没有问题的。至于羽烟中残存的金属粒子问题,该公司称到目前为止已进行的试验令人鼓舞,结果并不像法国宇航公司所说的那么坏。

贝恩切米公司争辩说,固体冲压喷气发动机有较高的燃料密度,因此,在相同的空间中,后者可有更多的推进剂能量。

该公司还声称,他们之所以选用固体冲压喷气发动机,是因为小口径液体冲压喷气发动机在高空飞行剖面上的燃烧稳定性不好,英国宇航公司的海标枪导弹使用的冲压喷气发动机就有这方面的问题。另外,未来中程空空导弹选用了 JP10 作为巡航发动机的燃料,但是由于这种燃料具有腐蚀性,是否适于长期贮存令人怀疑。

我们再介绍一下冲压喷气发动机在各种导弹上的应用情况。

超视距空空导弹对增程超视距空空导弹需求的日益增长,必然促使导弹设计部门寻求将冲压喷气巡航发动机作为空空导弹的动力装置。英国皇家空军的未来中程空空导弹并不是第一种采用冲压喷气发动机方案的导弹。

早在几年前,美国海军曾经实施过一项先进空空导弹(AAAM)计划,准备用其来替换 AIM254 不死鸟导弹。这项计划要求在导弹的射程和末段运动特性方面都要有所提高,这就需要采用一种混合型动力装置。当时美国的公司提出了冲压喷气发动机和固体发动机两种方案。

通用动力公司和西屋公司提出了一种固体发动机方案,采用一台助推器和一台双脉冲主发动机,但需解决分离和点火方面的问题。休斯和雷锡恩公司提出了一种整体式火箭冲压喷气发动机方案,但是这种方案只有一个进气道,与两进气道或四进气道设计方案相比,末段机动性要差。

最后美国海军虽然取消了这项计划,但它仍然需要一种替换不死鸟的导弹。休斯公司用冲压喷气发动机改型的 AIM2120 先进中程空空导弹正好可以满足其需要。

在未来中程空空导弹竞争中,英国宇航公司推出了一种与其 S225X 导弹一样的双推力固体火箭发动机方案。这种方案存在的问题是,采用固体发动机不如冲压喷气发动机射程远。由于这一问题的存在,再加上要求这种导弹装在欧洲战斗机 2000 的凹进处,这就意味着固体发动机设计方案会因射程不够而遭到淘汰。

欧洲的法国、德国和瑞典等国都已表示对增程超视距武器感兴趣。南非和以色列都在研究冲压喷气发动机技术在空空导弹上的应用。1987 年晚些时候,南非的索姆切姆公司开始研究冲压喷气发动机技术,并已在阿尔坎特潘靶场进行了几次冲压喷气发动机试验飞行器试飞。这种试验飞行器装在其设想中的远程战术导弹上,将主要用在南非肯特隆公司研制的射程在 100 千米以上的 S2 突击者空空导弹上。

以色列拉斐尔武器局的马诺尔分部也在研究冲压喷气发动机技术。以色列和南非以前在导弹研制方面有过合作,两国很可能共同研制过冲压喷气发动机。

俄罗斯的导弹设计局还对冲压喷气发动机在空面导弹和面空导弹上的应用很感兴趣。

文佩尔导弹设计局的冲压喷气发动机型 R277 导弹(AA212)已至少在苏 227 飞机上进行了 5 次发射试验。

俄罗斯空军需要一种超远程导弹,好像已经选中了诺瓦托尔导弹设计局的 KS－172 设计方案。KS－172 方案与上述通用动力公司和西屋公司的先进空空导弹方案有异曲同工之妙,它是一种由一台固体助推器和一台"常规"固体火箭发动机提供动力的导弹。

战略空面武器系统

在西方诸国中,法国从 20 世纪 40 年代末起一直致力于发展采用冲压喷气发动机的空射型防区外导弹;而美国在 40 年代后期和 50 年代也进行过冲压喷气发动机试验,后来优先发展了涡轮喷气发动机,再后来为空射型防区外武器选用了涡轮风扇发动机。

法国于 1986 年开始装备法国宇航公司的 ASMP 中程核导弹,该弹同时在法国空军和海军服役。法国主张采用冲压喷气发动机、速度达 2 到 3 马赫的导弹作为其"准战略"核武器,而美国选用的是巡航导弹,因此,法国的武器要昂贵得多。法国认为这笔开支是值得的,因为高马赫数/高空武器是突破敌防空系统的最好工具,特别是所用的平台和导弹数量都很少。

法国还一直在研究将冲压喷气发动机和超音速燃烧冲压喷气发动机技术用于防区外武器。法国空军打算用 ASLP 来替换 ASMP。ASLP 采用液体冲压喷气发动机,射程增加了。为此,法国宇航公司和法国国家宇航研究院开始实施切夫伦(Chefren)技术演示计划。该计划的目标之一是制造一种具有高度隐身特性的武器。

法国研制 ASMP 后继型的计划已推后了许多,目前法国宇航公司正在研制 ASMP 加,而不是 ASLP。法国宇航公司已对更先进的布局进行了研究,其中包括为满足飞行速度 5 马赫以上的空射型战略导弹的需要而设计的 MARS 超音速燃烧冲压喷气发动机导弹。

将冲压喷气发动机/超音速燃烧冲压喷气发动机用于防区外武器,目前在美国又重获支持,现正在进行几项研究工作。

俄罗斯一直对冲压喷气发动机方案感兴趣,并正在研究将该技术用于空射型战略武器上。彩虹导弹设计局在 1995 年的莫斯科航展上展出了 GELA 试验飞行器,但对外只是说该计划是为了探索高马赫数冲压喷气发动机方案。从设计上看,该计划的目的很可能是研制一种空射型战略巡航导弹,来接替已取消的 AS2X219 考拉计划。不过,GELA 好像已遭受了与 AS2X219 同样的命运。

反辐射导弹德国的 BGT 公司在 1996 年 6 月的柏林航展上披露了其阿拉米斯(Aramis)反辐射导弹的设计方案。这项计划一开始由德法两国共同实施,后来法国退出了。该弹采用双模导引头和冲压喷气发动机。

阿拉米斯计划旨在为法国空军的阿玛特和德国使用的美制 AGM288 哈姆两种反辐射导弹研制一种替换型号,预计于 2006 年服役。作为压制敌方防空(SEAD)系统的武器,该弹选用冲压喷气发动机,这是很有吸引力的,但也存在不少问题。采用这种方案,可以使射程增加,而不必使重量也成比例增加。阿拉米斯的设计重量约 200 千克到 250 千克,而阿玛特重 550 千克,哈姆重 360 千克。阿拉米斯的发射重量也比目前唯一列装的冲压喷气发动机型反辐射导弹,即俄罗斯的 Kh231P(AS217 氪),要轻得多,后者的重量约 600 千克。

由于阿拉米斯的重量比哈姆要轻,因此,德国空军的狂风战斗机可载带 4 枚阿拉米斯导弹,而通常情况下,该机只能载带 2 枚哈姆导弹。这样一来阿拉米斯导弹的载机除了可以携带反辐射导弹外,还可以携带自卫武器,从而扩大了飞机的作战能力。

法国认为,第二代反辐射导弹虽然能够对付防空监视雷达,但就对导弹瞄准雷达的反应能力来说,对飞机的保护能力太差。正是因为这一原因,促使法国加紧研制冲压喷气巡航发动机,以使导弹的飞行平均速度加快。

采用被动雷达导引头的反辐射导弹的缺点之一是在导弹发射以后和到达目标区之前,雷达发射机可能已关机。目前的反辐射导弹采用两种技术来解决这一问题。雷达关机时,哈姆导弹可恢复到记忆方式,而英国宇航公司的阿拉姆导弹则进入带伞待机飞行状态。阿拉姆所采用的方法,可使雷达关机时间尽可能长,并可在雷达开机后进行攻击。

除了哈姆导弹外,美国目前还没有公开表示需要新一代的反辐射导弹,不过,有一些计划可能是在进行反辐射导弹研制。美国空军和海军将来肯定需要一种比 AGM288 哈姆导弹有更快的平均速度的武器。俄罗斯除了 Kh231P 外,好像也在研制反辐射导弹,并且很可能选用冲压喷气巡航发动机作为动力装置。

面空和面面导弹

苏联的 SA26 和 SA24 都采用了冲压喷气发动机,所不同的是,SA26 使用的是固体推进剂,而 SA24 使用的是煤油。

当固体火箭推进剂技术得到发展以后,面空导弹一般很少采用冲压喷气巡航发动机。

不过,南非的肯特隆公司目前正在为其 SAHV 面空导弹系统研制冲压喷气发动机型导弹,中国台湾也在研制冲压喷气发动机型天弓面空导弹。

冲压喷气发动机在面面导弹上已得到了较好的应用。俄罗斯目前至少装备了一种采用冲压喷气发动机的舰射型反舰导弹。在苏联解体时正在进行的项目,有些很可能仍在实施。

俄罗斯彩虹设计局的 3M80(SS2N222 晒斑)是一种采用冲压喷气发动机的大型反舰导弹,据报道这种导弹于 80 年代服役。该弹的发射重量 4 吨多一点,射程达 120 千米。它在攻击末段的速度达 2 马赫,可在约 7 米的攻击高度采取预编程规避机动,对舰船极具威胁。俄罗斯的另一家导弹设计局机械制造科学生产联合体正在研制雅克红(Yakhont)导弹。这也是一种采用冲压喷气发动机的反舰导弹,其岸射型称为堡垒(Bastion)。这两项计划的目前进展情况尚不清楚。

机械制造科学生产联合体还可能负责 SS2N219 沉船反舰导弹的研制工作。目前还没有 SS2N219 的详细资料,不过,从近来的图片上看出,该弹采用了环形冲压喷气发动机进气道。

法国宇航公司在反舰导弹的研制中发挥了其冲压喷气发动机方面的专长。该公司在法国政府的支持下,正在研制飞鱼导弹的后继型新一代反舰导弹(ANNG)。

法国宇航公司将根据一项 2 亿美元的研制合同,为新一代反舰导弹研制维斯塔(Vesta)试验装置并定于 2001 年开始进行发射试验。新一代反舰导弹将用来装备欧洲的地平线护卫舰。

美国海军以前一直优先发展亚音速系统(如麦道公司的捕鲸叉)来满足其对反舰导弹的要求。现在美国海军已开始寻求捕鲸叉导弹的后继型,并正在考虑多种方案,是否仍采用亚音速导弹目前尚不得而知。

5. 陆地吼狮——地空导弹

地空导弹是现代防空作战的重要武器。随着现代战争的发展,地空导弹武器系统已成为国土防空的基础,是地防空的支撑力量,部队作战行动的对空保护伞,并将在夺取制空权中发挥重要作用。了解地空导弹的发展过程、战术技术特点及未来发展趋势,不管是对合理使用地空导弹武器与敌空袭兵器作战,还是对有效打击敌防空体系,都有十分重要的意义。

地空导弹发展过程及技术特点

地空导弹从 20 世纪 40 年代初实验型的出现,经过 50 多年的发展,已研制出了三代,装备了近 50 种型号,形成了高、中、低空,远、中、近程的火力配系。

20 世纪 50 年代装备部队的第一代地空导弹是针对中空和高空轰炸机和侦察机的威胁而研制的,主要是中高空、中远程型号,如美国的波马克、奈基,苏联的 SA－2,英国的雷鸟、警犬等。这些地空导弹的最大射程从 30 千米至 100 多千米,最大射高达 30 千米。其中波马克 B 型的最大射程达 700 千米。导弹的推进系统采用了液体火箭发动机、固体火箭发动机、液体火箭发动机和固体火箭发动机组合及冲压发动机和固体火箭发动机组合等。制导控制系统采用了驾驭制导、指令制导和半主动雷达寻的制导。这些地空导弹的共同缺点是笨重(波马克 B 导弹的发射重量 7257 千克)、地面设备庞大(SA－2 的地面车辆达 50 多部)、机动性差、使用维护复杂、抗干扰能力低等。目前多数型号已退役。

20 世纪 60 年代初至 70 年代中期发展了第二代地空导弹,主要是打击低空、超低空飞行的空袭兵器的机动式低空近程地空导弹。在这一时期,一方面由于地空导弹的发展和在实践中的使用,特别是雷达技术的发展,迫使空袭兵器采用低空、超低空突防战术;另一方面,电子技术、计算机技术、红外技术和激光技术等成就为新型地空导弹的发展打下了良好的基础。这个时期研制出了20多种地空导弹,如美国的霍克,苏联的 SA - 6、SA - 8,英国的长剑,法国的响尾蛇,德国和法国共同研制的罗兰特等。这些导弹的射程在30千米以下,射高在15千米以下,技术水平较第一代有明显的提高。在推进系统中淘汰了液体火箭发动机,主要使用固体火箭发动机、冲压发动机和固体火箭发动机组合以及固体火箭 - 冲压复合推进系统。

在制导控制系统方面,除无线电指令制导外,红外制导和激光制导等得到了很大发展,并且由单一制导方式转向了复合制导,导弹的抗干扰能力有了很大提高。在杀伤技术方面,出现了破片聚焦战斗部和多效应战斗部,提高了导弹的杀伤效率。此外,还提高了武器系统自动化程度,缩短了反应时间,提高了地面机动能力。

20世纪70年代后期至今发展的第三代地空导弹,是以干扰、机动、实施饱和攻击的空袭兵器为作战对象的新型地空导弹,如美国的爱国者,俄罗斯的 S300(SA - 10)和 S - 300V(SA - 12)等,它们都具有反战术弹道导弹的能力。在导弹的空气动力方面采用了无翼式布局和大攻角技术,推进系统采用高能推进剂,弹上制导控制系统和稳定控制系统采用数字控制技术。武器系统采用了相控阵制导雷达,能同时对付多个目标;同时采用多种抗干扰技术,提高了系统抗干扰能力,并强调了系统的可靠性、可用性和可维护性等。

俄罗斯的道尔(SA - 15)、法国的响尾蛇 NG 和英国的长剑2000是新一代低空近程导弹系统的代表,特别是道尔采用相控阵雷达、垂直发射、快速转弯等技术,可以拦截空地导弹、反辐射导弹等精确制导武器。

若按作战空域对目前各国装备的地空导弹进行分类,大体可构成5个系列,即高空远程、中高空中远程、中空中程、中低空近程和低空超低空近程。许多国家实现了系列配套。

如俄罗斯装配了18种型号,可覆盖高度为15~34000米、射程为0.5~250千米的空域范围;美国有6种型号,可覆盖高度30~45000米、射程为0.5~140千米的空域范围;英国有6种型号,可覆盖高度为20~27000米、射程为0.3~54千米的空域范围。综合三代地空导弹的性能,大体有以下几个特点:

——作战空域大。射程可由0.1千米至几百千米,射高可由几十米到几万米,可有效地构成高、中、低空,远、中、近程的火力配系。

——自动化程度高。武器系统从搜索、跟踪目标、判明敌我到发射导弹、摧毁目标均为自动进行。

——战斗部威力大、杀伤概率高。战斗部的杀伤半径为几米到上百米,单发杀伤概率一般为0.7,两发杀伤概率达0.9以上。

——受气候影响小,可全天候作战。

但由于系统采用雷达和相应的制导控制方式,易遭受敌方的干扰。

地空导弹在实战中的使用

1959年10月7日我国空军地空导弹部队在北京通县上空用苏制SA-2地空导弹一举击落一架美制RB-57D高空侦察机,在世界防空史上开创了用导弹击落敌机的首次战例。一年后,苏联用地空导弹击落一架美国的U-2高空侦察机。在1962年9月至1969年10月期间,我国空军地空导弹部队在国土防空作战中,先后用SA-2和国产的红旗2号地空导弹击落5架美制U-2高空侦察机(击落飞机的残骸在军事博物馆展览)、3架无人驾驶高空侦察机。

1965年7月越南在抗美战争中开始使用苏制SA-2地空导弹。在第一次作战中就击落过3架F-4鬼怪飞机,在一个月内就击落100多架美国飞机,在越南国土防空中起了重要作用。1973年12月18~30日美军对越南北方实施地毯式轰炸,被击落的B-52轰炸机共32架,其中被地空导弹击落29架,占击落总数的90%。在第四次中东战争中,以色列被埃及击落的飞机共114架,其中62%是被地空导弹击落的。在以后的英阿马岛战争和在阿富汗战场上,地空导弹在击落飞机上发挥了重要作用。

特别是在海湾战争中,以美国为首的多国部队使用爱国者地空导弹摧毁伊拉克发射的飞毛腿导弹,开创了地空导弹击落战术弹道导弹的先例。以上的战例说明地空导弹是一种有效的防空武器,对地空导弹的发展和使用研究已引起世界各国的重视。

地空导弹的使用原则

从1959年地空导弹击落飞机以后,经历了局部战争的检验,逐渐形成了地空导弹的使用原则:集中使用、混合部署、适时机动、密切协同。

一、集中使用

地空导弹的集中使用是指在防空战役中集中主要兵力装备于重要地域、重要目标;在战术上集中数种地空导弹和数种不同性能的地面防空武器于重点目标,形成有重点的整体防御优势,掌握对空作战的主动权,保持连续的抗击能力。这一原则已普遍用于近期局部战争。

如1973年10月第四次中东战争,埃及集中了全国80%的地面防空部队以

158 个 SA–2、SA–3、SA–6 地空导弹营作为骨干力量,以便携式 SA–7 地空导弹和自行式四管高炮及 C–60 高炮部队进行补充,部署于 9805 千米长、30 ~ 50 千米宽的运河狭长地带,掩护地面部队渡河作战,先后击落以色列飞机 114 架,夺取了运河地带的制空权,保证了渡河战役的胜利。又如苏联一个集团军在正面宽 50 千米、纵深长 70 千米的地域,共集中部署各类地空导弹和小口径高炮等发射装置 583 具,平均 6 平方千米一具,构成的火力掩护空域达正面 80 千米、纵深长 120 千米。一个集团军集中如此之多防空武器,堪称世界之最。

二、混合部署

面对高技术多种手段突防的空袭兵器,地空导弹部队必须与其他防空部队,特别是高炮部队相结合,统一使用、混合部署各种防空武器。要将各种具有不同作战能力的地空导弹和各种口径的高炮实施混合部署,构成有机的拦截系统,相互取长补短,协同作战,提高整体抗击效率、抗干扰能力和生存能力。混合部署已为世界各国普遍采用。如苏联集团军就在其作战地域混合部署 SA–4、SA–6、SA–7/SA–9、SA–8 等五种地空导弹和 23 毫米四管自行高炮。美陆军师在其作战地域混合部署两个小树地空导弹连(24 辆发射车)、24 门火神自行高炮、36 具尾刺便携式地空导弹以及直接支援的改型霍克提供中空掩护,形成了师级对空防御的拦截系统。

三、适时机动

为了使集中使用和混合部署在现代防空战场得到应用,地空导弹部队必须根据战场环境的变化,适应防空重点和任务的改变,适时调整兵力和兵器的部署,将兵力集中到所需方向和重点地域,实施机动作战,从机动中寻找敌方的弱点,从机动中创造战机,从机动中创造优势,出其不意地抗击敌人。如我国空军地空导弹部队在国土防空作战中,先后用地空导弹击落美蒋 5 架 U–2 高空侦察机和 3 架无人驾驶飞机,就是机动作战取得的战绩。相反,叙利亚长期部署在黎巴嫩贝卡谷地的地空导弹,1982 年 6 月 9 日被以色列出动 90 多架飞机在 6 分钟内就摧毁了 19 个营的地空导弹。随着侦察技术的发展,适时机动就更具有重要的现实意义。

四、密切协同

地空导弹是现代防空作战中整体抗击的重要组成部分之一,不论部署地域的大小,层次的多少,在要地防空和野战防空中都强调既要接受防区或集团军的统一指挥,又要自成体系,服从整体作战的需要,组织统一的指挥和协调。在密切协同的基础上,组织不同层次的防空群体,使各种防空力量有机地综合在防空体系中,以整体的力量打击敌人,随时根据作战环境的变化,调整部署。在现代条件下,防空指挥、通信、控制与情报(C3I)系统是统一指挥与密切协同的物质基础,应使之逐渐实现自动化、智能化。

地空导弹的发展趋势

随着科学技术的飞速发展、空中威胁的不断升级和战场环境的变化,可以预测地空导弹武器装备有以下发展趋势:

一、多用途

由于作战飞机、攻击地面目标的导弹向高速和隐身方向发展,突防战术的不断发展,使防空作战越来越复杂,出现了研制高性能多用途导弹的趋势。一种导弹能对付多种空中目标,既能对付各种飞机,又能攻击战术导弹;一种导弹既可作地空导弹、舰空导弹,也可作空空导弹,实现三军通用;一种导弹不但能射击空中目标,而且能攻击地面装甲目标。发展多用途导弹能节省研制费用,便于平时装备和战时补给。

二、对付多目标,抗饱和攻击

综合运用多种空袭兵器,从不同方向、不同高度实施饱和攻击,压制和摧毁地面防空武器,将是未来空袭的主要战术之一。为此,地空导弹将向自主化方向发展,一个发射单元就可同时对付多个目标,击败敌方的饱和攻击。目前采用的主要技术是多功能相控阵雷达、主动雷达寻的和垂直发射技术。

三、抗干扰

在高技术条件下,地空导弹系统面临着多种干扰源和多种干扰方式组成的复杂干扰环境以及反辐射导弹的威胁,电磁斗争将贯穿空袭与反空袭的始终,并将成为决定战争胜负的关键因素之一。因此在发展新型地空导弹系统时要根据未来的电磁斗争需要,确保整个武器系统的抗干扰能力。一方面是在地空导弹系统中采用以最新科学技术为基础的自适应和智能化抗干扰技术;另一方面是采用多种抗干扰措施的最佳组合,提高地空导弹系统抗干扰的应变能力,使之能对付集侦察、干扰、摧毁一体化的空袭兵器。

四、反战术导弹的能力

地空导弹武器系统除面临多种作战飞机的威胁外,还面临着多种平台发射的战术导弹,特别是战术弹道导弹和巡航导弹的威胁。因此要求地空导弹既能对付飞机,又能拦截战术导弹,特别是拦截战术弹道导弹和巡航导弹。为此,一是改进现役先进的地空导弹,满足当前反战术弹道导弹的急需;二是发展既能射击飞机又能拦截战术导弹的新型地空导弹;三是发展专门对付战术弹道导弹的地空导弹;四是发展能对付巡航地弹和反辐射导弹的低空近程地空导弹系统。

导弹技术是现代科学技术最新成就的综合运用,随着科学技术的发展,一定会有性能更好的地空导弹武器出现在 21 世纪的战场。